理论力学

简明教程

安　宇 / 编著

清華大學出版社
北　京

内容简介

本书主要讲述拉格朗日力学和哈密顿力学的内容。拉格朗日力学主要针对完整约束体系，还介绍了与拉格朗日方程有密切联系的泛函变分极值方法。作为拉格朗日方程的应用，介绍了有心力、微振动和刚体定点转动。有心力中突出了对称性的内容，微振动中增加了非线性振动方程的微扰处理方法，刚体定点转动增加了欧拉定理证明。哈密顿力学除了介绍正则方程和正则变换，以及哈密顿-雅可比方程，还增加了在正则变量相空间的讨论。虽这些都是传统的内容，但其中一些例题还是紧跟时代。每章(除第8章)都配备了约20道练习题，有些与现代联系比较紧密。数学方面的知识基本是平直空间的多元微积分和线性代数，少量涉及傅里叶级数展开和拉普拉斯变换。最后简单介绍了非线性受迫振动的混沌现象，主要通过数值计算展示其性质，比较容易理解。

本书可作为物理学专业理论力学或分析力学的教材，也可供自学理论力学的读者选用。

图书在版编目(CIP)数据

理论力学简明教程/安宇编著. —北京：清华大学出版社，2024.7
ISBN 978-7-302-66392-8

Ⅰ. ①理… Ⅱ. ①安… Ⅲ. ①理论力学－高等学校－教材 Ⅳ. ①O31

中国国家版本馆 CIP 数据核字(2024)第 111477 号

责任编辑：朱红莲
封面设计：傅瑞学
责任校对：赵丽敏
责任印制：曹婉颖

出版发行：清华大学出版社
网　　址：https://www.tup.com.cn，https://www.wqxuetang.com
地　　址：北京清华大学学研大厦A座　**邮　　编**：100084
社 总 机：010-83470000　**邮　　购**：010-62786544
投稿与读者服务：010-62776969，c-service@tup.tsinghua.edu.cn
质量反馈：010-62772015，zhiliang@tup.tsinghua.edu.cn
印 装 者：大厂回族自治县彩虹印刷有限公司
经　　销：全国新华书店
开　　本：170mm×240mm　**印　　张**：12.75　**字　　数**：233 千字
版　　次：2024 年 7 月第 1 版　**印　　次**：2024 年 7 月第 1 次印刷
定　　价：48.00 元

产品编号：105358-01

前言

把牛顿力学的内容大部分归入普通物理的力学课，而在理论力学课程中主要讲分析力学内容的方案是有争议的。但随着教学改革的深入，中学物理教学水平的不断提高，进入高等学校物理学专业的学生学习普通物理课程的起点已经提高，普通物理的力学课程涵盖了牛顿力学的大部分内容。如果在理论力学课程中仍然按部就班地讲授牛顿力学，可能会出现不必要的重复和时间浪费。另外，力学的理论框架最为重要，是物理学的基础，学生需要通过学习力学知识，认识和熟悉力学理论架构。但反复学习已经比较熟悉的知识内容，益处有限。为此，我们在清华大学物理系尝试将力学和理论力学两门课的内容整合，把原来在理论力学课程中讲授的牛顿力学大部分内容归入普通物理力学课，理论力学课程以分析力学内容为主。

分析力学被认为是物理系最重要的课程之一。通过分析力学来认识物理理论架构。物理学是实验科学，物理理论的真理性最终要通过实践的检验，但它同时又是精确的定量化的科学。要深化对大自然的认识必须将对实验事实的感性认识提高到理性认识，概括为物理理论。分析力学是搭建物理理论体系的经典范例之一：首先，数学表达式简洁，处理问题强有力，可推广性强，最重要的是理论框架很容易体现对称性。其次，分析力学不仅是进一步学习近代物理(量子力学、统计力学)的阶梯，更重要的是其本身就是近代物理研究的前沿。20 世纪 60 年代开始发展起来的经典力学的一个分支——混沌动力学，不仅在物理学领域，在其他领域也显现出重要性。

分析力学是物理系学生面对的第一门理论基础课程，从普通物理到理论物理，不仅学习内容跨度大，理论体系也有很大不同，低年级学生往往不适应这种变化。那么如何学好分析力学？首先，学生要调整学习方法，学习方法调整适当，相信学好它是不会特别费力的。相比普通物理，学理论物理课程的学习方法和思维方式要有很大改变。在这里抽象思维的能力、空间想象的能力和运用数学分析的能力都非常重要。拉格朗日曾标榜其经典著作《分析力学》中不用一张插图。当然，绝对不依赖图形未必是学习分析力学的必需的和最佳的方法,但我们所熟悉的解决力学问题的直观方法确实应退居相对次要的地位了。其次,分析力学涉及的新概念比较多,也比较抽象,不要指望一下子就能明白其中的道理。要耐心推敲,仔细琢磨。要自己推导公式,推演能力非常重要,而且,会推演了才可能对其中的物理概念有体会。多做练习,练习做多了就会熟练,熟练了也就掌握了方法。有时可先学懂方法,回头再深究物理意义。还有,分析力学主要用数学语言描述概念或概念间的联系,多元微积分和线性代数用得最多,因此分析力学的学习也是对这两门数学的最好复习。另外,希望学生能讨论学习,同学之间相互讨论是最有益的学习方法之一。不清楚的问题,通过讨论了解别人的思路,有利于弄清楚;自以为清楚了的问题,通过讨论可检验是否真懂,真清楚;清楚了的问题,通过有条理地讲给别人听,可以弄得更清楚。学会如何讨论也将终身受益。讨论时既要清楚地讲出自己的理解,又要认真听取他人的不同意见。讨论的参与者要相互尊重,实事求是,服从真理。最后,分析力学开始较难学,但是,一旦学习方法调整适当,就会越学越容易。

需要注意的是,物理学专业的分析力学课程内容与力学类专业的非常不同,虽然都是经典力学,都要学习如何利用数学解决问题,但侧重点特别不一样。对物理学专业的学生,学习分析力学主要是学习和了解物理理论框架结构,而学习如何解决具体问题是次要的。比如,对于力学专业学生,静力学部分内容很多很细,有很多应用实例,需要花很大篇幅讲,而对物理学专业学生只是导入理论的一个过程,篇幅很少,一带而过。

分析力学的教材和参考书不少,但选择合适的教材不是很容易。有的教材内容过多,或者相对于二年级本科生太难。如果没有教材,只提供一些参考书,固然可以培养学生运用参考书的能力和习惯,但难免会加重学生课堂做笔记的负担,影响课堂学习效率。因此,作者把近几年课堂讲授的讲义内容整理成教材,有助于学生把注意力集中在课堂内容理解上。教材与其他参考书一起读,可以减少课后复习和自学时选读参考书的盲目性。

本教材的编写力求集中于经典力学的典型内容,简明扼要。比如,在第1章有关约束部分的讲解,除了与理论建立有关的必需部分,对其他细节并不做过多纠缠,而是直截了当地进入拉格朗日力学。除了典型内容,在不引起内容繁复的前提下,适当进行了扩展。比如,第2章变分极值部分,扩展到含更高阶导数和更高维的泛函情形。第3章有心力问题的研究,强化了对称性与守恒量的概念。第4章微扰理论中,介绍了利用拉普拉斯变换求解常微分方程特解的方法,尽管这个方法在数理方程课程中作为常用方法介绍,但很少在理论力学课程中提及。这也是将学过的数学知识应用于物理问题的很好示例。第 5 章欧拉定理的证明,参照了杨振宁先生 2004 年给清华物理系本科生上课的内容。第 6 章增加了正则变量相空间的讨论。第 7 章中讨论了参考系之间的变换与正则变换之间的关系，相信对直观理解正则变换有益处。此外,经典混沌概念是近 100 年来最重要的物理认知之一,应该成为经典力学的必要内容,经典力学不介绍混沌概念,在今天是无法想象的。因此本教材的最后一章通过数值计算杜芬(Duffing)方程,展现混沌的典型现象。读者通过了解数值计算结果,比较容易对初值敏感现象有大体了解,并理解有关混沌概念。

教材的编写经过了反复的推敲过程,仔细核对了内容;每章节都提供了练习题,本书作者都试做过,这些题目可供学习者练习用。由于作者水平有限,错误在所难免,敬请在使用过程中提出纠正意见。

教材编写过程与黄维程先生在世时进行过很多次有益的深入讨论,受益匪浅,在这里对黄先生表示由衷的谢意。

中国科学技术大学的秦敢老师审阅了本教材,并提出很多中肯的修改意见,作者在这里对其表示衷心的感谢。

目录

绪论 维里定理

分析力学是以经典力学的一些基本原理为基础，利用数学搭建起来理论框架，用数学语言描述物理概念和物理规律或者它们之间联系的学科。维里定理(Virial theorem)的推导就很体现这一点。

考虑 n 个粒子系统，第 a 个粒子质量为 m_a，位置矢量和动量分别为 $\boldsymbol{r}_a$ 和 $\boldsymbol{p}_a$，对 $\sum_{a=1}^{n}\boldsymbol{p}_a\cdot\boldsymbol{r}_a$ 求导得

$$\frac{\mathrm{d}}{\mathrm{d}t}\sum_a\boldsymbol{p}_a\cdot\boldsymbol{r}_a=\sum_a\dot{\boldsymbol{p}}_a\cdot\boldsymbol{r}_a+\sum_a\boldsymbol{p}_a\cdot\dot{\boldsymbol{r}}_a \tag{0.1}$$

根据牛顿运动定律，上式容易化为

$$\frac{\mathrm{d}}{\mathrm{d}t}\sum_a\boldsymbol{p}_a\cdot\boldsymbol{r}_a=\sum_a\boldsymbol{F}_a\cdot\boldsymbol{r}_a+\sum_a\frac{p_a^2}{m_a} \tag{0.2}$$

物理量的时间平均定义为

$$\bar{f}=\lim_{\tau\to\infty}\frac{1}{\tau}\int_0^{\tau}f\,\mathrm{d}t \tag{0.3}$$

(0.2)式左边量的平均为

$$\overline{\frac{\mathrm{d}}{\mathrm{d}t}\sum_a\boldsymbol{p}_a\cdot\boldsymbol{r}_a}=\lim_{\tau\to\infty}\frac{1}{\tau}\left[\left(\sum_a\boldsymbol{p}_a\cdot\boldsymbol{r}_a\right)_{t=\tau}-\left(\sum_a\boldsymbol{p}_a\cdot\boldsymbol{r}_a\right)_{t=0}\right] \tag{0.4}$$

对于限制在有限空间的粒子体系，动量和位置坐标都是有限值，因此(0.4)式右边取长时间极限时应为零。(0.2)式等号右边第二项为 2 倍的系统动能 T，因此(0.2)式平均以后的结果为

$$0=\overline{\sum_a\boldsymbol{F}_a\cdot\boldsymbol{r}_a}+2\overline{T} \tag{0.5}$$

或者

$$\overline{T}=-\frac{1}{2}\overline{\sum_a\boldsymbol{F}_a\cdot\boldsymbol{r}_a} \tag{0.6}$$

其中 $-\frac{1}{2}\overline{\sum_a\boldsymbol{F}_a\cdot\boldsymbol{r}_a}$ 称为克劳修斯维里或维里。系统若为保守系，有势函数 $U(\boldsymbol{r}_1,\boldsymbol{r}_2,\cdots,\boldsymbol{r}_n)$，则(0.6)式可化为

$$\overline{T}=\frac{1}{2}\overline{\sum_{a}\nabla_{a}U\cdot\boldsymbol{r}_{a}} \tag{0.7}$$

数学上 k 次齐次函数定义为

$$U(\alpha\boldsymbol{r}_{1},\alpha\boldsymbol{r}_{2},\cdots,\alpha\boldsymbol{r}_{n})=\alpha^{k}U(\boldsymbol{r}_{1},\boldsymbol{r}_{2},\cdots,\boldsymbol{r}_{n}) \tag{0.8}$$

其中 $\alpha\neq0$。例如,谐振子势就是 2 次齐次函数。若系统势函数是 k 次齐次函数,则

$$\frac{\partial}{\partial\alpha}U(\alpha\boldsymbol{r}_{1},\alpha\boldsymbol{r}_{2},\cdots,\alpha\boldsymbol{r}_{n})=k\alpha^{k-1}U(\boldsymbol{r}_{1},\boldsymbol{r}_{2},\cdots,\boldsymbol{r}_{n}) \tag{0.9}$$

另一方面,(0.9)式左边导数可以直接表示为

$$\frac{\partial}{\partial\alpha}U(\alpha\boldsymbol{r}_{1},\alpha\boldsymbol{r}_{2},\cdots,\alpha\boldsymbol{r}_{n})=\sum_{a}\boldsymbol{r}_{a}\cdot\nabla'_{a}U(\boldsymbol{r}'_{1},\boldsymbol{r}'_{2},\cdots,\boldsymbol{r}'_{n}) \tag{0.10}$$

其中 $\boldsymbol{r}'_{a}=\alpha\boldsymbol{r}_{a}$。比较(0.9)式和(0.10)式,可得

$$\sum_{a}\boldsymbol{r}'_{a}\cdot\nabla'_{a}U(\boldsymbol{r}'_{1},\boldsymbol{r}'_{2},\cdots,\boldsymbol{r}'_{n})=k\alpha^{k}U(\boldsymbol{r}_{1},\boldsymbol{r}_{2},\cdots,\boldsymbol{r}_{n}) \tag{0.11}$$

根据(0.8)式,(0.11)式化为

$$\sum_{a}\boldsymbol{r}'_{a}\cdot\nabla'_{a}U(\boldsymbol{r}'_{1},\boldsymbol{r}'_{2},\cdots,\boldsymbol{r}'_{n})=kU(\boldsymbol{r}'_{1},\boldsymbol{r}'_{2},\cdots,\boldsymbol{r}'_{n}) \tag{0.12}$$

(0.12)式作变量代换 $\boldsymbol{r}'_{a}\to\boldsymbol{r}_{a}$,再取平均,则

$$\overline{\sum_{a}\boldsymbol{r}_{a}\cdot\nabla_{a}U}=k\overline{U} \tag{0.13}$$

(0.7)式化为

$$\overline{T}=\frac{k}{2}\overline{U} \tag{0.14}$$

(0.14)式就是维里定理。

显然推导过程大部分为数学问题,只是利用了必要的物理概念和物理规律,这样得到的抽象公式却可以解释直观物理现象。北京大学林纯镇教授曾给过估算太阳温度的例子。对于引力势能满足距离反比关系,也就是 $k=-1$,太阳的平均势能的量级为 $k\overline{U}\sim G\dfrac{MM}{R}$,其中 M 是太阳质量,R 是太阳半径。粗略地假设太阳大部分是氢核(实际有 1/4 为氦核),质子质量为 m,则容易估算太阳含质子数为 $N=\dfrac{M}{m}$。对于太阳,可以假设平均动能都是无规运动动能(这是物理假设),则 $\overline{T}=\dfrac{3}{2}Nk_{\mathrm{B}}T_{\mathrm{temp}}$($k_{\mathrm{B}}$ 为玻耳兹曼常量)。代入(0.14)式可估算太阳的平均温度为

$$T_{\mathrm{temp}}\sim G\frac{mM}{3k_{\mathrm{B}}R} \tag{0.15}$$

代入基本常量简单估算得太阳平均温度 $T_{\mathrm{temp}} \sim 10^7\,\mathrm{K}$，这与实际比较接近。当然太阳表面和中心温度非常不同，在中心更高温度下，氢核发生聚变。但这里只利用了少许的力学概念，通过数学推导出简单公式(0.14)，再与热学概念结合就可以大致估算出太阳的平均温度。这里完全没有涉及核聚变等概念，只是力学理论框架下的推论，可以窥探到物理概念结合数学工具显现出的强大威力。事实上，这就是所谓的物理理论。

分析力学是经典力学理论，在本书所涉及范围，数学主要用到多元微积分和线性代数的知识。分析力学也是搭建其他物理理论的基础理论框架，随着学习的深入，同学们将会有更深刻的体会。

第1章 拉格朗日方程

考虑 N 个质点体系,用牛顿方程求解力学体系的运动,就需要建立 $3N$ 个动力学方程。这些质点的坐标和速度往往满足某些事先给定的条件,例如,质点的运动限制在球面上等。这时还应建立相应的约束方程。如果有未知的作用力,还需要列出有关这些力的关系式。即使只对其中几个量的变化规律感兴趣,也必须面对一个庞大的方程组,或者把所有的未知量一起解出来,或者实施消去其他未知量的烦琐步骤。为了克服处理复杂力学体系时遇到的困难,人们寻找其他形式的动力学方程来代替牛顿动力学方程。拉格朗日方程就是其中之一,也是其中最常见和最重要的一个。在拉格朗日方程中,理想约束的约束力不见了,由于约束的存在而不再独立的坐标也已消去,因而使方程组得到简化。另一方面,拉格朗日力学理论框架更具推广性,量子场论中拉格朗日量是核心物理量。下面就从约束开始,逐步给出拉格朗日方程。

1.1 完整系

1.1.1 约束

考查一个球摆:长 l 的轻杆一端悬在 O 点,一质量为 m 的质点固定在这个轻杆另一端。以 O 为固定点,轻杆可任意摆动。以 O 点为坐标原点,竖直方向为 z 轴,水平面为 x-y 面,建立直角坐标系,则质点坐标为(x,y,z)。假设轻杆拉力为 λ,则运动方程为

$$-mg\hat{z}-\lambda\hat{r}=m\boldsymbol{a} \tag{1.1.1}$$

还有一个约束方程

$$r=\sqrt{x^2+y^2+z^2}=l \tag{1.1.2}$$

无约束时质点自由度为3,而此时有一个杆的约束,自由度减为2。即,有两个独立变量就可以完全描述质点的运动,如图1.1中(θ,ϕ)两个变量。

一般情况下，一个复杂的力学体系，质点的位置和速度往往受到一些事先加上的几何学或运动学的限制，这些限制称为约束或约束条件。由于约束，各质点的坐标 $\boldsymbol{r}_i$ 和速度 $\dot{\boldsymbol{r}}_i$ 之间存在一定的关系，这些约束关系通常可用约束方程来表示。例如，N 个质点的力学体系有 k 个约束方程

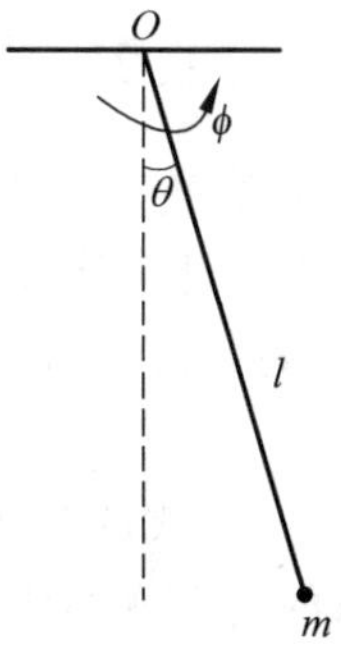

图 1.1　球摆

$$f_i(\boldsymbol{r}_1,\boldsymbol{r}_2,\cdots,\boldsymbol{r}_N,\dot{\boldsymbol{r}}_1,\dot{\boldsymbol{r}}_2,\cdots,\dot{\boldsymbol{r}}_N,t)=0,\quad i=1,2,\cdots,k \tag{1.1.3}$$

特别地，当约束方程与速度无关时，

$$f_i(\boldsymbol{r}_1,\boldsymbol{r}_2,\cdots,\boldsymbol{r}_N,t)=0,\quad i=1,2,\cdots,k \tag{1.1.4}$$

称为完整约束（holonomic constraints）；而（1.1.3）式则表示非完整约束（nonholonomic constraints）。有时约束方程是微分方程形式，不可积的微分约束是非完整约束。只受到完整约束的力学体系称为完整系；受到非完整约束的力学体系称为非完整系。另外，若约束方程不显含时间，则称为稳定约束（scleronomic constraints）；否则，称为非稳定约束（rheonomic constraints）。（1.1.2）式就是完整约束，而且是稳定约束，相应的球摆就是完整系。

例 1.1　长为 l 的轻杆在 x-y 平面内可任意运动，一质点固定在这个轻杆一端，坐标为 (x,y)，轻杆的另一端 O 点坐标为 (x_0,y_0)。

（1）若 O 点固定，则

$$(x-x_0)^2+(y-y_0)^2=l^2 \tag{1.1.5}$$

是完整约束，且是稳定约束。

（2）若 O 点沿 y 轴作简谐振动，$y_0=A\cos\omega t$，则

$$(x-x_0)^2+(y-A\cos\omega t)^2=l^2 \tag{1.1.6}$$

是完整约束，但是非稳定约束。

还有一类用不等式表示的约束，称为可解约束，而把用等式表示的约束称为不可解约束。可解约束有时被归入非完整约束，因为在不等号成立的条件下实际上对坐标不起限制作用。可解约束可以分段处理而解除（见例 1.2），以后主要讨论不可解约束。

例 1.2　一质点在半径为 R 的刚性球面运动（原点在球心），则

$$x^2+y^2+z^2\geqslant R^2 \tag{1.1.7}$$

将质点运动分为在球面和离开球面两部分，在球面运动按完整约束 $x^2+y^2+z^2=R^2$ 处理，离开球面即脱离约束，两部分运动在交接处连续。

1.1.2 广义坐标

考虑一个力学体系，包含 N 个质点，且受到如(1.1.4)式所示的 k 个完整约束。此时原 $3N$ 个坐标不再完全独立，只有 $s=3N-k$ 个是独立的。可以适当选择一组新的独立变量$(q_1,q_2,\cdots,q_s)$，进行如下的坐标变换

$$\boldsymbol{r}_i=\boldsymbol{r}_i(q_1,q_2,\cdots,q_s,t),\quad i=1,2,\cdots,N \tag{1.1.8}$$

(1.1.8)式的量应选得使(1.1.4)式成为恒等式。若是稳定约束，总可选择适当的坐标变换使(1.1.8)式不显含时间 t。这组独立的变量$(q_1,q_2,\cdots,q_s)$称为广义坐标(generalized coordinates)，它可以是直角坐标、极坐标、柱坐标、球坐标或是其他物理量。相应的 $\dot{q}_i$ 称为广义速度(generalized velocity)。由(1.1.8)式可得速度矢量和广义速度的关系

$$\dot{\boldsymbol{r}}_i=\sum_{j=1}^{s}\frac{\partial\boldsymbol{r}_i}{\partial q_j}\dot{q}_j+\frac{\partial\boldsymbol{r}_i}{\partial t} \tag{1.1.9}$$

$\dot{q}_j$ 与 q_j 是相互独立的量，由(1.1.9)式可得

$$\frac{\partial\dot{\boldsymbol{r}}_i}{\partial\dot{q}_j}=\frac{\partial\boldsymbol{r}_i}{\partial q_j} \tag{1.1.10}$$

另一方面，

$$\frac{\mathrm{d}}{\mathrm{d}t}\left(\frac{\partial\boldsymbol{r}_i}{\partial q_k}\right)=\sum_{j=1}^{s}\frac{\partial}{\partial q_j}\left(\frac{\partial\boldsymbol{r}_i}{\partial q_k}\right)\dot{q}_j+\frac{\partial}{\partial t}\left(\frac{\partial\boldsymbol{r}_i}{\partial q_k}\right)=\frac{\partial}{\partial q_k}\left(\sum_{j=1}^{s}\frac{\partial\boldsymbol{r}_i}{\partial q_j}\dot{q}_j+\frac{\partial\boldsymbol{r}_i}{\partial t}\right)$$

代入(1.1.9)式可得

$$\frac{\mathrm{d}}{\mathrm{d}t}\left(\frac{\partial\boldsymbol{r}_i}{\partial q_k}\right)=\frac{\partial\dot{\boldsymbol{r}}_i}{\partial q_k} \tag{1.1.11}$$

(1.1.10)式和(1.1.11)式称为两个经典拉格朗日关系。在完整系中，独立的广义坐标的数目 $s(s=3N-k)$称为这个体系的自由度。

例 1.3　对例 1.1 中第一种情况稳定约束，坐标$(x,y)\Rightarrow 1$ 个独立变量，若选 θ 为广义坐标，直角坐标可利用广义坐标表示为

$$\begin{cases}x=x_0-l\sin\theta\\ y=y_0-l\cos\theta\end{cases} \tag{1.1.12}$$

坐标变换不显含时间 t。对例 1.1 中第二种情况非稳定约束，则

$$\begin{cases}x=x_0-l\sin\theta\\ y=A\cos\omega t-l\cos\theta\end{cases} \tag{1.1.13}$$

坐标变换显含时间 t。

1.2　虚功原理和广义力

本节介绍虚功原理(virtual work principle)和广义力概念,利用它们讨论静力平衡的问题。静力平衡系统涉及约束力,怎么越过这些约束力而得到平衡条件呢?

1.2.1　虚位移

我们已经学过质点运动产生的位移。无限小位移可表示为

$$\mathrm{d}\boldsymbol{r}=\boldsymbol{r}(t+\mathrm{d}t)-\boldsymbol{r}(t) \tag{1.2.1}$$

这是在时间变化过程中实际产生的位移。若 $\mathrm{d}t=0$,则 $\mathrm{d}\boldsymbol{r}=\boldsymbol{0}$。$\mathrm{d}\boldsymbol{r}$ 由运动微分方程(以及初始条件)唯一决定。$\mathrm{d}\boldsymbol{r}$ 满足约束方程。考虑 N 个质点组成的力学体系,受到 k 个完整约束。在时刻 t,如果约束方程用(1.1.4)式表示,则在时刻 $t+\mathrm{d}t$,约束方程为

$$f_i(\boldsymbol{r}_1+\mathrm{d}\boldsymbol{r}_1,\boldsymbol{r}_2+\mathrm{d}\boldsymbol{r}_2,\cdots,\boldsymbol{r}_N+\mathrm{d}\boldsymbol{r}_N,t+\mathrm{d}t)=0 \tag{1.2.2}$$

为强调此位移与下面引入的虚位移的区别,我们称之为实位移(virtual displacements)。

虚位移是在某一瞬时 t,物体或质点在约束所允许的条件下任何可能发生的无限小位移,或假想的无限小位移,所以称为虚位移。虚位移只要求满足约束方程,不要求满足动力学方程,也不唯一。虚位移用 $\delta\boldsymbol{r}$ 表示,记为 $\delta\boldsymbol{r}=\delta x\boldsymbol{i}+\delta y\boldsymbol{j}+\delta z\boldsymbol{k}$,以示其无限小,又区别于实位移 $\mathrm{d}\boldsymbol{r}$。对(1.1.4)式的完整约束条件,有

$$f_i(\boldsymbol{r}_1+\delta\boldsymbol{r}_1,\boldsymbol{r}_2+\delta\boldsymbol{r}_2,\cdots,\boldsymbol{r}_N+\delta\boldsymbol{r}_N,t)=0 \tag{1.2.3}$$

比较(1.2.2)式和(1.2.3)式,可知实位移 $\mathrm{d}\boldsymbol{r}$ 是随时间真实发生的,而虚位移 $\delta\boldsymbol{r}$ 则不是随时间发生的。对于(1.1.8)式定义的坐标变换,有

$$\mathrm{d}\boldsymbol{r}_i=\sum_{j=1}^{s}\frac{\partial\boldsymbol{r}_i}{\partial q_j}\mathrm{d}q_j+\frac{\partial\boldsymbol{r}_i}{\partial t}\mathrm{d}t \tag{1.2.4}$$

而虚位移与时间无关,因此

$$\delta\boldsymbol{r}_i=\sum_{j=1}^{s}\frac{\partial\boldsymbol{r}_i}{\partial q_j}\delta q_j \tag{1.2.5}$$

由(1.2.3)式～(1.2.5)式看出,在稳定约束情形,约束方程与时间无关,因此实位移可能是虚位移中的一个;在非稳定约束情形,实位移往往不同于任何一个虚位移。虚位移的引入,是为了描述约束的某种局部性质,所以只考虑“无限小”的位移。例如,在曲面约束情形下,如图 1.2 所示,虚位移在切

平面内，不仅长度任意(但是无限小)，而且方向任意(张成一个平面)。从某点产生的虚位移描述的是曲面在该点的切平面邻域。如果曲面本身随时间运动，其上质点的 $\delta\boldsymbol{r}$ 是曲面在某时刻固定情况下，质点在曲面上可能的位移，这些虚位移均在该点曲面的切平面内。而 $\mathrm{d}\boldsymbol{r}$ 则是质点的真实位移，只有一个。

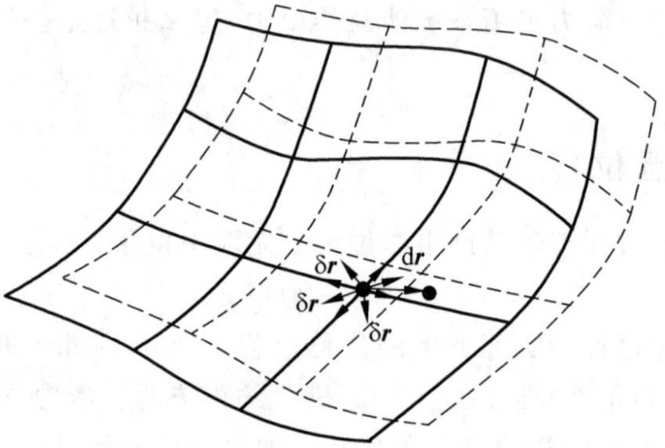

图 1.2　虚位移 $\delta\boldsymbol{r}$ 和实位移 $\mathrm{d}\boldsymbol{r}$ 示意图

功的定义为 $\boldsymbol{F}\cdot\mathrm{d}\boldsymbol{r}$，那么 $\boldsymbol{F}\cdot\delta\boldsymbol{r}$ 自然被称为力 $\boldsymbol{F}$ 在虚位移上所做的虚功，$\sum_{i=1}^{N}\boldsymbol{F}_i\cdot\delta\boldsymbol{r}_i$ 称为力学体系各质点所受作用力的虚功之和。一般而言，虚功实际上并不是功。

1.2.2　理想约束

在系统受到约束时，和自由系统的运动情况不同，引起这种改变是因为系统受到约束的作用，这种作用就是约束(反)力。约束力对受到作用的各点的虚位移各有一虚功。如果系统中各质点的约束力的虚功之和等于零，即

$$\sum_i \boldsymbol{R}_i\cdot\delta\boldsymbol{r}_i=0 \tag{1.2.6}$$

其中，$\boldsymbol{R}_i$ 是第 i 个质点所受约束力的合力，$\delta\boldsymbol{r}_i$ 是它的虚位移，则这种约束称为理想约束。引入理想约束这个概念的意义在于，一方面这种约束的约束力很容易从方程中消去，另一方面，确实有相当广泛的一大类复杂结构的约束是理想的。下面是常见理想约束的一些实例。

(1) 固定或运动变化着的光滑曲面、曲线约束下的质点组；

(2) 用刚性轻杆联结的两质点；

(3) 两个刚体用理想铰链联结于一点；

(4) 两刚体在运动中以理想光滑表面相接触；(理想光滑：几何方面指表面无限可导，物理方面指表面光滑无摩擦。)

(5) 两刚体在运动中以完全粗糙表面相接触。(不可相互滑动,例如齿轮的啮合。)

引进虚功以代替实际的功,可把不稳定约束也纳入理想约束的范围。出现摩擦力做功不能忽略的情况时,可将摩擦力看作未知主动力,通过其他关系求出,而约束仍可认为是理想的。

1.2.3 虚功原理

对于静止平衡质点体系,设作用在 i 质点上所有主动力合力为 $\boldsymbol{F}_i$,所有约束力合力为 $\boldsymbol{R}_i$。由于质点静止 $\boldsymbol{F}_i+\boldsymbol{R}_i=\boldsymbol{0}$,所以,$(\boldsymbol{F}_i+\boldsymbol{R}_i)\cdot\delta\boldsymbol{r}_i=0$,对所有质点求和,则

$$\sum_i(\boldsymbol{F}_i+\boldsymbol{R}_i)\cdot\delta\boldsymbol{r}_i=0 \quad\Rightarrow\quad \sum_i\boldsymbol{F}_i\cdot\delta\boldsymbol{r}_i+\sum_i\boldsymbol{R}_i\cdot\delta\boldsymbol{r}_i=0$$

利用理想约束(1.2.6)式,质点系静止平衡条件为

$$\delta W=\sum_i\boldsymbol{F}_i\cdot\delta\boldsymbol{r}_i=0 \tag{1.2.7}$$

此即虚功原理,也称虚位移原理。这个式子里面不再包含约束力,只有主动力,有可能简化静力学问题的求解。

例 1.4　一匀质梯子质量为 M,长为 L,与水平成 θ 角斜靠在墙面上,墙和地面均光滑,但在梯子的地面一端水平施加力 F,求 F。

解:重心竖直坐标 $y=\dfrac{L}{2}\sin\theta$,力 F 作用点的水平坐标 $x=L\cos\theta$,由虚功原理,

$$\delta W=Mg\,\delta y+F\,\delta x=0$$

即

$$\left(\frac{1}{2}Mg\cos\theta-F\sin\theta\right)L\,\delta\theta=0$$

由于 $\delta\theta$ 任意,$\dfrac{1}{2}Mg\cos\theta-F\sin\theta=0$,所以

$$F=\frac{1}{2}Mg\cot\theta$$

思考:若该例题中,力 F 改为梯子与地面的静摩擦力,则情况又如何?

1.2.4 广义力

把(1.2.5)式代入(1.2.7)式,则

$$\delta W=\sum_i\boldsymbol{F}_i\cdot\left(\sum_j\frac{\partial\boldsymbol{r}_i}{\partial q_j}\delta q_j\right)=\sum_j\left(\sum_i\boldsymbol{F}_i\cdot\frac{\partial\boldsymbol{r}_i}{\partial q_j}\right)\delta q_j$$

定义广义力(generalized force)为

$$Q_j = \sum_i \boldsymbol{F}_i \cdot \frac{\partial \boldsymbol{r}_i}{\partial q_j} \tag{1.2.8}$$

则有

$$\delta W = \sum_j Q_j \delta q_j \tag{1.2.9}$$

虚功原理要求 $\delta W = 0$，q_j 彼此独立，由(1.2.9)式自然得到

$$Q_j = 0,\quad j = 1,2,\cdots,s$$

即受理想约束的完整力学系处于静平衡的条件是：作用在系统上的广义力皆为零。

1.3　达朗贝尔原理

虚功原理是分析力学中处理静力学平衡条件问题的普遍方法。对动力学问题，出发点应从静力平衡方程换成牛顿动力学方程：$\boldsymbol{F}_i + \boldsymbol{R}_i = m_i \ddot{\boldsymbol{r}}_i$，即 $\boldsymbol{F}_i + \boldsymbol{R}_i - m_i \ddot{\boldsymbol{r}}_i = \boldsymbol{0}$，点积虚位移：$(\boldsymbol{F}_i + \boldsymbol{R}_i - m_i \ddot{\boldsymbol{r}}_i) \cdot \delta \boldsymbol{r}_i = 0$，对所有质点求和：$\sum\limits_i (\boldsymbol{F}_i + \boldsymbol{R}_i - m_i \ddot{\boldsymbol{r}}_i) \cdot \delta \boldsymbol{r}_i = 0$，理想约束下，利用(1.2.6)式得到

$$\sum_i (\boldsymbol{F}_i - m_i \ddot{\boldsymbol{r}}_i) \cdot \delta \boldsymbol{r}_i = 0 \tag{1.3.1}$$

式中，$-m_i \ddot{\boldsymbol{r}}_i$ 称为达朗贝尔惯性力。若所有主动力虚功为 δW，则

$$\delta W = \sum_i m_i \ddot{\boldsymbol{r}}_i \cdot \delta \boldsymbol{r}_i \tag{1.3.2}$$

此即达朗贝尔原理(d'Alembert's principle)，又称动力学普遍方程。可以看到这个方程中不包含约束力。

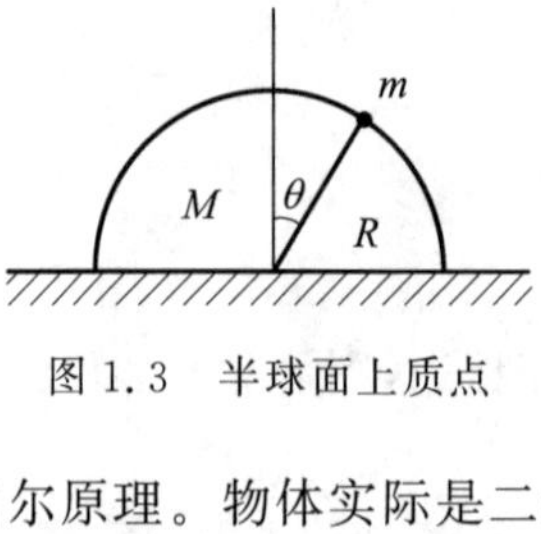

图 1.3　半球面上质点

例 1.5　一质点 m，在半径为 R、质量为 M 的半球面最高处开始滑下，如图 1.3 所示，半球的大圆面在光滑地面自由移动，质点与球面之间摩擦忽略。开始都是静止的，求 m 相对于 M 的运动方程。

解：求解用牛顿力学并不困难，这里用达朗贝尔原理。物体实际是二维运动，原自由度 4 个，$m(x,y)$，$M(X,Y)$，质点下滑时可能离开半球面，因此是可解约束。质点离开半球面以后开始作斜抛运动，而半球面则是匀速直线运动，这部分运动很容易理解，不在此讨论。之前质点在半球面上运动时，一直保持在球面上，因此可认为这一段运动是**完整稳定**约束——M 在地面滑动，m 在 M 的球面下滑，两个约束条件。因此独立

自由度减为 2,选半球面最高点坐标(X,R),m 距该点角位移 θ,则广义坐标选(X,θ),与质点广义坐标的关系为

$$\begin{cases} x = X + R\sin\theta \\ y = R\cos\theta \end{cases} \tag{1.3.3}$$

虚位移

$$\begin{cases} \delta \boldsymbol{r}_m = \delta x\boldsymbol{i} + \delta y\boldsymbol{j} = (\delta X + R\cos\theta\delta\theta)\boldsymbol{i} - R\sin\theta\delta\theta\boldsymbol{j} \\ \delta \boldsymbol{r}_M = \delta X\boldsymbol{i} \end{cases} \tag{1.3.4}$$

主动力虚功

$$\delta W = \boldsymbol{F}_M \cdot \delta\boldsymbol{r}_M + \boldsymbol{F}_m \cdot \delta\boldsymbol{r}_m = -Mg\boldsymbol{j} \cdot \delta\boldsymbol{r}_M - mg\boldsymbol{j} \cdot \delta\boldsymbol{r}_m = mgR\sin\theta\delta\theta \tag{1.3.5}$$

而

$$m\ddot{\boldsymbol{r}}_m = m(\ddot{x}\boldsymbol{i} + \ddot{y}\boldsymbol{j})$$

$$M\ddot{\boldsymbol{r}}_M = M\ddot{X}\boldsymbol{i}$$

根据达朗贝尔原理

$$\delta W = m\ddot{\boldsymbol{r}}_m \cdot \delta\boldsymbol{r}_m + M\ddot{\boldsymbol{r}}_M \cdot \delta\boldsymbol{r}_M \tag{1.3.6}$$

由(1.3.3)式～(1.3.6)式得

$$mgR\sin\theta\delta\theta = m[\ddot{x}(\delta X + R\delta\theta\cos\theta) - \ddot{y}R\sin\theta\delta\theta] + M\ddot{X}\delta X$$

即

$$mR(g\sin\theta - \ddot{X}\cos\theta + R\ddot{\theta})\delta\theta - \left[m\left(\ddot{X} + R\frac{\mathrm{d}^2}{\mathrm{d}t^2}\sin\theta\right) + M\ddot{X}\right]\delta X = 0$$

因(X,θ)独立,相应的虚位移也独立,得

$$\begin{cases} g\sin\theta - \ddot{X}\cos\theta - R\ddot{\theta} = 0 \\ m\left(\ddot{X} + R\dfrac{\mathrm{d}^2}{\mathrm{d}t^2}\sin\theta\right) + M\ddot{X} = 0 \end{cases} \tag{1.3.7}$$

从(1.3.7)式很容易得 m 对 M 的相对运动方程

$$\frac{M + m\sin^2\theta}{M+m}R\ddot{\theta} + \frac{m\sin\theta\cos\theta}{M+m}R\dot{\theta}^2 - g\sin\theta = 0 \tag{1.3.8}$$

m 离开 M 的条件要用到 M 对 m 的支持力为零,但支持力是约束力,现在这种方法中它不出现在方程中。要得到约束解除的条件,目前这个方法还不够。

例 1.6　一直线段与竖直方向的 z 轴成不变的 α 角,其一端固定在原点,并绕 z 轴以 ω 匀速转动。一质量为 m 的质点在直线段上自由滑动,求质点运动方程。

解:在球坐标系$\{r,\theta,\varphi\}$中,$\theta=\alpha$,$\varphi=\omega t$,是非稳定完整约束,自由度变

为 1。选质点离原点距离 q 为广义坐标,则

$$\begin{cases} x = q\sin\alpha\cos\omega t \\ y = q\sin\alpha\sin\omega t \\ z = q\cos\alpha \end{cases} \tag{1.3.9}$$

虚位移 $\delta\boldsymbol{r} = \delta x\boldsymbol{i} + \delta y\boldsymbol{j} + \delta z\boldsymbol{k}$,即

$$\begin{cases} \delta x = \sin\alpha\cos\omega t\,\delta q \\ \delta y = \sin\alpha\sin\omega t\,\delta q \\ \delta z = \cos\alpha\,\delta q \end{cases} \tag{1.3.10}$$

主动力虚功

$$\delta W = -mg\boldsymbol{k}\cdot\delta\boldsymbol{r} = -mg\cos\alpha\,\delta q \tag{1.3.11}$$

而

$$m\ddot{\boldsymbol{r}}\cdot\delta\boldsymbol{r} = m(\ddot{x}\delta x + \ddot{y}\delta y + \ddot{z}\delta z)$$

利用达朗贝尔原理,整理得

$$-mg\cos\alpha\,\delta q = m(\ddot{q} - \omega^2 q\sin^2\alpha)\delta q$$

因为 δq 任意,所以

$$\ddot{q} - \omega^2 q\sin^2\alpha + g\cos\alpha = 0 \tag{1.3.12}$$

1.4　拉格朗日方程

这一节利用达朗贝尔原理推导拉格朗日方程,即从牛顿动力学方程导出拉格朗日方程。

1.4.1　力学体系的动能

N 个质点,受到 k 个约束(理想、完整)的体系动能

$$T = \sum_{i=1}^{N}\frac{1}{2}m_i\dot{\boldsymbol{r}}_i^2 \tag{1.4.1}$$

将(1.1.9)式代入(1.4.1)式整理得到广义坐标表示的动能

$$T = T_0 + T_1 + T_2 \tag{1.4.2}$$

其中

$$\begin{cases} T_0 = \dfrac{1}{2}\sum\limits_i m_i\left(\dfrac{\partial\boldsymbol{r}_i}{\partial t}\right)^2 \\ T_1 = \sum\limits_{i,j} m_i\dfrac{\partial\boldsymbol{r}_i}{\partial t}\cdot\dfrac{\partial\boldsymbol{r}_i}{\partial q_j}\dot{q}_j \\ T_2 = \dfrac{1}{2}\sum\limits_{i,j,k} m_i\dfrac{\partial\boldsymbol{r}_i}{\partial q_j}\cdot\dfrac{\partial\boldsymbol{r}_i}{\partial q_k}\dot{q}_j\dot{q}_k \end{cases} \tag{1.4.3}$$

对于稳定约束情形$\frac{\partial \boldsymbol{r}_i}{\partial t}=0$，因此 $T=T_2$，动能只是广义速度的二次齐次式。

1.4.2　基本形式的拉格朗日方程

考虑 N 个质点，受到 k 个理想约束下的完整力学系，由达朗贝尔原理

$$\sum_i (\boldsymbol{F}_i - m_i \ddot{\boldsymbol{r}}_i) \cdot \delta \boldsymbol{r}_i = 0 \tag{1.4.4}$$

引入独立的广义坐标 q_j，广义坐标数目 $s=3N-k$。利用(1.2.5)式得

$$\sum_i (\boldsymbol{F}_i - m_i \ddot{\boldsymbol{r}}_i) \cdot \sum_j \frac{\partial \boldsymbol{r}_i}{\partial q_j} \delta q_j = 0$$

改变求和顺序得

$$\sum_j \left[\sum_i (\boldsymbol{F}_i - m_i \ddot{\boldsymbol{r}}_i) \cdot \frac{\partial \boldsymbol{r}_i}{\partial q_j} \right] \delta q_j = 0$$

由$\{\delta q_j\}$相互独立，得

$$\sum_i (\boldsymbol{F}_i - m_i \ddot{\boldsymbol{r}}_i) \cdot \frac{\partial \boldsymbol{r}_i}{\partial q_j} = 0 \tag{1.4.5}$$

(1.4.5)式第一项为广义力

$$Q_j = \sum_i \boldsymbol{F}_i \cdot \frac{\partial \boldsymbol{r}_i}{\partial q_j}$$

利用(1.1.11)式，(1.4.5)式第二项可化为

$$\begin{aligned}\sum_i m_i \ddot{\boldsymbol{r}}_i \cdot \frac{\partial \boldsymbol{r}_i}{\partial q_j} &= \sum_i m_i \left[\frac{\mathrm{d}}{\mathrm{d}t}\left(\dot{\boldsymbol{r}}_i \cdot \frac{\partial \boldsymbol{r}_i}{\partial q_j} \right) - \dot{\boldsymbol{r}}_i \cdot \frac{\mathrm{d}}{\mathrm{d}t}\left(\frac{\partial \boldsymbol{r}_i}{\partial q_j} \right) \right] \\ &= \frac{\mathrm{d}}{\mathrm{d}t}\left[\sum_i m_i \left(\dot{\boldsymbol{r}}_i \cdot \frac{\partial \boldsymbol{r}_i}{\partial q_j} \right) \right] - \sum_i m_i \dot{\boldsymbol{r}}_i \cdot \frac{\partial \dot{\boldsymbol{r}}_i}{\partial q_j}\end{aligned}$$

因为

$$\frac{\partial T}{\partial q_j} = \sum_i m_i \dot{\boldsymbol{r}}_i \cdot \frac{\partial \dot{\boldsymbol{r}}_i}{\partial q_j} \tag{1.4.6}$$

而由(1.1.10)式知

$$\frac{\partial T}{\partial \dot{q}_j} = \sum_i m_i \dot{\boldsymbol{r}}_i \cdot \frac{\partial \dot{\boldsymbol{r}}_i}{\partial \dot{q}_j} = \sum_i m_i \dot{\boldsymbol{r}}_i \cdot \frac{\partial \boldsymbol{r}_i}{\partial q_j} \tag{1.4.7}$$

所以

$$\sum_i m_i \ddot{\boldsymbol{r}}_i \cdot \frac{\partial \boldsymbol{r}_i}{\partial q_j} = \frac{\mathrm{d}}{\mathrm{d}t}\left(\frac{\partial T}{\partial \dot{q}_j} \right) - \frac{\partial T}{\partial q_j}$$

于是得到

$$\frac{\mathrm{d}}{\mathrm{d}t}\left(\frac{\partial T}{\partial \dot{q}_j}\right)-\frac{\partial T}{\partial q_j}=Q_j,\quad j=1,2,\cdots,s \tag{1.4.8}$$

方程(1.4.8)式是由达朗贝尔原理推得，推导过程中用到了理想约束和完整约束的条件，因此对于理想的完整系，它与牛顿动力学方程等价。由于约束力和不独立的坐标已经在推导过程中消去，因而方程得以化简，这是其优点所在；但也正因为如此，无法求出未知的约束力，要弥补此不足，需要采用其他方法，或借助牛顿动力学方程。

1.4.3 完整有势力系的拉格朗日方程

假设质点只受有势力的作用，无其他主动力。对于一般情形，势能不依赖于速度，此时

$$\boldsymbol{F}_i=-\nabla_i V(\boldsymbol{r}_1,\boldsymbol{r}_2,\cdots,\boldsymbol{r}_N) \tag{1.4.9}$$

而广义力为

$$Q_j=\sum_i \boldsymbol{F}_i\cdot\frac{\partial \boldsymbol{r}_i}{\partial q_j}=-\sum_i \nabla_i V\cdot\frac{\partial \boldsymbol{r}_i}{\partial q_j}=-\frac{\partial V}{\partial q_j} \tag{1.4.10}$$

代入(1.4.5)式得

$$\frac{\mathrm{d}}{\mathrm{d}t}\left(\frac{\partial T}{\partial \dot{q}_j}\right)-\frac{\partial (T-V)}{\partial q_j}=0 \tag{1.4.11}$$

对于完整系，由(1.1.8)式$\dfrac{\partial \boldsymbol{r}_i}{\partial \dot{q}_j}=0$，故

$$\frac{\partial V}{\partial \dot{q}_j}=\sum_i \nabla_i V\cdot\frac{\partial \boldsymbol{r}_i}{\partial \dot{q}_j}=0 \tag{1.4.12}$$

代入(1.4.11)式，有

$$\frac{\mathrm{d}}{\mathrm{d}t}\left(\frac{\partial (T-V)}{\partial \dot{q}_j}\right)-\frac{\partial (T-V)}{\partial q_j}=0$$

引入拉格朗日量(Lagrangian)

$$L=T-V \tag{1.4.13}$$

得到欧拉-拉格朗日方程(Euler-Lagrange equations)

$$\frac{\mathrm{d}}{\mathrm{d}t}\left(\frac{\partial L}{\partial \dot{q}_j}\right)-\frac{\partial L}{\partial q_j}=0,\quad j=1,2,\cdots,s \tag{1.4.14}$$

上述方程对完整有势力系成立，物理研究中的问题几乎都是有势力系，所以，(1.4.14)式的应用范围很广。

如果质点所受的力，除了有势力，还有其他力，则可以把有势力归入拉格朗日量，其他力仍以广义力的形式保留在等式的右边：

$$\frac{\mathrm{d}}{\mathrm{d}t}\left(\frac{\partial L}{\partial \dot{q}_j}\right)-\frac{\partial L}{\partial q_j}=Q_j, \quad j=1,2,\cdots,s \tag{1.4.15}$$

例 1.7　一维谐振子。

选 x 为广义坐标,则拉格朗日量为

$$L=T-V=\frac{1}{2}m\dot{x}^2-\frac{1}{2}kx^2$$

应用拉格朗日方程得

$$m\ddot{x}+kx=0$$

这就是熟知的一维谐振子运动方程。

例 1.8　例 1.6 也可以用拉格朗日方程得到结果,先给出拉格朗日量

$$\begin{aligned}L=T-V&=\frac{1}{2}m(\dot{x}^2+\dot{y}^2+\dot{z}^2)-mgz\\&=\frac{1}{2}m(\dot{q}^2+\omega^2q^2\sin^2\alpha)-mgq\cos\alpha\end{aligned}$$

代入拉格朗日方程得

$$\frac{\mathrm{d}}{\mathrm{d}t}(m\dot{q})-m(\omega^2q\sin^2\alpha-g\cos\alpha)=0 \quad\Rightarrow\quad \ddot{q}-\omega^2q\sin^2\alpha+g\cos\alpha=0$$

例 1.9　LC 振荡回路。

电感能量为$\frac{1}{2}LI^2=\frac{1}{2}L\dot{Q}^2$,电容能量为$\frac{Q^2}{2C}$,以电荷量 Q 为广义坐标,与力学体系作类比,在数学形式上电感能量对应动能,而电容能量则对应势能,因此拉格朗日量可表示为

$$L=\frac{1}{2}L\dot{Q}^2-\frac{Q^2}{2C}$$

代入拉格朗日方程得

$$\ddot{Q}+\frac{1}{LC}Q=0$$

这就是 LC 振荡电路方程。

1.5　拉格朗日方程的解法

有了拉格朗日方程(它是理想完整约束系统的普遍方程),下一步问题是求解,也就是求这个由 s 个($s=3N-k$)二阶常微分方程构成的方程组的通解

$$q_i=q_i(t,C_1,C_2,\cdots,C_{2s}), \quad i=1,2,\cdots,s$$

其中含有 $2s$ 个积分常数 C_i($i=1,2,\cdots,2s$)。但是常微分方程组的积分过程

往往是繁琐的，甚至困难重重。

1.5.1 运动积分

简化求解的方法之一是利用运动积分得到拉格朗日方程解的部分信息。所谓运动积分就是 q_i 和 $\dot{q}_i$ 的某种在运动过程中保持不变的函数，也就是拉格朗日方程的初积分。得到了运动积分，不仅有可能进一步求解运动方程，而且本身就可能给出了重要的守恒量。下面是两个最常见的运动积分。

(1) 循环积分

先引入广义动量，定义为

$$p_i = \frac{\partial L}{\partial \dot{q}_i} \tag{1.5.1}$$

p_i 也叫 q_i 的正则共轭动量(canonically conjugate momentum)。如果 L 为 $\dot{q}_i$ 的二次式，广义动量 p_i 即为 q_i 的一次式。如果 $\frac{\partial L}{\partial q_i}=0$($L$ 中不出现某一广义坐标 q_i)，此时 q_i 称为循环坐标(cyclic coordinates)。根据拉格朗日方程容易得到 $\dot{p}_i=\frac{\mathrm{d}}{\mathrm{d}t}\left(\frac{\partial L}{\partial \dot{q}_i}\right)=0$，从而 $p_i=\text{const.}$(本书中 const. 表示常量，不同式中的 const. 表示不同的值)，这个式子称为循环积分，是拉格朗日方程的第一积分，其物理意义是广义动量守恒。

例 1.10　中心力场中质点。

解：在球坐标系小段距离平方为

$$\mathrm{d}s^2 = \mathrm{d}r^2 + r^2\mathrm{d}\theta^2 + r^2\sin^2\theta\mathrm{d}\phi^2$$

容易得到拉格朗日量

$$L = T - V = \frac{1}{2}m(\dot{r}^2 + r^2\dot{\theta}^2 + r^2\sin^2\theta\dot{\phi}^2) - V(r)$$

ϕ 是循环坐标，运动积分

$$p_\phi = \frac{\partial L}{\partial \dot{\phi}} = \text{const.}$$

容易得知这个运动积分的物理意义就是角动量的 z 分量守恒。

(2) 能量积分(或广义能量积分)

对于理想完整有势力系，如果 $\frac{\partial L}{\partial t}=0$($L$ 不显含时间 t)，则有

$$\sum_i \frac{\partial L}{\partial \dot{q}_i}\dot{q}_i - L = \text{const.} \tag{1.5.2}$$

如下为证明过程。

$$\frac{\mathrm{d}L}{\mathrm{d}t}=\sum_i\left(\frac{\partial L}{\partial q_i}\dot{q}_i+\frac{\partial L}{\partial \dot{q}_i}\ddot{q}_i\right)+\frac{\partial L}{\partial t}=\sum_i\left(\frac{\mathrm{d}}{\mathrm{d}t}\left(\frac{\partial L}{\partial \dot{q}_i}\right)\dot{q}_i+\frac{\partial L}{\partial \dot{q}_i}\frac{\mathrm{d}}{\mathrm{d}t}\dot{q}_i\right)=\sum_i\frac{\mathrm{d}}{\mathrm{d}t}\left(\frac{\partial L}{\partial \dot{q}_i}\dot{q}_i\right)$$

即$\frac{\mathrm{d}}{\mathrm{d}t}\left[\sum_i\left(\frac{\partial L}{\partial \dot{q}_i}\dot{q}_i\right)-L\right]=0$，证毕。

分析一下，这里考虑的是 V 不显含 $\dot{q}_i$ 情形，利用(1.4.2)式和(1.4.3)式可知

$$\sum_i\frac{\partial L}{\partial \dot{q}_i}\dot{q}_i-L=\sum_i\frac{\partial T}{\partial \dot{q}_i}\dot{q}_i-L=\sum_i\frac{\partial T_0}{\partial \dot{q}_i}\dot{q}_i+\sum_i\frac{\partial T_1}{\partial \dot{q}_i}\dot{q}_i+\sum_i\frac{\partial T_2}{\partial \dot{q}_i}\dot{q}_i-(T-V)$$
$$=T_1+2T_2-(T_0+T_1+T_2-V)=T_2-T_0+V$$

即

$$T_2-T_0+V=\text{const.}\tag{1.5.3}$$

在稳定约束的情况下，$\frac{\partial \boldsymbol{r}_i}{\partial t}=0, T=T_2$，

$$T+V=E=\text{const.}\tag{1.5.4}$$

(1.5.4)式代表能量守恒。在约束不稳定，但仍有$\frac{\partial L}{\partial t}=0$ 的情况下，(1.5.3)式称为广义能量守恒。根据(1.5.1)式，(1.5.2)式还可以表示为

$$\sum_i p_i\dot{q}_i-L=\text{const.}\tag{1.5.5}$$

例 1.11　找出例 1.6 中守恒量。

解：根据例 1.8，系统拉格朗日量不显含时间

$$L=\frac{1}{2}m(\dot{q}^2+\omega^2q^2\sin^2\alpha)-mgq\cos\alpha$$

因此有守恒量

$$\sum_i\frac{\partial L}{\partial \dot{q}_i}\dot{q}_i-L=\frac{1}{2}m(\dot{q}^2-\omega^2q^2\sin^2\alpha)+mgq\cos\alpha=\text{const.}$$

或由(1.5.3)式亦可得到此式。但由于系统是非稳定约束，这个守恒量不是能量。

1.5.2　罗斯函数

假如 q_i 为循环坐标，则引入一个罗斯函数，拉格朗日量可以用以下方法减少 1 个自由度，

$$R=L(q_1,q_2,\cdots,q_{i-1},q_{i+1},\cdots,q_s,\dot{q}_1,\dot{q}_2,\cdots,\dot{q}_{i-1},\dot{q}_i,\dot{q}_{i+1},\cdots,\dot{q}_s,t)-p_i\dot{q}_i\tag{1.5.6}$$

因为此时 $p_i=\text{const.}$，所以容易得到

$$\mathrm{d}R=\sum_{j\neq i}\left(\frac{\partial L}{\partial q_j}\mathrm{d}q_j+\frac{\partial L}{\partial \dot{q}_j}\mathrm{d}\dot{q}_j\right)+\frac{\partial R}{\partial t}\mathrm{d}t$$

即

$$R=R(q_1,q_2,\cdots,q_{i-1},q_{i+1},\cdots,q_s,\dot{q}_1,\dot{q}_2,\cdots,\dot{q}_{i-1},\dot{q}_{i+1},\cdots,\dot{q}_s,t)$$

$$p_i=\text{const.} \tag{1.5.7}$$

而(1.5.7)式的罗斯函数显然满足拉格朗日方程。

例 1.12 地面上空的质点的罗斯函数。

解：$L=T-V=\frac{1}{2}m(\dot{x}^2+\dot{y}^2+\dot{z}^2)-mgz$

x,y 是循环坐标，两个运动积分 $\begin{cases} p_x=\dfrac{\partial L}{\partial \dot{x}}=m\dot{x}=\text{const.} \\ p_y=\dfrac{\partial L}{\partial \dot{y}}=m\dot{y}=\text{const.} \end{cases}$

罗斯函数为

$$R=L-p_x\dot{x}-p_y\dot{y}=\frac{1}{2}m\dot{z}^2-mgz-\frac{p_x^2}{2m}-\frac{p_y^2}{2m}=\frac{1}{2}m\dot{z}^2-mgz+\text{const.}$$

1.6 拉格朗日方程的简单讨论

(1) 如果对广义坐标进行坐标变换：

$$q_i=q_i(Q_1,Q_2,\cdots,Q_s,t),\quad i=1,2,\cdots,s$$

这种变换也叫点变换(point transformation)。这时拉格朗日量

$$L(q_1,\dot{q}_1,\cdots,q_s,\dot{q}_s,t)=\bar{L}(Q_1,\dot{Q}_1,\cdots,Q_s,\dot{Q}_s,t)$$

则拉格朗日方程的形式不变，即仍有下列方程成立

$$\frac{\mathrm{d}}{\mathrm{d}t}\frac{\partial \bar{L}}{\partial \dot{Q}_i}-\frac{\partial \bar{L}}{\partial Q_i}=0,\quad i=1,2,\cdots,s$$

由于拉格朗日方程对任意广义坐标都是成立的，上述性质应在意料之中。利用初等微积分也可以直接证明(留给读者自己进行)。

(2) 如果两个拉格朗日量 L 和 L_1 相差一个广义坐标和时间的任意函数 $f(q,t)$ 对时间的全导数，即 $L_1=L+\frac{\mathrm{d}f}{\mathrm{d}t}$，则这两个拉格朗日量将满足同样的方程，即两个拉格朗日量等价。这是因为，拉格朗日方程可以视作未知函数 L 满足的偏微分方程组，这个偏微分方程组的通解为 $\frac{\mathrm{d}f}{\mathrm{d}t}$，其中 $f=f(q_1,q_2,\cdots,$

$q_s,t)$为任意二阶可微的函数。证明如下。

由(1.1.9)式

$$\frac{\partial}{\partial \dot{q}_j}\left(\frac{\mathrm{d}f}{\mathrm{d}t}\right)=\frac{\partial f}{\partial q_j}$$

利用(1.1.11)式，$\frac{\mathrm{d}}{\mathrm{d}t}\left(\frac{\partial f}{\partial q_j}\right)=\frac{\partial \dot{f}}{\partial q_j}$，故

$$\frac{\mathrm{d}}{\mathrm{d}t}\left[\frac{\partial}{\partial \dot{q}_j}\left(\frac{\mathrm{d}f}{\mathrm{d}t}\right)\right]=\frac{\partial \dot{f}}{\partial q_j}=\frac{\partial}{\partial q_j}\left(\frac{\mathrm{d}f}{\mathrm{d}t}\right)$$

即，$\frac{\mathrm{d}f}{\mathrm{d}t}$满足拉格朗日方程，证毕。

这个结果说明拉格朗日量不唯一，相差 $\frac{\mathrm{d}f}{\mathrm{d}t}$ 的两个拉格朗日量，相互等价。一个简单特例是拉格朗日量相差常数因子。从这个意义上，系统的拉格朗日量带有某种任意性。

(3) 如果对坐标或时间进行标度变换，变换后的拉格朗日量仍满足拉格朗日方程。设 α,β 为常量，标度变换

$$\begin{cases} q_i'=\alpha q_i \\ t'=\beta t \end{cases} \Rightarrow L'(q_1',\dot{q}_1',\cdots,q_s',\dot{q}_s',t')=L(q_1,\dot{q}_1,\cdots,q_s,\dot{q}_s,t)$$

容易得到

$$\frac{\mathrm{d}}{\mathrm{d}t'}\left(\frac{\partial L'}{\partial \dot{q}_j'}\right)-\frac{\partial L'}{\partial q_j'}=0,\quad j=1,2,\cdots,s$$

其中 $\dot{q}_i'=\frac{\mathrm{d}}{\mathrm{d}t'}q_i'$。这是新的标度下的拉格朗日方程。

(4) 至此我们只考虑了势能与速度无关的情况，其实这是可以推广的。

如果存在一个广义势函数 $V=V(q_1,\cdots,q_s,\dot{q}_1,\cdots,\dot{q}_s,t)$，广义力可以表示为 $Q_i=\frac{\mathrm{d}}{\mathrm{d}t}\frac{\partial V}{\partial \dot{q}_i}-\frac{\partial V}{\partial q_i}$，这样的广义力称为广义有势力。拉格朗日方程仍可表为(1.4.14)式的形式，只是其中势能函数除了依赖广义坐标和时间，还依赖广义速度。例如：带电质点在电磁场中所受到的洛仑兹力，就是一个广义有势力。我们可以找到合适的广义势而使拉格朗日方程(1.4.14)式仍成立。

例 1.13　一带电粒子(电荷为 e)在电磁场中运动，电场为 $\boldsymbol{E}$，磁场为 $\boldsymbol{B}$，标势为 ϕ，矢势为 $\boldsymbol{A}$。

广义坐标选为直角坐标，广义力就是直角坐标系中洛仑兹(Lorentz)力 $\boldsymbol{F}$ 的表达式，

$$\boldsymbol{F}=e(\boldsymbol{E}+\boldsymbol{v}\times\boldsymbol{B})=-e\left(\nabla\phi+\frac{\partial\boldsymbol{A}}{\partial t}\right)+e\boldsymbol{v}\times(\nabla\times\boldsymbol{A})$$

可建立广义势函数 $V=e\phi-e\boldsymbol{A}\cdot\boldsymbol{v}$，因为这个广义势满足 $F_i=\frac{\mathrm{d}}{\mathrm{d}t}\frac{\partial V}{\partial v_i}-\frac{\partial V}{\partial x_i}$ 成立，其中 ϕ 和 $\boldsymbol{A}$ 均为坐标与时间的函数，$\boldsymbol{v}$ 是速度。动能 $T=\frac{1}{2}m\boldsymbol{v}^2$，就可以把 L 表示为

$$L=\frac{1}{2}m\boldsymbol{v}^2-e\phi+e\boldsymbol{A}\cdot\boldsymbol{v} \tag{1.6.1}$$

拉格朗日方程就是

$$m\ddot{\boldsymbol{r}}=-e\left(\nabla\phi+\frac{\partial\boldsymbol{A}}{\partial t}\right)+e\boldsymbol{v}\times(\nabla\times\boldsymbol{A})$$

这就是带电粒子在电磁场中运动的动力学方程，右边第一项是电场的作用力，第二项是磁场的作用力，其合力是广义有势力。L 一般没有循环坐标，所以正则共轭动量

$$\boldsymbol{p}=m\boldsymbol{v}+e\boldsymbol{A} \tag{1.6.2}$$

不是守恒量。如果 L 不显含 t，有广义能量积分

$$E=\frac{1}{2}mv^2+e\phi=\frac{1}{2m}(\boldsymbol{p}-e\boldsymbol{A})^2+e\phi \tag{1.6.3}$$

(5) 由(1.4.13)式，虽然拉格朗日量通常由系统的动能和势能差给出，但也不仅仅局限于这种表示，就像在本节(2)中讨论的那样，对很多系统即便采用不一样的拉格朗日量，方程仍然是一样的，这就赋予了拉格朗日力学更大的推广潜力。事实上，对于有些未知系统，可以通过物理图像、对称性或数学规范等要求，构造或猜测系统的拉格朗日量，从而获得系统运动方程，进而研究系统性质。因此，拉格朗日力学虽然在经典力学领域与牛顿动力学方程等价，但拉格朗日力学的理论框架远远超出经典力学领域。事实上，拉格朗日力学在量子场论有广泛的应用。

练习题

1.1　半径为 R 的光滑半球形碗，固定在水平面上，一质量为 m 的匀质棒斜靠在碗缘，一端在碗内，一端在碗外，在碗内的长度为 c，如图 1.4 所示。试用虚功原理给出棒的全长。

1.2　半径为 R 的两个相同匀质光滑球 a 和 b 悬在结于定点 O 的两根相同长度的轻绳上，此两球中间同时又夹着另一个相同的匀质球 c，三者处于平

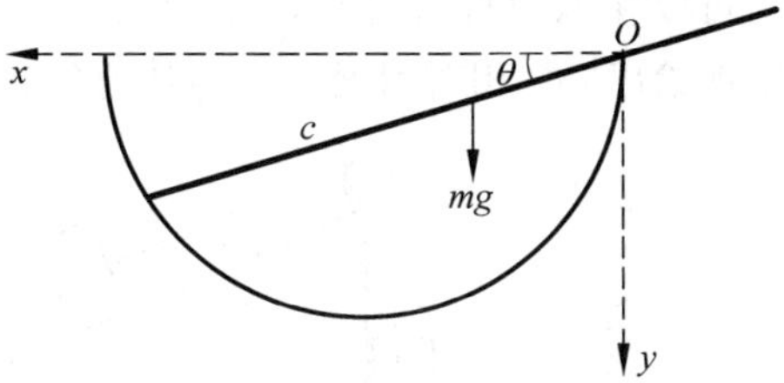

图 1.4 练习题 1.1 用图

衡。设绳子和竖直方向成 α 角，中间被夹球的球心与前一个球的球心之连线与竖直方向成 β 角，如图 1.5 所示。试用虚功原理求这两个角之间的关系。

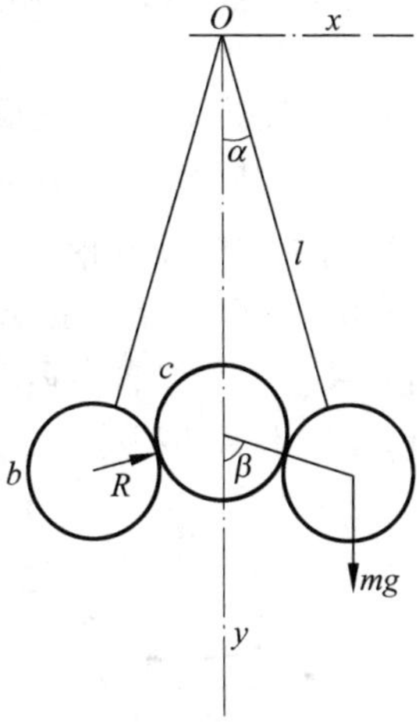

图 1.5 练习题 1.2 用图

1.3 在一半径为 R 的竖直半圆硬钢丝上(两端点在水平线上)，穿有质量分别为 P 和 Q 的两个小球，两球用长为 $2l$ 的不可伸长的轻绳相连，如图 1.6 所示。不计摩擦力，试用虚功原理求两球的平衡位置(即绳和水平线所成夹角 α)。

1.4 匀质杆 OA，质量为 m_1，长为 l_1，能在竖直平面内绕固定铰链 O 转动，此时杆的 A 端，用铰链联另一质量 m_2，长为 l_2 的匀质杆 AB，在 AB 杆的 B 端加一水平力 F，如图 1.7 所示。试用虚功原理求平衡时此二杆与水平线所成的角度 α 和 β。

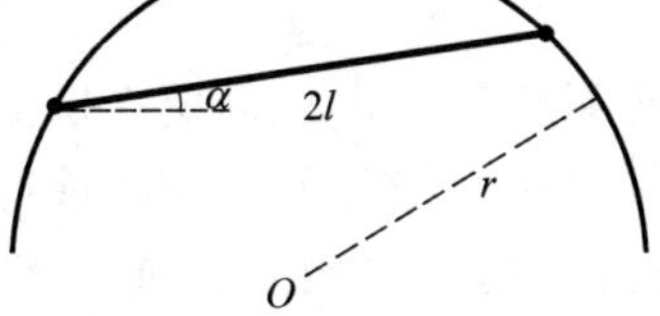

图 1.6 练习题 1.3 用图

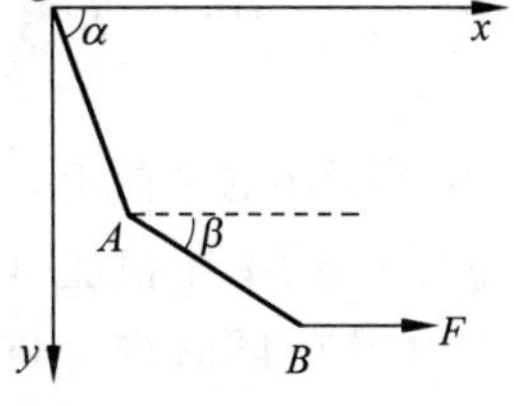

图 1.7 练习题 1.4 用图

1.5 质量为 M，倾角为 θ 的光滑斜面的底面放在光滑的水平面上，有一质量为 m 的小块从顶端沿此斜面滑下，如图 1.8 所示。利用达朗贝尔原理，给出小块相对斜面的加速度。

1.6 两物体用轻线通过固定在斜面体的滑轮相连，m_1 置于斜面上，而

m_2 吊在斜面外,斜面可以在地面自由滑动,如图 1.9 所示。所有摩擦力都忽略。利用达朗贝尔原理给出 m_1 相对斜面下滑的加速度。

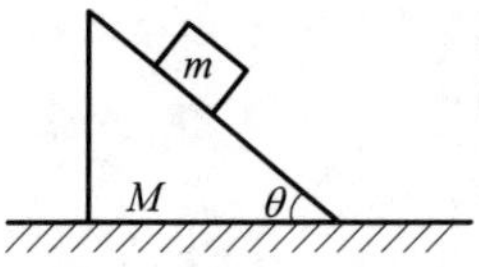

图 1.8 练习题 1.5 用图

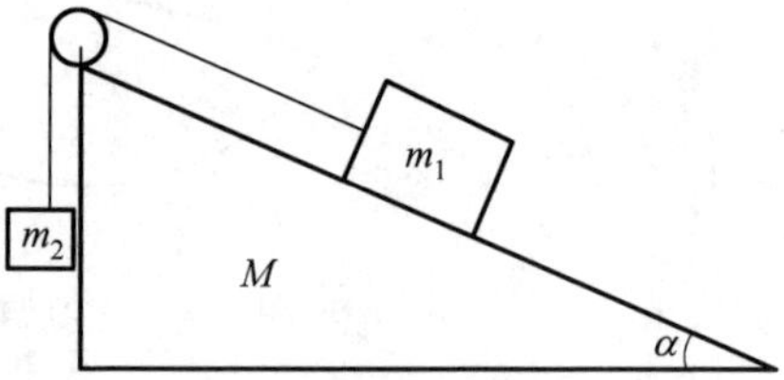

图 1.9 练习题 1.6 用图

1.7 设质量为 m 的质点受重力作用,且被约束在半顶角为 α 的倒立圆锥面内运动,如图 1.10 所示。试以柱坐标中的 r,θ 为广义坐标,用达朗贝尔原理给出运动微分方程。

1.8 两个质点质量分别为 m_1 和 m_2,用长为 l 的轻杆相连,其中 m_1 只能沿着某一水平线自由运动,考虑重力,如图 1.11 所示。写出系统的拉格朗日量,并给出循环积分。

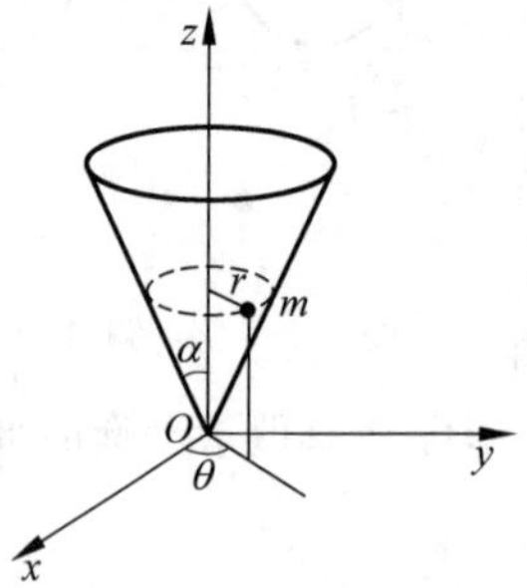

图 1.10 练习题 1.7 用图

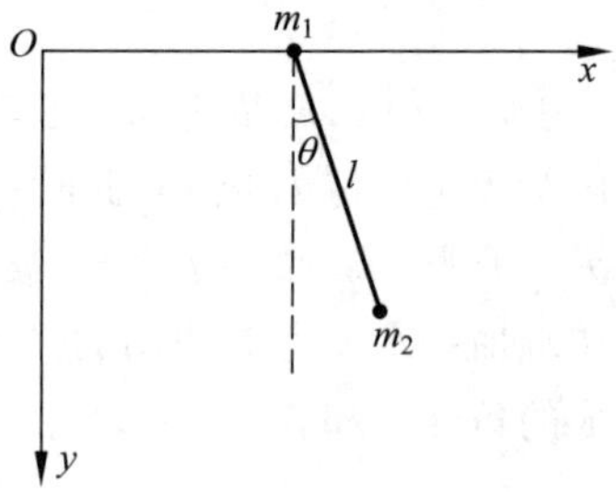

图 1.11 练习题 1.8 用图

1.9 在无摩擦的桌面上,一弹簧劲度系数为 k,一端固定在墙上,另一端与一个质量为 m 的物体相连,该物体又通过一连线与另一等质量物体相连,连线通过一设置在桌面缘上的滑轮,使另一物体在竖直方向一起移动,如图 1.12 所示。令 x 为弹簧由其松弛状态的伸长量,试用拉格朗日方程导出运动方程,并设 $t=0$ 时,$x=0$,$\dot{x}=0$,解出 $x=x(t)$ 的形式。

1.10 劲度系数为 k、自然长度为 l 的弹簧,一端悬于 O 点,另一端系一质量为 m 的质点,弹簧只能伸缩,不能弯曲,系统限制在某一铅垂面内运动,如图 1.13 所示。试写出系统的拉格朗日量,并由此导出运动微分方程。

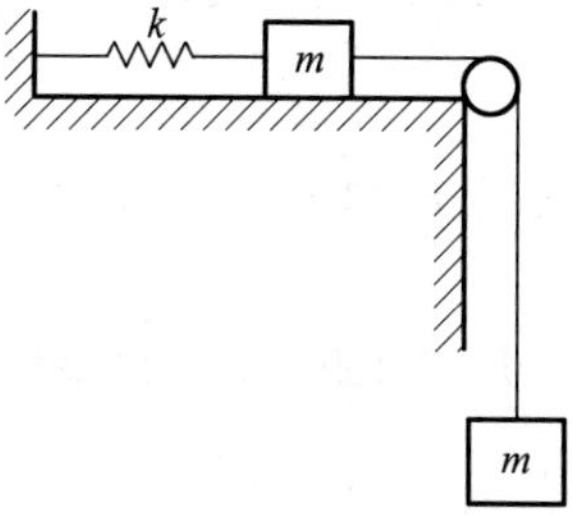

图 1.12　练习题 1.9 用图

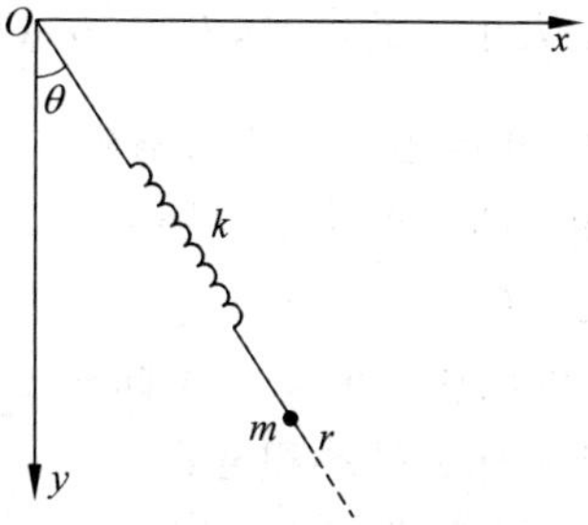

图 1.13　练习题 1.10 用图

1.11　利用拉格朗日方程做 1.5 题。

1.12　利用拉格朗日方程做 1.6 题。

1.13　利用拉格朗日方程做 1.7 题，求质点的运动微分方程，并给出循环积分。

1.14　有一小珠子质量为 m，串在光滑的硬丝线上，丝线是抛物线形状，$y=a^2x^2$，重力加速度与 y 轴反向。现丝线绕 y 轴以角速度 ω 匀速转动，以小珠子到 y 轴的距离作为广义坐标，给出拉格朗日方程。

1.15　1.10 题中，若 O 点以时间 t 的函数 $h(t)$ 在 y 轴运动，试写出系统的拉格朗日量，并由此导出运动微分方程。

1.16　双摆：质量分别为 m_1 和 m_2 的两个质点各自固定在两个轻杆的端点，其中一个质点处于相连的位置，但可以自由转动，轻杆无质点的端点悬挂在 O 点。杆和质点可以在纸面内自由转动，参量如图 1.14 所示。对 $m_1=m_2$ 和 $l_1=l_2$ 的简单情形，给出双摆的运动微分方程。

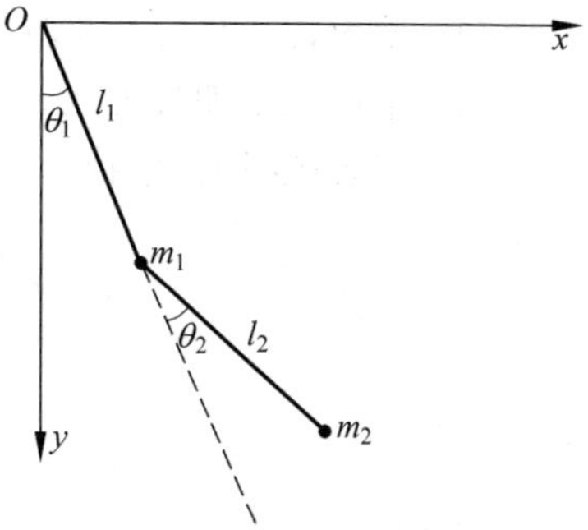

图 1.14　练习题 1.16 用图

1.17　两个自由度系统的拉格朗日量为

$$L=\frac{1}{2}m(a\dot{x}^2+2b\dot{x}\dot{y}+c\dot{y}^2)-\frac{1}{2}k(ax^2+2bxy+cy^2)$$

其中 a，b 和 c 都是常数，并且 $b^2\neq ac$。给出运动微分方程，并描述这是什么系统。特别是考虑 $a=c=1,b=0$ 和 $a=c=0,b=1$ 以及 $a=-c=1,b=0$ 的情形。

1.18　一质量为 m 的质点的拉格朗日量为

$$L=\exp\{(\gamma t/m)(T-V)\}$$

其中 γ 是大于零的常量，$T=\frac{1}{2}m(\dot{x}^2+\dot{y}^2+\dot{z}^2)$，$V=V(x,y,z)$。给出运动微分方程，并描述这是什么系统。

1.19 两质点质量分别为 m_1 和 m_2，坐标为 $\boldsymbol{r}_1$ 和 $\boldsymbol{r}_2$，它们之间的相互作用势能为 $V(x_1-x_2,y_1-y_2,z_1-z_2)$。

(1) 以两质点的质心坐标和相对坐标作为广义坐标，给出拉格朗日量，并找到循环坐标和循环积分；

(2) 给出罗斯函数，并导出运动微分方程。

1.20 两质点质量分别为 m_1 和 m_2，中间用劲度系数为 k、自然伸长为 l 的弹簧相连，并放在光滑桌面上运动。

(1) 试给出拉格朗日量，并找到守恒量；

(2) 导出运动微分方程。

1.21 有一质点质量为 m，在中心力场 $V(r)$ 中运动，柱坐标为 (ρ,φ,z)，其拉格朗日量为 $L=\frac{1}{2}m(\dot{\rho}^2+\rho^2\dot{\varphi}^2+\dot{z}^2)-V(\sqrt{\rho^2+z^2})$；另有一个转动坐标系，绕 z 轴以角速度 ω 转动。若 $t=0$ 时两个坐标系重合，转动坐标系质点坐标为 (ρ',φ',z')。

(1) 给出转动坐标系坐标表示的拉格朗日量和循环积分；

(2) 给出拉格朗日方程；

(3) 考查此时的“虚拟力”的形式。

第2章 哈密顿原理及变分方法

历史上变分方法是由最速降线问题(brachistochrone problem)发展起来的。现在流行的变分方法是欧拉(Euler)在1744年提出,后来由拉格朗日首先运用到力学,1834年哈密顿(Hamilton)给出了哈密顿原理(Hamilton's principle)。

2.1 哈密顿原理与变分方法

2.1.1 哈密顿原理

哈密顿原理是哈密顿于1834年提出的,故名。它有时也称为力学第一性原理(或力学最高原理),就是可以由它导出完整系统(完整约束)全部力学定律的原理或者假设,其在力学中的地位好比平面几何中的公理。事实上,过去学过的牛顿运动定律、达朗贝尔原理(又称动力学虚位移原理或动力学普遍方程,在静力学情况下是虚位移原理或虚功原理)和拉格朗日方程,以及后面将学习的正则方程,其中任何一个都可以作为力学第一性原理,因为在力学范畴内它们是相互等价的。

哈密顿原理:在 t_0 和 t_1 时间间隔内,一个保守的力学体系(或有势力系),系统拉格朗日量为 $L(q,\dot{q},t)$,受到的约束是完整的、理想的,有确定的始终点,即 $q(t_0)$和 $q(t_1)$有确定的值。在约束所允许的各种可能运动 $q(t)$中,真实运动可由作用量

$$S=\int_{t_0}^{t_1} L(q,\dot{q},t)\,\mathrm{d}t \tag{2.1.1}$$

取极值给出。至于这个极值是极大值还是极小值应进一步具体探讨。

例2.1 地面上自由运动的质点。

假设 z 轴竖直向上,地面为 x-y 平面,从牛顿动力学方程容易得知,质点轨迹是抛物线。若从哈密顿原理考虑这个问题,则要写出质点拉格朗日量:

$L=\frac{1}{2}m(\dot{x}^2+\dot{y}^2+\dot{z}^2)-mgz$，若质点从 A 点运动到 B 点，则作用量为

$$S=\int_{t_A}^{t_B}\left[\frac{1}{2}m(\dot{x}^2+\dot{y}^2+\dot{z}^2)-mgz\right]\mathrm{d}t \tag{2.1.2}$$

如果哈密顿原理与牛顿运动定律等价，意味着 S 取极值的质点轨迹必为抛物线。但如何通过数学方法推导出这个结论呢？这就涉及泛函变分取极值问题。

2.1.2　欧拉方程

例 2.1 是 3 个自由度体系，(2.1.2)式取极值的数学表达是，在固定两点 A、B 之间，寻找函数 $x=x(t)$，$y=y(t)$，$z=z(t)$，使(2.1.2)式的 S 最小。为了简单，先考虑 1 个自由度问题。一般地，

$$I[y]=\int_{x_1}^{x_2}F(y,y',x)\mathrm{d}x \tag{2.1.3}$$

端点 $y(x_1)$，$y(x_2)$固定，寻找 $y=f(x)$使得 $I[y]$取极值，$I[y]$也称 y 的泛函，泛函极值问题也叫变分问题。需要注意的是，I 不是 x 的函数(因为这是对 x 的定积分，而且上下限是确定的)，I 也不是 y 的函数(如果 I 是 y 的“函数”，而 y 是 x 的函数，那么 I 就是 x 的复合函数，显然也不对)，而是 y 的泛函。决定泛函值的不是 y 的某个函数值，而是在整个区间 $[x_1,x_2]$上的全体函数值 $f(x)$(无限多个)。因此泛函 I 的自变量是 y 与 x 之间的函数关系 f，I 可以看成是无限多个自变量的多元函数。泛函是函数空间(无穷多维)到实数集合的映射。

在介绍泛函极值问题之前，先回顾函数的极值问题。设函数 $g(x)$在 x 处有极值，则 $g'(x)=0$，

$$\Delta g(x)=g(x+\Delta x)-g(x)=\frac{1}{2}g''(x)\Delta x^2+\cdots\approx o(\Delta x) \tag{2.1.4}$$

即，在极值附近函数的差分是二阶小量。

类似地，泛函极值条件也可通过求差值给出。若(2.1.3)式中函数 $y=f(x)$在给定 x 处有个微小变化量 δy，称为等时变分。但变分 δy 仍可能随 x 变化，也可看作 x 的函数，因此变分 δy 在 x 处也可以有导数。对于等时变分，

$$\delta y'=\delta\left(\frac{\mathrm{d}y}{\mathrm{d}x}\right)=\frac{\mathrm{d}(\delta y)}{\mathrm{d}x}$$

于是，相应于(2.1.3)式的泛函变分可表示为

$$\delta I[y]=I[y+\delta y]-I[y]=\int_{x_1}^{x_2}[F(y+\delta y,y'+\delta y',x)-F(y,y',x)]\mathrm{d}x \tag{2.1.5}$$

利用多元函数的泰勒(Taylor)展开公式

$$F(x,y)\approx F(x_0,y_0)+(x-x_0)\frac{\partial F}{\partial x}\bigg|_{x=x_0}+(y-y_0)\frac{\partial F}{\partial y}\bigg|_{y=y_0}+o(\Delta) \tag{2.1.6}$$

其中,$\Delta^2\sim(x-x_0)^2,(y-y_0)^2,(x-x_0)(y-y_0)$,(2.1.5)式化为

$$\delta I[y]=\int_{x_1}^{x_2}\left[\frac{\partial F}{\partial y}\delta y+\frac{\partial F}{\partial y'}\delta y'+o(\delta y)\right]\mathrm{d}x \tag{2.1.7}$$

利用分部积分

$$\int_{x_1}^{x_2}\frac{\partial F}{\partial y'}\delta y'\mathrm{d}x=\left(\frac{\partial F}{\partial y'}\delta y\right)\bigg|_{x_1}^{x_2}-\int_{x_1}^{x_2}\frac{\mathrm{d}}{\mathrm{d}x}\left(\frac{\partial F}{\partial y'}\right)\delta y\mathrm{d}x \tag{2.1.8}$$

由于在端点函数值固定,有

$$\delta y(x_1)=\delta y(x_2)=0 \tag{2.1.9}$$

将(2.1.9)式和(2.1.8)式代入(2.1.7)式得到

$$\delta I[y]=\int_{x_1}^{x_2}\left[\frac{\partial F}{\partial y}-\frac{\mathrm{d}}{\mathrm{d}x}\left(\frac{\partial F}{\partial y'}\right)\right]\delta y\mathrm{d}x+\int_{x_1}^{x_2}o(\delta y)\mathrm{d}x \tag{2.1.10}$$

类似于(2.1.4)式,泛函极值条件为泛函变分的一阶变分小量是零,则

$$\int_{x_1}^{x_2}\left[\frac{\partial F}{\partial y}-\frac{\mathrm{d}}{\mathrm{d}x}\left(\frac{\partial F}{\partial y'}\right)\right]\delta y\mathrm{d}x=0 \tag{2.1.11}$$

这个条件,也可以认为是,当函数 y 有小的变化时,在极值附近泛函值变化是更高阶小量,或在极值附近泛函是平的。由于 δy 任意不确定,要满足(2.1.11)式只能要求被积函数为零,即

$$\frac{\partial F}{\partial y}-\frac{\mathrm{d}}{\mathrm{d}x}\left(\frac{\partial F}{\partial y'}\right)=0 \tag{2.1.12}$$

这就是欧拉方程。欧拉方程与拉格朗日方程形式相同,因此拉格朗日方程的性质都可以直接用于欧拉方程,比如,循环积分和能量积分。为了简化表示,我们可以给一个简单记号或运算,为

$$\frac{\delta F}{\delta y}\equiv\frac{\partial F}{\partial y}-\frac{\mathrm{d}}{\mathrm{d}x}\left(\frac{\partial F}{\partial y'}\right) \tag{2.1.13}$$

如果泛函不含一次导数项,则由(2.1.13)式得知$\frac{\delta F}{\delta y}=\frac{\partial F}{\partial y}$,变分运算相当于简单的偏导数运算。用变分符号表示(2.1.10)式,忽略高阶量,得到

$$\delta I[y]=\int_{x_1}^{x_2}\frac{\delta F}{\delta y}\delta y\mathrm{d}x \tag{2.1.14}$$

泛函极值条件也可以简单表示为 $\frac{\delta F}{\delta y}=0$。

欧拉方程也可以应用于端点不固定的变分问题。比如，在(2.1.8)式要求$\frac{\partial F}{\partial y'}$在端点为零即可。

例 2.2　最速降线问题。

这是历史上最早的变分极值问题：给定两点 A、B，从静止出发，在重力作用下，使质点沿 A、B 之间的光滑曲线下滑，问沿怎样的轨道 $y=f(x)$，质点下滑所用的时间最短？求这轨道的曲线方程。

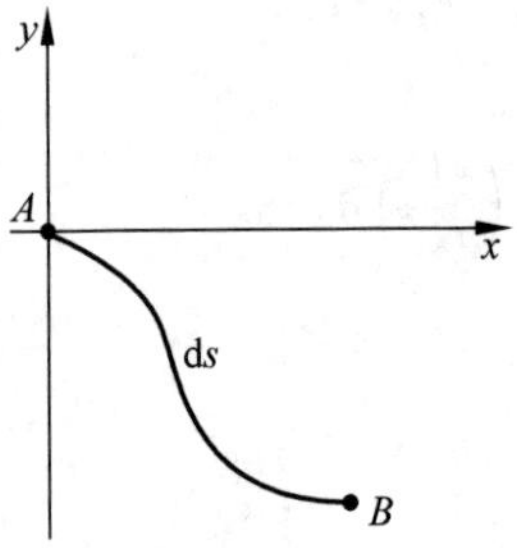

图 2.1　最速降线曲线

解：为不失一般性，设 A 点为原点，如图 2.1 给出的是某一轨道，质点经过 $\mathrm{d}s$ 距离所用的时间为

$$\mathrm{d}t=\frac{\mathrm{d}s}{v}=\frac{\mathrm{d}x\sqrt{1+y'^2}}{v}$$

该处速率通过机械能守恒求得

$$\frac{1}{2}mv^2=mg(-y)$$

A 到 B 的时间为

$$t_{AB}=\int_A^B\sqrt{\frac{1+y'^2}{2g(-y)}}\,\mathrm{d}x \tag{2.1.15}$$

忽略无关紧要的常量，(2.1.15)式化为

$$t_{AB}=\int_A^B F(y,y',x)\,\mathrm{d}x \tag{2.1.16}$$

其中 $F=\sqrt{\frac{1+y'^2}{-y}}$，由(2.1.14)式变分极值的条件$\frac{\delta F}{\delta y}=0$。因为 F 不显含 x，类比(1.5.2)式能量积分，有$\frac{\partial F}{\partial y'}y'-F=\text{const.}=c$，即

$$c\sqrt{-y(1+y'^2)}=-1 \tag{2.1.17}$$

整理得 $\mathrm{d}x=\pm\mathrm{d}y\sqrt{\frac{-c^2y}{1+c^2y}}$。令 $h=\frac{1}{c^2}$，积分得

$$x=\pm\left(\sqrt{-y(h+y)}-h\arccos\sqrt{1+\frac{y}{h}}\right)+\text{const.}$$

因 A 点是原点，即 $x=0,y=0$，所以不定积分常数为零。再令$\frac{\phi}{2}=\arccos\sqrt{1+\frac{y}{h}}$，则可以得到

$$\begin{cases} x = \pm \dfrac{h}{2}(\phi - \sin\phi) \\ y = -\dfrac{h}{2}(1 - \cos\phi) \end{cases} \tag{2.1.18}$$

这就是最速降线曲线(旋轮线)。

例 2.2 是在二维讨论了最速降线问题,实际下降曲线应是在三维空间发生,如图 2.2 所示。为不失一般性,可以重新建立坐标系,使得 A、B 两点在 x-y 平面内(它们之间曲线可以不限制在 x-y 平面内),在此情形(2.1.16)式应为

$$t_{AB} = \int_A^B F(y, y', z, z', x)\mathrm{d}x \tag{2.1.19}$$

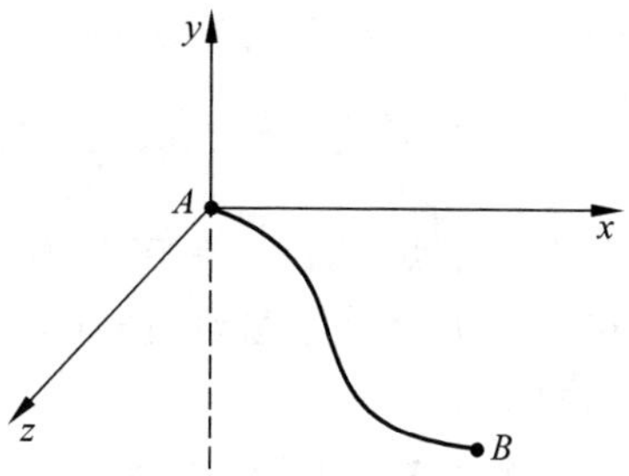

图 2.2　最速降线曲线

其中 $F = \sqrt{\dfrac{1 + y'^2 + z'^2}{-y}}$。(2.1.19)式比起(2.1.3)式泛函多出一个函数,但求极值的方法类似。参照(2.1.5)式～(2.1.10)式的推导,以及(2.1.13)式和(2.1.14)式变分运算约定,(2.1.19)式的泛函变分可化为

$$\delta t_{AB} = \int_A^B \left(\frac{\delta F}{\delta y}\delta y + \frac{\delta F}{\delta z}\delta z\right)\mathrm{d}x + \int_A^B o(\delta y, \delta z)\mathrm{d}x \tag{2.1.20}$$

类似地,泛函极值条件为

$$\int_A^B \left(\frac{\delta F}{\delta y}\delta y + \frac{\delta F}{\delta z}\delta z\right)\mathrm{d}x = 0 \tag{2.1.21}$$

而 δy 和 δz 相互独立且任意,因此(2.1.21)式满足的条件是,分别有 $\dfrac{\delta F}{\delta y} = 0$ 和 $\dfrac{\delta F}{\delta z} = 0$,即

$$\frac{\partial F}{\partial y} - \frac{\mathrm{d}}{\mathrm{d}x}\left(\frac{\partial F}{\partial y'}\right) = 0 \tag{2.1.22}$$

$$\frac{\partial F}{\partial z} - \frac{\mathrm{d}}{\mathrm{d}x}\left(\frac{\partial F}{\partial z'}\right) = 0 \tag{2.1.23}$$

F 不含 z,由(2.1.23)式得到循环积分

$$\frac{\partial F}{\partial z'} = c_1$$

$$\frac{z'}{\sqrt{-y(1 + y'^2 + z'^2)}} = c_1 \tag{2.1.24}$$

F 不含 x，类比(1.5.2)式能量积分得到

$$y'\frac{\partial F}{\partial y'}+z'\frac{\partial F}{\partial z'}-F=c_2$$

$$-\frac{1}{\sqrt{-y(1+y'^2+z'^2)}}=c_2 \tag{2.1.25}$$

(2.1.24)式除以(2.1.25)式，得到

$$z'=-\frac{c_1}{c_2} \Rightarrow z=-\frac{c_1}{c_2}x+c_3$$

A 点在原点，因此 $c_3=0$，又 B 点 $z=0, x\neq 0$，所以 $c_1=0$，即 $z=0$，也就是只在 x-y 平面内考虑问题即可，与例 2.2 结果一致，它的解为(2.1.18)式给出的旋轮线。

例 2.3 两点间直线最短。

解：假设两点间曲线方程为 $\begin{cases} y=y(x) \\ z=z(x) \end{cases}$

则两点间曲线长度 $S=\int_{x_1}^{x_2}\sqrt{1+y'^2+z'^2}\,\mathrm{d}x$，使曲线长度最短的条件是满足(2.1.22)式和(2.1.23)式。相应的 $F=\sqrt{1+y'^2+z'^2}$ 不含 x、y 和 z，因此类似能量积分有

$$y'\frac{\partial F}{\partial y'}+z'\frac{\partial F}{\partial z'}-F=c_0 \Rightarrow -\frac{1}{\sqrt{1+y'^2+z'^2}}=c_0$$

和循环积分

$$\frac{\partial F}{\partial y'}=c_1 \Rightarrow \frac{y'}{\sqrt{1+y'^2+z'^2}}=c_1$$

及

$$\frac{\partial F}{\partial z'}=c_2 \Rightarrow \frac{z'}{\sqrt{1+y'^2+z'^2}}=c_2$$

联合起来就是 $y'=-\frac{c_1}{c_0}$ 和 $z'=-\frac{c_2}{c_0}$，曲线斜率恒为常数，即直线。

在欧几里得空间，两点间直线最短。如果在一个弯曲空间，两点间不一定是直线最短。如在球面，两点间最短线是在通过两点的大圆上(是一段圆弧)。这种弯曲空间(包括平直空间)上与两点间最短距离相对应的曲线叫测地线(geodesic curve)。测地线与坐标系选择无关，它是由测地线所在空间的内禀性质决定的。牛顿力学描述引力场中运动的质点时，认为在引力作用下质点加速运动，而广义相对论的基本思想是认为引力场使空间和时间(时间

是时空中的一个维数)弯曲(弯曲程度可用引力场强弱定量表示),质点在这个弯曲时空沿测地线作惯性运动。

2.1.3　哈密顿原理与拉格朗日方程

例 2.1 是 3 个自由度的泛函变分极值问题,即

$$\delta S = \delta\int_{t_A}^{t_B} L\,\mathrm{d}t = 0 \tag{2.1.26}$$

类似于(2.1.22)式和(2.1.23)式,对于每个坐标都有变分极值条件

$$\frac{\delta L}{\delta x} = 0 \quad \Rightarrow \quad \frac{\partial L}{\partial x} - \frac{\mathrm{d}}{\mathrm{d}t}\left(\frac{\partial L}{\partial \dot{x}}\right) = 0 \tag{2.1.27a}$$

$$\frac{\delta L}{\delta y} = 0 \quad \Rightarrow \quad \frac{\partial L}{\partial y} - \frac{\mathrm{d}}{\mathrm{d}t}\left(\frac{\partial L}{\partial \dot{y}}\right) = 0 \tag{2.1.27b}$$

$$\frac{\delta L}{\delta z} = 0 \quad \Rightarrow \quad \frac{\partial L}{\partial z} - \frac{\mathrm{d}}{\mathrm{d}t}\left(\frac{\partial L}{\partial \dot{z}}\right) = 0 \tag{2.1.27c}$$

(2.1.27)式实际就是地面上自由运动粒子的拉格朗日方程,在 2.3 节将会给出一般性结果。将例 2.1 的拉格朗日量代入(2.1.27)式,就可得到牛顿动力学方程。

哈密顿原理从与众不同的出发点再回到牛顿运动定律的结果,这是耐人寻味的。顺便提一下,历史上的发展顺序是,数学上先有变分方法,后来才有哈密顿提出哈密顿原理。

2.2　泛函的条件极值问题以及高维泛函和含高阶导数的泛函极值问题

2.2.1　条件泛函极值问题

先回顾多元函数条件极值问题,即,在条件 $G(x,y)=0$ 下,求 $F(x,y)$ 的极值。通过泰勒展开公式得到

$$\Delta F = \frac{\partial F}{\partial x}\Delta x + \frac{\partial F}{\partial y}\Delta y + o(\Delta) \tag{2.2.1}$$

由于 x,y 并不相互独立,求极值时不能直接要求$\frac{\partial F}{\partial x}=\frac{\partial F}{\partial y}=0$,而要考虑条件:

$$\Delta G = \frac{\partial G}{\partial x}\Delta x + \frac{\partial G}{\partial y}\Delta y + o(\Delta) \tag{2.2.2}$$

(2.2.1)式 +(2.2.2)式×λ,得

$$\Delta F=\left(\frac{\partial F}{\partial x}+\lambda\frac{\partial G}{\partial x}\right)\Delta x+\left(\frac{\partial F}{\partial y}+\lambda\frac{\partial G}{\partial y}\right)\Delta y+o(\Delta) \tag{2.2.3}$$

这个 λ 是任意常量，也叫拉格朗日乘子，取适当 λ 值，使得

$$\frac{\partial F}{\partial x}+\lambda\frac{\partial G}{\partial x}=0 \tag{2.2.4}$$

又，极值的条件是

$$\Delta F=o(\Delta) \tag{2.2.5}$$

则由(2.2.3)式，要求

$$\frac{\partial F}{\partial y}+\lambda\frac{\partial G}{\partial y}=0 \tag{2.2.6}$$

回到有条件的变分极值问题，泛函

$$I[y,z]=\int_{x_1}^{x_2}F(y,y',z,z',x)\mathrm{d}x \tag{2.2.7}$$

除了在端点函数固定不变的条件 $\delta y(x_1)=\delta y(x_2)=0,\delta z(x_1)=\delta z(x_2)=0$，还要满足以下条件时求极值

$$G(y,z,x)=0 \tag{2.2.8}$$

参照多元函数有条件求极值的方法，类比(2.2.3)式的方式，引入拉格朗日乘子，得到新的泛函

$$I[y,z]=\int_{x_1}^{x_2}[F(y,y',z,z',x)+\lambda G(y,z,x)]\mathrm{d}x \tag{2.2.9}$$

(2.2.9)式实际等同于(2.2.7)式。忽略高阶项，变分极值条件为

$$\delta I[y,z]=\int_{x_1}^{x_2}\left\{\left[\frac{\delta F}{\delta y}+\frac{\delta(\lambda G)}{\delta y}\right]\delta y+\left[\frac{\delta F}{\delta z}+\frac{\delta(\lambda G)}{\delta z}\right]\delta z\right\}\mathrm{d}x=0 \tag{2.2.10}$$

为简便起见，在形如(2.2.8)式条件下，只需使 $\lambda=\lambda(x)$，且此时由(2.1.13)式，有

$$\begin{cases}\dfrac{\delta(\lambda G)}{\delta y}=\lambda\dfrac{\partial G}{\partial y}\\[2ex]\dfrac{\delta(\lambda G)}{\delta z}=\lambda\dfrac{\partial G}{\partial z}\end{cases} \tag{2.2.11}$$

由于 $\lambda=\lambda(x)$ 任意，可以选择 λ 先使得(2.2.10)式中积分号内第一项

$$\frac{\delta F}{\delta y}+\lambda\frac{\partial G}{\partial y}=0 \tag{2.2.12}$$

则(2.2.10)式极值条件要求积分号内另一项亦为零，即

$$\frac{\delta F}{\delta z}+\lambda\frac{\partial G}{\partial z}=0 \tag{2.2.13}$$

(2.2.12)式、(2.2.13)式和(2.2.8)式联立，可求得拉格朗日乘子 λ，以及极值函数 y, z。

2.2.2 高维泛函极值问题

考虑二维泛函

$$I[z]=\iint_S F\left(z,\frac{\partial z}{\partial x},\frac{\partial z}{\partial y},x,y\right)\mathrm{d}x\,\mathrm{d}y \tag{2.2.14}$$

若 $z(x,y)$ 函数在曲面 S 的边界 Γ 上固定不变，则此泛函极值同样可以通过使(2.2.14)式的变分为零得到。为简单起见，标记 $z_x\equiv\frac{\partial z}{\partial x}, z_y\equiv\frac{\partial z}{\partial y}$。利用多元函数的泰勒展开公式，忽略高阶小量得到

$$\delta I[z]=\iint_S\left[\frac{\partial F}{\partial z}\delta z+\frac{\partial F}{\partial z_x}\delta z_x+\frac{\partial F}{\partial z_y}\delta z_y\right]\mathrm{d}x\,\mathrm{d}y \tag{2.2.15}$$

利用格林公式

$$\iint_S\left[\frac{\partial}{\partial x}\left(\frac{\partial F}{\partial z_x}\delta z\right)+\frac{\partial}{\partial y}\left(\frac{\partial F}{\partial z_y}\delta z\right)\right]\mathrm{d}x\,\mathrm{d}y=\oint_\Gamma\left[-\frac{\partial F}{\partial z_y}\mathrm{d}x+\frac{\partial F}{\partial z_x}\mathrm{d}y\right]\delta z$$

边界 Γ 上 $\delta z=0$，因此上式右边等于零。左边式子又可化为

$$\iint_S\left\{\frac{\partial F}{\partial z_x}\frac{\partial\delta z}{\partial x}+\frac{\partial F}{\partial z_y}\frac{\partial\delta z}{\partial y}+\left[\frac{\partial}{\partial x}\left(\frac{\partial F}{\partial z_x}\right)+\frac{\partial}{\partial y}\left(\frac{\partial F}{\partial z_y}\right)\right]\delta z\right\}\mathrm{d}x\,\mathrm{d}y=0$$

其中，$\frac{\partial\delta z}{\partial x}=\delta\frac{\partial z}{\partial x}=\delta z_x, \frac{\partial\delta z}{\partial y}=\delta\frac{\partial z}{\partial y}=\delta z_y$，即

$$\iint_S\left[\frac{\partial F}{\partial z_x}\delta z_x+\frac{\partial F}{\partial z_y}\delta z_y\right]\mathrm{d}x\,\mathrm{d}y=-\iint_S\left[\frac{\partial}{\partial x}\left(\frac{\partial F}{\partial z_x}\right)+\frac{\partial}{\partial y}\left(\frac{\partial F}{\partial z_y}\right)\right]\delta z\,\mathrm{d}x\,\mathrm{d}y$$

代入(2.2.15)式得

$$\delta I[z]=\iint_S\left[\frac{\partial F}{\partial z}-\frac{\partial}{\partial x}\left(\frac{\partial F}{\partial z_x}\right)-\frac{\partial}{\partial y}\left(\frac{\partial F}{\partial z_y}\right)\right]\delta z\,\mathrm{d}x\,\mathrm{d}y \tag{2.2.16}$$

类似于(2.1.11)式，泛函极值条件是 $\delta I[z]=0$，δz 任意，因此

$$\frac{\partial F}{\partial z}-\frac{\partial}{\partial x}\left(\frac{\partial F}{\partial z_x}\right)-\frac{\partial}{\partial y}\left(\frac{\partial F}{\partial z_y}\right)=0 \tag{2.2.17}$$

若是更高维情形，方法类似，见例 2.4，本质上没有更多区别。

例 2.4 不考虑外磁场时，金兹堡-朗道(Ginzburg-Landau)假设超导体的自由能密度为

$$f_s(T,\psi^*,\psi)=f_n(T)+\frac{\hbar^2}{2m^*}|\nabla\psi(\boldsymbol{r})|^2+a(T)|\psi(\boldsymbol{r})|^2+\frac{1}{2}b(T)|\psi(\boldsymbol{r})|^4$$

下标 s 代表超导，n 代表正常态，T 是热力学温度，m^* 是有效质量，$\boldsymbol{r}$ 是超导

体中各点的空间位置，a、b 只是温度相关的量，$\psi(\boldsymbol{r})$是所谓的序参量，或者叫宏观波函数。超导体边界上波函数是确定的(超导体外是正常态，序参量为零)。总自由能应该是体积积分

$$F_s(T)=F_n(T)+\iiint_V\left(\frac{\hbar^2}{2m^*}\left|\nabla\psi(\boldsymbol{r})\right|^2+a(T)\left|\psi(\boldsymbol{r})\right|^2+\frac{1}{2}b(T)\left|\psi(\boldsymbol{r})\right|^4\right)\mathrm{d}V \tag{2.2.18}$$

这里序参量或宏观波函数由总自由能取极小值来确定。利用变分原理，求得序参量满足的非线性微分方程，即金兹堡-朗道方程。

解：显然这是三维的变分极值问题，对(2.2.18)式中波函数的共轭函数 ψ^* 求变分，则

$$\delta F_s=F_s[\psi^*+\delta\psi^*,\psi]-F_s[\psi^*,\psi]$$

代入(2.2.18)式得

$$\begin{aligned}\delta F_s=&\iiint_V\left[\frac{\hbar^2}{2m^*}[\nabla\psi^*(\boldsymbol{r})+\nabla\delta\psi^*(\boldsymbol{r})]\cdot\nabla\psi(\boldsymbol{r})+a(T)[\psi^*(\boldsymbol{r})+\right.\\&\left.\delta\psi^*(\boldsymbol{r})]\psi(\boldsymbol{r})+\frac{1}{2}b(T)[\psi^*(\boldsymbol{r})+\delta\psi^*(\boldsymbol{r})]^2\psi^2(\boldsymbol{r})\right]-\\&\iiint_V\mathrm{d}V\left(\frac{\hbar^2}{2m^*}\left|\nabla\psi(\boldsymbol{r})\right|^2+a(T)\left|\psi(\boldsymbol{r})\right|^2+\frac{1}{2}b(T)\left|\psi(\boldsymbol{r})\right|^4\right)\end{aligned}$$

化简后

$$\begin{aligned}\delta F_s=&\iiint_V\mathrm{d}V\left[\frac{\hbar^2}{2m^*}\nabla\delta\psi^*(\boldsymbol{r})\cdot\nabla\psi(\boldsymbol{r})+a(T)\psi(\boldsymbol{r})\delta\psi^*(\boldsymbol{r})+\right.\\&\left.b(T)\delta\psi^*(\boldsymbol{r})\psi(\boldsymbol{r})\left|\psi(\boldsymbol{r})\right|^2\right]\end{aligned}$$

等式右边被积函数第一项，利用公式$\nabla\cdot(\boldsymbol{G}H)=\boldsymbol{G}\cdot\nabla H+H\,\nabla\cdot\boldsymbol{G}$ 可化为

$$\frac{\hbar^2}{2m^*}\iiint_V\mathrm{d}V\{\nabla\cdot[\nabla\psi(\boldsymbol{r})\delta\psi^*(\boldsymbol{r})]-(\nabla^2\psi(\boldsymbol{r}))\,\delta\psi^*(\boldsymbol{r})\}$$

再利用高斯公式，体积分化为面积分

$$\frac{\hbar^2}{2m^*}\left\{\oiint_S\mathrm{d}\boldsymbol{S}\cdot[\nabla\psi(\boldsymbol{r})\delta\psi^*(\boldsymbol{r})]-\iiint_V\mathrm{d}V(\nabla^2\psi(\boldsymbol{r}))\,\delta\psi^*(\boldsymbol{r})\right\}$$

界面上波函数确定，因此变分量 $\delta\psi^*$ 在界面为零，即上式第一项为零，这样我们得到

$$\delta F_s=\iiint_V\mathrm{d}V\delta\psi^*(\boldsymbol{r})\left[-\frac{\hbar^2}{2m^*}\nabla^2\psi(\boldsymbol{r})+a(T)\psi(\boldsymbol{r})+b(T)\left|\psi(\boldsymbol{r})\right|^2\psi(\boldsymbol{r})\right] \tag{2.2.19}$$

变分极小条件为 $\delta F_s=0$,对任意 $\delta\psi^*$,要求

$$-\frac{\hbar^2}{2m^*}\nabla^2\psi(\boldsymbol{r})+a(T)\psi(\boldsymbol{r})+b(T)|\psi(\boldsymbol{r})|^2\psi(\boldsymbol{r})=0$$

或

$$\left[-\frac{\hbar^2}{2m^*}\nabla^2+a(T)+b(T)|\psi(\boldsymbol{r})|^2\right]\psi(\boldsymbol{r})=0 \qquad (2.2.20)$$

此即金兹堡-朗道方程。

2.2.3　含更高阶导数的泛函极值问题

有些泛函极值问题,含二阶或更高阶导数,这类问题并不多见,但从完整了解泛函变分方法的角度,还是值得介绍的。考虑含二阶导数的泛函

$$I[y]=\int_{x_1}^{x_2}F(y,y',y'',x)\mathrm{d}x \qquad (2.2.21)$$

此时(2.2.21)式变分极值方法要求更多条件,除了要求在端点 $y(x_1)$, $y(x_2)$ 固定不变,同时还要求一阶导数 $y'(x_1)$, $y'(x_2)$ 在端点固定不变。求泛函极值的方法与求解(2.1.3)式泛函极值问题的方法类似。先求等时变分:

$$\begin{aligned}\delta I[y]&=I[y+\delta y]-I[y]\\&=\int_{x_1}^{x_2}[F(y+\delta y,y'+\delta y',y''+\delta y'',x)-F(y,y',y''x)]\mathrm{d}x\end{aligned} \qquad (2.2.22)$$

利用多元函数的泰勒展开公式,保留一阶项,忽略高阶项,则(2.2.22)式化为

$$\delta I[y]=\int_{x_1}^{x_2}\left[\frac{\partial F}{\partial y}\delta y+\frac{\partial F}{\partial y'}\delta y'+\frac{\partial F}{\partial y''}\delta y''\right]\mathrm{d}x \qquad (2.2.23)$$

(2.2.23)式右边第二项分部积分得

$$\int_{x_1}^{x_2}\frac{\partial F}{\partial y'}\delta y'\mathrm{d}x=\frac{\partial F}{\partial y'}\delta y\Big|_{x_1}^{x_2}-\int_{x_1}^{x_2}\frac{\mathrm{d}}{\mathrm{d}x}\left(\frac{\partial F}{\partial y'}\right)\delta y\mathrm{d}x$$

(2.2.23)式右边第三项分部积分得到

$$\begin{aligned}\int_{x_1}^{x_2}\frac{\partial F}{\partial y''}\delta y''\mathrm{d}x&=\frac{\partial F}{\partial y''}\delta y'\Big|_{x_1}^{x_2}-\int_{x_1}^{x_2}\frac{\mathrm{d}}{\mathrm{d}x}\left(\frac{\partial F}{\partial y''}\right)\delta y'\mathrm{d}x\\&=\frac{\partial F}{\partial y''}\delta y'\Big|_{x_1}^{x_2}-\frac{\mathrm{d}}{\mathrm{d}x}\left(\frac{\partial F}{\partial y''}\right)\delta y\Big|_{x_1}^{x_2}+\int_{x_1}^{x_2}\frac{\mathrm{d}^2}{\mathrm{d}x^2}\left(\frac{\partial F}{\partial y''}\right)\delta y\mathrm{d}x\end{aligned}$$

由于函数及其一阶导数值在端点固定不变,即

$$\delta y(x_1)=\delta y(x_2)=\delta y'(x_1)=\delta y'(x_2)=0$$

于是

$$\delta I[y]=\int_{x_1}^{x_2}\left[\frac{\partial F}{\partial y}-\frac{\mathrm{d}}{\mathrm{d}x}\left(\frac{\partial F}{\partial y'}\right)+\frac{\mathrm{d}^2}{\mathrm{d}x^2}\left(\frac{\partial F}{\partial y''}\right)\right]\delta y\mathrm{d}x \qquad (2.2.24)$$

极值条件为泛函变分为零。由于 δy 任意，类似于(2.1.11)式，有

$$\frac{\partial F}{\partial y}-\frac{\mathrm{d}}{\mathrm{d}x}\left(\frac{\partial F}{\partial y'}\right)+\frac{\mathrm{d}^2}{\mathrm{d}x^2}\left(\frac{\partial F}{\partial y''}\right)=0 \tag{2.2.25}$$

即，泛函含二阶导数时，变分运算应为

$$\frac{\delta F}{\delta y}\equiv\frac{\partial F}{\partial y}-\frac{\mathrm{d}}{\mathrm{d}x}\left(\frac{\partial F}{\partial y'}\right)+\frac{\mathrm{d}^2}{\mathrm{d}x^2}\left(\frac{\partial F}{\partial y''}\right) \tag{2.2.26}$$

与(2.1.13)式比较，(2.2.26)式多了一个二阶导数项。

若泛函含最高 n 阶导数项

$$I[y]=\int_{x_1}^{x_2}F(y,y',\cdots,y^{(n)},x)\mathrm{d}x \tag{2.2.27}$$

端点上

$$\delta y(x_1)=\delta y(x_2)=\delta y'(x_1)=\delta y'(x_2)=\cdots=\delta y^{(n-1)}(x_1)=\delta y^{(n-1)}(x_2)=0$$

泛函变分应为

$$\frac{\delta F}{\delta y}\equiv\frac{\partial F}{\partial y}+\sum_{i=1}^{n}(-1)^i\frac{\mathrm{d}^i}{\mathrm{d}x^i}\left(\frac{\partial F}{\partial y^{(i)}}\right) \tag{2.2.28}$$

极值条件为$\frac{\delta F}{\delta y}=0$。

2.3　力学中的应用

2.3.1　哈密顿原理的数学表示

哈密顿原理简述为：完整、理想约束的保守力学体系，其作用量总是取极值的，即(2.1.1)式变分为零

$$\delta S=\delta\int_{t_0}^{t_1}L(q,\dot{q},t)\,\mathrm{d}t=0 \tag{2.3.1}$$

如果把虚功原理和达朗贝尔原理统称为微分变分原理，哈密顿原理则是一种基于泛函变分的积分变分原理。

2.3.2　完整系

对于 N 个质点，有 k 个完整约束，这时自由度数 $s=3N-k$。可选择 s 个独立的广义坐标 $\{q_i\}$。设质点从 A 点移动到 B 点，作用量就是

$$S[q_1,q_2,\cdots,q_s]=\int_{t_A}^{t_B}L(q_1(t),\cdots,q_s(t),\dot{q}_1(t),\cdots,\dot{q}_s(t),t)\mathrm{d}t \tag{2.3.2}$$

则

$$\delta S=\int_{t_A}^{t_B}\sum_i \frac{\delta L}{\delta q_i}\delta q_i\,\mathrm{d}t=\sum_i\int_{t_A}^{t_B}\frac{\delta L}{\delta q_i}\delta q_i\,\mathrm{d}t \tag{2.3.3}$$

根据哈密顿原理，运动方程是使得作用量取极值，即 $\delta S=0$。由于 δq_i 相互独立，由(2.3.3)式即可得到

$$\frac{\delta L}{\delta q_i}=0,\quad i=1,2,\cdots,s$$

即

$$\frac{\partial L}{\partial q_i}-\frac{\mathrm{d}}{\mathrm{d}t}\left(\frac{\partial L}{\partial \dot{q}_i}\right)=0,\quad i=1,2,\cdots,s \tag{2.3.4}$$

这正是拉格朗日方程。把以上推导过程逆过来，就可以从拉格朗日方程导出哈密顿原理，因此两者是等价的。我们完全可以把哈密顿原理作为力学第一性原理，即作为整个力学理论的出发点。

对于完整约束的变分极值问题，也可以把完整约束作为条件，通过条件极值方法解决。假设约束条件为

$$G_i(q_1(t),\cdots,q_{3N}(t),t)=0,\quad i=1,2,\cdots,k \tag{2.3.5}$$

此时，原来的广义坐标 $q_i, i=1,2,\cdots,3N$，不再是独立变量。与(2.3.2)式不同，我们不是通过(2.3.5)式寻求独立的广义坐标，而是继续使用这些相互不独立的变量表示作用量，则

$$S[q_1,q_2,\cdots,q_{3N}]=\int_{t_A}^{t_B}L(q_1(t),\cdots,q_{3N}(t),\dot{q}_1(t),\cdots,\dot{q}_{3N}(t),t)\,\mathrm{d}t \tag{2.3.6}$$

哈密顿原理要求(2.3.6)式取极值，但它是在(2.3.5)式的条件限制之下。类似于(2.2.9)式，利用(2.3.5)式引入 k 个与时间相关联的拉格朗日乘子 $\lambda_j=\lambda_j(t)$，则作用量(2.3.6)式又可以表示为

$$S=\int_{t_A}^{t_B}\left(L+\sum_{j=1}^{k}\lambda_j G_j\right)\mathrm{d}t \tag{2.3.7}$$

由于是完整约束，(2.3.5)式不含速度项，因此

$$\frac{\delta(\lambda_j G_j)}{\delta q_i}=\lambda_j\frac{\partial G_j}{\partial q_i},\quad i=1,2,\cdots,3N;\ j=1,2,\cdots,s$$

类似于(2.2.10)式，此时条件极值方程为

$$\int_{t_A}^{t_B}\left(\frac{\delta L}{\delta q_i}+\sum_{j=1}^{k}\lambda_j\frac{\partial G_j}{\partial q_i}\right)\delta q_i\,\mathrm{d}t=0,\quad i=1,2,\cdots,3N \tag{2.3.8}$$

其中，只有 $s=3N-k$ 个独立变量。独立变量的选取方式有一定的任意性，为了方便，这里选择 $q_i(i=k+1,k+2,\cdots,3N)$ 作为独立变量(完全可以选择其

他 s 个变量作为独立变量)。由于 k 个$\{\lambda_j\}$未定,可以这样来选取$\{\lambda_j\}$,使得(2.3.8)式中 k 个项满足

$$\frac{\delta L}{\delta q_i}+\sum_{j=1}^{k}\lambda_j\frac{\partial G_j}{\partial q_i}=0,\quad i=1,2,\cdots,k \tag{2.3.9}$$

这样(2.3.8)式变为

$$\sum_{i=k+1}^{3N}\int_{t_A}^{t_B}\left(\frac{\delta L}{\delta q_i}+\sum_{j=1}^{k}\lambda_j\frac{\partial G_j}{\partial q_i}\right)\delta q_i\,\mathrm{d}t=0 \tag{2.3.10}$$

因为 $k+1$ 到 $3N$,$\{q_i\}$是独立的,故(2.3.10)式意味着

$$\frac{\delta L}{\delta q_i}+\sum_{j=1}^{k}\lambda_j\frac{\partial G_j}{\partial q_i}=0,\quad i=k+1,k+2,\cdots,3N \tag{2.3.11}$$

联立(2.3.9)式和(2.3.11)式,有

$$\frac{\delta L}{\delta q_i}+\sum_{j=1}^{k}\lambda_j\frac{\partial G_j}{\partial q_i}=0,\quad i=1,2,\cdots,3N \tag{2.3.12}$$

把(2.3.12)式变分运算写成导数形式,结合完整约束条件,就得到运动方程

$$\frac{\partial L}{\partial q_i}-\frac{\mathrm{d}}{\mathrm{d}t}\left(\frac{\partial L}{\partial \dot{q}_i}\right)+\sum_{j=1}^{k}\lambda_j\frac{\partial G_j}{\partial q_i}=0,\quad i=1,2,\cdots,3N \tag{2.3.13}$$

(2.3.13)式结合(2.3.5)式给出 $3N+k$ 个方程,而未知量为 $3N$ 个$\{q_i\}$,k 个$\{\lambda_j\}$,因此(2.3.13)式可解。

例 2.5　单摆的摆长为 l,质点质量为 m,求运动方程。

解法 1:设 x 坐标向右,y 坐标向上,摆角为 θ,绕原点摆动,则

$$\begin{cases}x=l\sin\theta\\ y=-l\cos\theta\end{cases} \tag{2.3.14}$$

拉格朗日量为

$$L=\frac{1}{2}ml^2\dot{\theta}^2+mgl\cos\theta \tag{2.3.15}$$

自由度为 1,选 θ 为独立广义坐标,则利用拉格朗日方程,有

$$\frac{\delta L}{\delta\theta}=\frac{\partial L}{\partial\theta}-\frac{\mathrm{d}}{\mathrm{d}t}\left(\frac{\partial L}{\partial\dot{\theta}}\right)=-ml^2\ddot{\theta}-mgl\sin\theta=0$$

$$\ddot{\theta}+\frac{g}{l}\sin\theta=0 \tag{2.3.16}$$

解法 2:拉格朗日量为

$$L=\frac{1}{2}m(\dot{x}^2+\dot{y}^2)-mgy \tag{2.3.17}$$

$\{x,y\}$是广义坐标,但不独立,因为$\sqrt{x^2+y^2}=l$。

引入拉格朗日乘子 λ，令

$$G=\sqrt{x^2+y^2}-l=0 \tag{2.3.18}$$

利用(2.3.13)式，得

$$\begin{cases}\dfrac{\partial L}{\partial x}-\dfrac{\mathrm{d}}{\mathrm{d}t}\left(\dfrac{\partial L}{\partial \dot{x}}\right)+\lambda\,\dfrac{\partial G}{\partial x}=0\\ \dfrac{\partial L}{\partial y}-\dfrac{\mathrm{d}}{\mathrm{d}t}\left(\dfrac{\partial L}{\partial \dot{y}}\right)+\lambda\,\dfrac{\partial G}{\partial y}=0\\ \sqrt{x^2+y^2}-l=0\end{cases}$$

$$\begin{cases}-m\ddot{x}+\lambda\,\dfrac{x}{l}=0\\ -mg-m\ddot{y}+\lambda\,\dfrac{y}{l}=0\\ \sqrt{x^2+y^2}=l\end{cases} \tag{2.3.19}$$

利用(2.3.14)式可以将(2.3.19)式化为(2.3.16)式，这两个方法是等价的。

解法 3：用牛顿力学的方法也可以得到运动方程，

$$\begin{cases}-T\,\dfrac{x}{l}=m\ddot{x}\\ -T\,\dfrac{y}{l}-mg=m\ddot{y}\\ \sqrt{x^2+y^2}=l\end{cases} \tag{2.3.20}$$

其中 T 为摆线张力，与(2.3.19)式比较知，$\lambda=-T$，拉格朗日乘子实际与约束力相关联，因此用求条件极值的方法求解，可以求得约束力。显然，在这里拉格朗日乘子并非常量，而是与时间相关联的量。

一般地，拉格朗日乘子确实与约束力相关。设不考虑(2.3.5)式的约束条件，而是直接将与约束(2.3.5)式相关的约束力作为主动力，则由(1.4.15)式，我们得到的系统方程应为

$$\frac{\mathrm{d}}{\mathrm{d}t}\left(\frac{\partial L}{\partial \dot{q}_i}\right)-\frac{\partial L}{\partial q_i}=\mathfrak{R}_i \tag{2.3.21}$$

$\mathfrak{R}_i$ 就是被当成主动力的广义约束力，与(2.3.13)式比较有

$$\mathfrak{R}_i=\sum_{j=1}^{k}\lambda_j\,\frac{\partial G_j}{\partial q_i},\quad i=1,2,\cdots,3N \tag{2.3.22}$$

广义约束力的虚功

$$\sum_i \mathfrak{R}_i\,\delta q_i=\sum_{j=1}^{k}\lambda_j\sum_i\frac{\partial G_j}{\partial q_i}\delta q_i=\sum_j\lambda_j\,\delta G_j \tag{2.3.23}$$

根据(2.3.5)式，(2.3.23)式为零，即满足(1.2.6)式的理想约束条件，因此(2.3.5)式的完整约束是理想约束。

拉格朗日方程适用于保守系，即主动力均为有势力的情形。我们已经看到(第1章)，在广义有势力的情形下，拉格朗日方程的形式不变，因而(2.3.1)式表述的哈密顿原理，只要对拉格朗日量作相应的修改，就可以直接推广到广义有势力的情形。

2.3.3　非完整系

哈密顿原理是关于完整约束情形的，是否可以推广到非完整约束情形是结论未定的问题。作为探讨，我们不妨尝试将哈密顿原理推广到非完整约束情形。

对于 N 个质点，有 k 个非完整约束系统，假设约束条件为

$$G_i(q_1,\cdots,q_{3N},\dot{q}_1,\cdots,\dot{q}_{3N},t)=0,\quad i=1,2,\cdots,k \tag{2.3.24}$$

系统作用量仍采用(2.3.6)式，并且哈密顿原理仍可应用，即，要求在非完整约束(2.3.24)式条件下，作用量取极值。类似于(2.3.7)式，利用(2.3.24)式引入 k 个拉格朗日乘子 λ_j，则作用量(2.3.6)式又可以表示为

$$S=\int_{t_A}^{t_B}\left(L+\sum_{j=1}^{k}\lambda_j G_j\right)\mathrm{d}t \tag{2.3.25}$$

此时条件极值应为

$$\int_{t_A}^{t_B}\left(\frac{\delta L}{\delta q_i}+\sum_{j=1}^{k}\frac{\delta(\lambda_j G_j)}{\delta q_i}\right)\delta q_i\,\mathrm{d}t=0,\quad i=1,2,\cdots,3N \tag{2.3.26}$$

与(2.3.8)式中拉格朗日乘子不同，(2.3.26)式中拉格朗日乘子可能是更一般的函数表示：

$$\lambda_i=\lambda_i(q_1,\cdots,q_{3N},\dot{q}_1,\cdots,\dot{q}_{3N},t),\quad i=1,2,\cdots,k \tag{2.3.27}$$

类似于(2.3.9)式～(2.3.12)式的讨论，(2.3.26)式可导致

$$\frac{\delta L}{\delta q_i}+\sum_{j=1}^{k}\frac{\delta(\lambda_j G_j)}{\delta q_i}=0,\quad i=1,2,\cdots,3N$$

利用变分运算及(2.3.24)式，可表示为导数形式

$$\frac{\partial L}{\partial q_i}-\frac{\mathrm{d}}{\mathrm{d}t}\left(\frac{\partial L}{\partial \dot{q}_i}\right)=\sum_{j=1}^{k}\frac{\mathrm{d}\lambda_j}{\mathrm{d}t}\frac{\partial G_j}{\partial \dot{q}_i}-\sum_{j=1}^{k}\lambda_j\left(\frac{\partial G_j}{\partial q_i}-\frac{\mathrm{d}}{\mathrm{d}t}\frac{\partial G_j}{\partial \dot{q}_i}\right),\quad i=1,2,\cdots,3N \tag{2.3.28}$$

(2.3.28)式结合(2.3.24)式给出 $3N+k$ 个方程，而未知量为 $3N$ 个 $\{q_i\}$，k 个 $\{\lambda_j\}$。尽管在推导过程中，拉格朗日乘子假定为(2.3.27)式的一般形式，但最终(2.3.28)式的结果与假设拉格朗日乘子只是时间函数的结果相同，因

此对于非完整约束情形，拉格朗日乘子 $\lambda_j=\lambda_j(t)$ 的简单假设应该也是合理的。

(2.3.28)式一般不能与完整系方程(1.4.15)式简单类比，但考虑到约束力，显然应与约束方程(2.3.24)式关联。对于通常的拉格朗日量，(2.3.28)式等式右边项不妨假设与广义约束力相关，仿照(2.3.21)式，则广义约束力为

$$\Re_i=\sum_{j=1}^{k}\left[\lambda_j\left(\frac{\partial G_j}{\partial q_i}-\frac{\mathrm{d}}{\mathrm{d}t}\frac{\partial G_j}{\partial \dot{q}_i}\right)-\frac{\mathrm{d}\lambda_j}{\mathrm{d}t}\frac{\partial G_j}{\partial \dot{q}_i}\right] \tag{2.3.29}$$

对于完整约束情形，广义约束力化简到(2.3.22)式。对于非完整约束情形，广义约束力的虚功则为

$$\sum_i \Re_i \delta q_i=\sum_i \delta q_i\sum_{j=1}^{k}\left[\lambda_j\left(\frac{\partial G_j}{\partial q_i}-\frac{\mathrm{d}}{\mathrm{d}t}\frac{\partial G_j}{\partial \dot{q}_i}\right)-\frac{\mathrm{d}\lambda_j}{\mathrm{d}t}\frac{\partial G_j}{\partial \dot{q}_i}\right]$$

上式右边第一大项为

$$\begin{aligned}&\sum_i\sum_{j=1}^{k}\left[\lambda_j\delta q_i\frac{\partial G_j}{\partial q_i}-\lambda_j\frac{\mathrm{d}}{\mathrm{d}t}\left(\delta q_i\frac{\partial G_j}{\partial \dot{q}_i}\right)+\lambda_j\frac{\partial G_j}{\partial \dot{q}_i}\delta\dot{q}_i\right]\\&=\sum_i\sum_{j=1}^{k}\left[\lambda_j\delta G_j-\lambda_j\frac{\mathrm{d}}{\mathrm{d}t}\left(\delta q_i\frac{\partial G_j}{\partial \dot{q}_i}\right)\right]\end{aligned}$$

整理得

$$\sum_i \Re_i\delta q_i=\sum_{j=1}^{k}\lambda_j\delta G_j-\frac{\mathrm{d}}{\mathrm{d}t}\sum_i\sum_{j=1}^{k}\left(\lambda_j\frac{\partial G_j}{\partial \dot{q}_i}\delta q_i\right) \tag{2.3.30}$$

对于完整约束情形，$\dfrac{\partial G_j}{\partial \dot{q}_i}=0$，(2.3.30)式与(2.3.23)式一致。对于非完整约束情形，尽管根据(2.3.24)式仍有 $\delta G_j=0$，但显然(2.3.30)式右边第二项一般不为零，因此与完整约束(2.3.5)式情形不同，非完整约束(2.3.24)式一般不是理想约束。

以上关于非完整约束情形，推广应用哈密顿原理得到的动力学方程(2.3.28)式是否合理，只能根据实验判断。

2.3.4　关于哈密顿原理

哈密顿原理和以前学过的与之等价的(即可以相互推导得到的)原理或方程，均可取作力学第一性原理。但哈密顿原理具有如下独特的优点。

(1) 从整体考查体系的运动规律，挑出真实运动。这是积分形式的变分原理的优点。

(2) 具有直观紧凑的形式 $\delta S=0$。

(3) 哈密顿原理着眼于作用量，便于推广到光学、电磁场理论、量子理论

等。事实上哈密顿原理已成为现代物理学理论中的第一性原理。

(4) 积分形式的变分原理有其他不同形式，其中以哈密顿原理最为简单方便。

作为第一性原理是不必也是不可能证明的。其正确性是用由它推导出的结论和实验进行比较得到检验。由于在经典力学中已经有直接得到实验检验的牛顿运动定律，从而知道，与牛顿动力学方程等价的哈密顿作用量表达式中应有 $L=T-V$，因而哈密顿原理似乎是可以推出来的。其实这是一种错觉。事实上在一些现代物理的领域(例如量子场论)，在建立理论的过程中，难以从已有的实验事实直观地归纳出定律或运动方程。它往往采用以下步骤：根据物理学理论的若干实验检验过的基本要求(如对称性等)和来自相关实验事实的启示，构造出拉格朗日量，然后由哈密顿原理导出运动方程，通过从运动方程得到的结果和实验比较，来检验理论的正确与否。如果理论与实验有距离，再分析存在的问题，修改拉格朗日量，从而由哈密顿原理导出的运动方程也得到修改。如此不断提高认识，改进理论。

练习题

2.1 利用泛函变分极值方法证明，给定圆柱面上任意两点之间的最短距离是沿着圆柱面的等距螺旋线。

2.2 利用泛函变分极值方法证明，在给定球面上，两点之间的最短距离是沿着大圆(半径与球体一致的圆)的一段弧线。

2.3 在给定锥半角的圆锥面上使得两点之间距离最短的曲线方程为何？

2.4 函数 $y=f(x)$ 连接点 $(0,y_0)$ 和点 (x_1,y_1) 形成一曲线，利用泛函变分极值方法找到使得该曲线绕 x 轴旋转表面面积最小的函数形式。

2.5 函数 $y=f(x)$ 在区间 $[x_1,x_2]$ 的长度给定为 $l>(x_2-x_1)$，且函数值在两端点固定。利用泛函变分条件极值方法，给出使得函数 $f(x)$ 下面积(函数和 x 轴为界)最大的函数形式。

2.6 利用泛函变分条件极值方法求证，给定长度线段在平面上围成最大面积的闭合曲线是一个圆。

2.7 利用泛函变分条件极值方法求证，在平面上给定面积的最短闭合曲线是一个圆。

2.8 一软绳的两端分别固定在 A，B 两点，在重力作用下绳子自然下垂，绳长 $D>\overline{AB}$，求绳子的形状。

2.9 根据几何光学理论，光线是按光程最短的路径传播，所谓光程就是折射率与路径的乘积。一平面将空间分成上下两部分,上部Ⅰ中折射率为常数 n_1,下部Ⅱ中折射率为常数 n_2。光从Ⅰ中某点 1 出发,经过界面反射到Ⅰ中另一点 1′,求证：光线路径是使得入射角等于反射角。

2.10　2.9 题情形,光从Ⅰ中某点 1 折射到Ⅱ中某点 2,求证：光线路径满足折射定律。

2.11　地球表面大气由于重力导致密度不均,也因此造成光的折射率随高度变化。若气体分子数密度可以用 $n(y)$ 来表示,y 是距地面的垂直高度,则 $n(y)=n_0\mathrm{e}^{-\alpha y}$,$n_0$ 是地面上气体分子数密度,而折射率为 $\sqrt{1+\beta n(y)}$,为简化问题,可以假设 α、β 都是常量。由于大气厚度相比地球半径小很多,可以忽略地面弧度,只考虑高度变化。当太阳光线以某个入射角 θ 进入大气层后,光线通过大气到达地面的轨迹可以通过光程极小来确定,也就是使得积分值 $\int_{\infty}^{0}\sqrt{1+\beta n(y)}\,\mathrm{d}s$ 极小,这里 $\mathrm{d}s$ 是光线的长度。试利用泛函变分极值方法给出光线轨迹方程。

2.12　考虑广义的最速降线问题。地面上质点初始速度为 v_0,利用变分给出质点从 A 点到 B 点(假想有一光滑硬细丝连接,质点沿硬细丝运动)时间最短的路径。

2.13　假设可以自由地在地球内部穿梭,如图 2.3 所示,则只依靠重力从地面某一处到地面另一处的最快的路径为何?

2.14　质量为 m 的粒子的势能,在一半径为 R 的球形区域内为 $-|U_0|$,球外为零,如图 2.4 所示。该粒子以初速度 v_0 从球面某处射入球内,之后离开球。根据哈密顿原理给出粒子的运动轨迹。

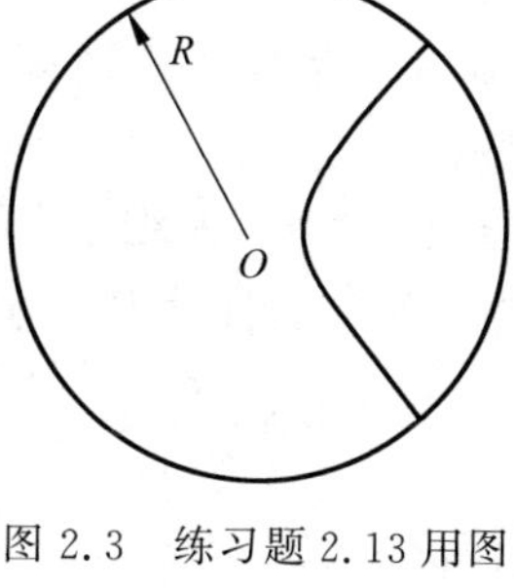

图 2.3　练习题 2.13 用图

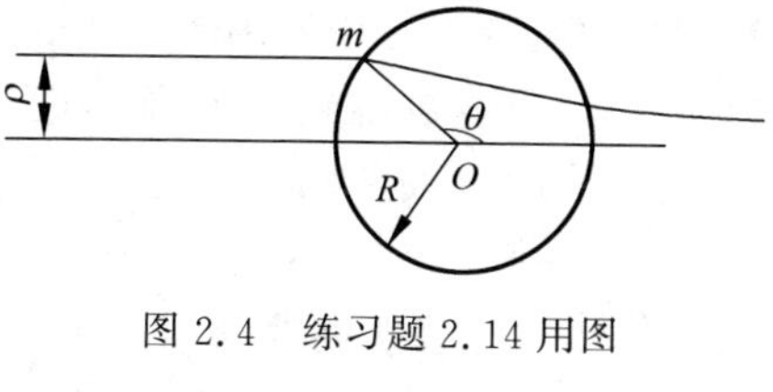

图 2.4　练习题 2.14 用图

2.15　质量为 m 的粒子的势能,在一半径为 R 的球形区域内为 $|U_0|$,球外为零。该粒子以初速度 v_0 射到球面某处。根据哈密顿原理给出粒子的运动轨迹。

2.16　一带电粒子(质量为 m、电荷为 e)在电磁场中的运动速度为 $\boldsymbol{v}$,其

非相对论的拉格朗日量为

$$L=\frac{1}{2}mv^2-e\phi+e\boldsymbol{A}\cdot\boldsymbol{v}$$

其中 ϕ 和 $\boldsymbol{A}$ 分别是电磁场的标量势和矢量势。试利用哈密顿原理给出粒子的运动微分方程。

2.17 静电场势函数为 φ，各处自由电荷密度为 ρ，真空电容率为 ε_0，边界上电势为 $\varphi|_S=\varphi_0$，则

$$U=\iiint_V\left[\frac{1}{2}\varepsilon_0(\nabla\varphi)^2-\rho\varphi\right]\mathrm{d}V$$

试通过使 U 极小，推导静电场电势满足的方程。

2.18 考虑电荷连续分布情形，其电荷密度为 ρ_e，质量密度为 ρ_m，则此时系统拉格朗日量为

$$L=\int\left(\rho_\mathrm{m}\frac{c^2}{\sqrt{1-\dfrac{v^2}{c^2}}}-\rho_\mathrm{e}\phi+\boldsymbol{A}\cdot\boldsymbol{j}+\frac{1}{2}\varepsilon_0E^2-\frac{1}{2\mu_0}B^2\right)\mathrm{d}V$$

其中标量势 ϕ 和矢量势 $\boldsymbol{A}$ 在边界上确定，而电场和磁场分别可以表示为

$$\boldsymbol{E}=-\nabla\phi-\frac{\partial\boldsymbol{A}}{\partial t},\quad \boldsymbol{B}=\nabla\times\boldsymbol{A}$$

电流密度为 $\boldsymbol{j}=\rho_\mathrm{e}\boldsymbol{v}$。试利用哈密顿原理推导出源相关的两个场方程

$$\nabla\cdot\boldsymbol{E}=\frac{\rho_\mathrm{e}}{\varepsilon_0}$$

$$\nabla\times\boldsymbol{B}=\mu_0\boldsymbol{j}+\frac{1}{c^2}\frac{\partial\boldsymbol{E}}{\partial t}$$

提示：密度分布和电流密度是给定的，标量势 ϕ 和矢量势 $\boldsymbol{A}$ 在时间端点也是固定的。

2.19 微观粒子是用波函数描述的。假设粒子质量为 m，一维情况下的波函数 $\psi(x,t)$ 是复数，粒子的势能函数为 $V(x)$，则其拉格朗日量为

$$L=-\frac{\hbar^2}{2m}\frac{\partial\psi^*}{\partial x}\frac{\partial\psi}{\partial x}-V(x)\psi^*\psi-\frac{1}{2}\mathrm{i}\hbar\left(\psi\frac{\partial\psi^*}{\partial t}-\psi^*\frac{\partial\psi}{\partial t}\right)$$

其中，$\mathrm{i}=\sqrt{-1}$，$\hbar$是普朗克常量，即$\hbar=h/2\pi$。通过使泛函积分

$$\iint L\left(\psi^*,\psi,\frac{\partial\psi^*}{\partial x},\frac{\partial\psi}{\partial x},\frac{\partial\psi^*}{\partial t},\frac{\partial\psi}{\partial t},x\right)\mathrm{d}x\,\mathrm{d}t$$

取极值，给出波函数满足的偏微分方程，即薛定谔方程。

2.20 把与 2.19 题中时间关联项相同的形式加到例 2.4 的自由能密度表示中，得到新的自由能密度，即

$$f=\frac{\hbar^2}{2m^*}|\nabla\psi(\boldsymbol{r})|^2+a|\psi(\boldsymbol{r})|^2+\frac{1}{2}b|\psi(\boldsymbol{r})|^4+\frac{1}{2}\mathrm{i}\hbar\left(\psi\frac{\partial\psi^*}{\partial t}-\psi^*\frac{\partial\psi}{\partial t}\right)$$

试由此推导出非线性薛定谔方程。

2.21　在超导体中载流子电荷量为 $2e$，外加上匀强磁场 H，方向沿 z 轴，此时磁感应强度 $\boldsymbol{B}=\mu_0 H\boldsymbol{k}$。比较方便的是利用朗道规范，矢势可以表示为 $\boldsymbol{A}=\mu_0 H\boldsymbol{j}$，则例 2.4 的自由能密度变成

$$f=\frac{\hbar^2}{2m^*}\left|\left(\nabla+\frac{2\mathrm{i}eA}{\hbar}\right)\psi(\boldsymbol{r})\right|^2+a|\psi(\boldsymbol{r})|^2+\frac{1}{2}b|\psi(\boldsymbol{r})|^4+\frac{1}{2\mu_0}B^2$$

其中 $\mathrm{i}=\sqrt{-1}$，试由此推导出有磁场情形金兹堡-朗道方程。

Abrikosov 通过求解该方程，得到高温超导体 x-y 平面上周期性的磁场钉扎图像以及磁通量子化特性，并因此获得诺贝尔物理学奖。

第3章　有心力

通常我们研究的开普勒问题只涉及一个恒星和一个行星，因为其他行星质量相比恒星小很多，其影响通常可以忽略，因此这是两体问题。两个物体的万有引力沿着它们的连线，且与其距离平方成反比，而相互作用势则与其距离成反比。更一般地，可以把相互作用势表示为 $V=V(r)$ 形式，$r=|\boldsymbol{r}_2-\boldsymbol{r}_1|$ 是两个物体的距离。这就是有心力。

3.1　对称性与不变量

设恒星和行星质量分别为 m_1 和 m_2，开普勒问题的拉格朗日量可表示为

$$L(\boldsymbol{r}_1,\boldsymbol{r}_2,\dot{\boldsymbol{r}}_1,\dot{\boldsymbol{r}}_2,t)=\frac{1}{2}m_1\dot{\boldsymbol{r}}_1^2+\frac{1}{2}m_2\dot{\boldsymbol{r}}_2^2-V(|\boldsymbol{r}_1-\boldsymbol{r}_2|) \tag{3.1.1}$$

3.1.1　空间平移对称性(不变性)

考虑任意平移变换

$$\begin{cases}\boldsymbol{r}_1\rightarrow\boldsymbol{r}_1+\boldsymbol{a}\\ \boldsymbol{r}_2\rightarrow\boldsymbol{r}_2+\boldsymbol{a}\end{cases} \tag{3.1.2}$$

其中，$\boldsymbol{a}$ 是常矢量。由(3.1.1)式看出，在(3.1.2)式变换下拉格朗日量不变，即该系统具有空间平移不变性(translation invariance)为

$$L(\boldsymbol{r}_1,\boldsymbol{r}_2,\dot{\boldsymbol{r}}_1,\dot{\boldsymbol{r}}_2,t)=L(\boldsymbol{r}_1+\boldsymbol{a},\boldsymbol{r}_2+\boldsymbol{a},\dot{\boldsymbol{r}}_1,\dot{\boldsymbol{r}}_2,t) \tag{3.1.3}$$

如果 $\boldsymbol{a}\rightarrow\delta\boldsymbol{a}$，$\delta\boldsymbol{a}$ 是无穷小量，就是无穷小平移变换。相应的无穷小平移变换不变性就是

$$L(\boldsymbol{r}_1,\boldsymbol{r}_2,\dot{\boldsymbol{r}}_1,\dot{\boldsymbol{r}}_2,t)=L(\boldsymbol{r}_1+\delta\boldsymbol{a},\boldsymbol{r}_2+\delta\boldsymbol{a},\dot{\boldsymbol{r}}_1,\dot{\boldsymbol{r}}_2,t) \tag{3.1.4}$$

将(3.1.4)式右边作泰勒级数展开，并忽略无穷小高次项，我们有

$$L(\boldsymbol{r}_1+\delta\boldsymbol{a},\boldsymbol{r}_2+\delta\boldsymbol{a},\dot{\boldsymbol{r}}_1,\dot{\boldsymbol{r}}_2,t)=L(\boldsymbol{r}_1,\boldsymbol{r}_2,\dot{\boldsymbol{r}}_1,\dot{\boldsymbol{r}}_2,t)+\delta\boldsymbol{a}\cdot(\boldsymbol{\nabla}_1+\boldsymbol{\nabla}_2)L \tag{3.1.5}$$

由于 $\delta \boldsymbol{a}$ 任意，由(3.1.4)式和(3.1.5)式得到

$$(\nabla_1 + \nabla_2)L = 0 \tag{3.1.6}$$

(3.1.6)式对于 x 分量有

$$\frac{\partial L}{\partial x_1} + \frac{\partial L}{\partial x_2} = 0 \tag{3.1.7}$$

由于正则共轭动量为 $p \equiv \frac{\partial L}{\partial \dot{q}}$，根据拉格朗日方程

$$\frac{\partial L}{\partial x_1} = \frac{\mathrm{d}p_{1x}}{\mathrm{d}t}, \quad \frac{\partial L}{\partial x_2} = \frac{\mathrm{d}p_{2x}}{\mathrm{d}t} \tag{3.1.8}$$

将(3.1.8)式代入(3.1.7)式得

$$\frac{\mathrm{d}}{\mathrm{d}t}(p_{1x} + p_{2x}) = 0 \quad \rightarrow \quad p_{1x} + p_{2x} = \text{const.} \tag{3.1.9}$$

同样地，对 y，z 分量也一样，所以总动量 $\boldsymbol{P}_{\text{tot}} = \boldsymbol{p}_1 + \boldsymbol{p}_2$ 守恒，即平移对称性导致系统动量守恒。

3.1.2　转动对称性

为了研究行星相对恒星的运动，引入质心坐标和相对坐标

$$\boldsymbol{R}_{\text{cm}} = \frac{m_1 \boldsymbol{r}_1 + m_2 \boldsymbol{r}_2}{m_1 + m_2} \tag{3.1.10}$$

$$\boldsymbol{r} = \boldsymbol{r}_2 - \boldsymbol{r}_1 \tag{3.1.11}$$

则(3.1.1)式可表示为(作为练习，请自行推导)

$$L = \frac{1}{2} M \dot{\boldsymbol{R}}_{\text{cm}}^2 + \frac{1}{2} m \dot{\boldsymbol{r}}^2 - V(r) \tag{3.1.12}$$

其中，总质量 $M = m_1 + m_2$，折合质量或约化质量 $m = \frac{m_1 m_2}{M}$。(3.1.12)式中 $\boldsymbol{R}_{\text{cm}}$ 是循环坐标，故其正则共轭动量 $\boldsymbol{P}_{\text{cm}} = M\dot{\boldsymbol{R}}_{\text{cm}}$ 守恒。系统的质心动量就是总动量，与上面平移对称性导致的总动量守恒的结论相同。总动量不变也意味着(3.1.12)式第一项为常量。若在质心系考虑问题，等效的新的拉格朗日量只与 $\boldsymbol{r}$ 坐标有关，为

$$L = \frac{1}{2} m \dot{\boldsymbol{r}}^2 - V(r) \tag{3.1.13}$$

这时两体问题化为单体问题。

由(3.1.13)式容易看出，相互作用为有心力的孤立的两体系统，拉格朗日量具有球对称性，或转动不变性。设旧坐标系 S 通过绕原点转动得一新坐标系 S'。显然，在这种变换下，其径矢不变，即

$$\boldsymbol{r}=x\boldsymbol{i}+y\boldsymbol{j}+z\boldsymbol{k}=x'\boldsymbol{i}'+y'\boldsymbol{j}'+z'\boldsymbol{k}' \tag{3.1.14}$$

两边分别点乘 $\boldsymbol{i}'$、$\boldsymbol{j}'$、$\boldsymbol{k}'$，得到新坐标用旧坐标表示的形式为

$$\begin{cases}x'=x\boldsymbol{i}\cdot\boldsymbol{i}'+y\boldsymbol{j}\cdot\boldsymbol{i}'+z\boldsymbol{k}\cdot\boldsymbol{i}'\\ y'=x\boldsymbol{i}\cdot\boldsymbol{j}'+y\boldsymbol{j}\cdot\boldsymbol{j}'+z\boldsymbol{k}\cdot\boldsymbol{j}'\\ z'=x\boldsymbol{i}\cdot\boldsymbol{k}'+y\boldsymbol{j}\cdot\boldsymbol{k}'+z\boldsymbol{k}\cdot\boldsymbol{k}'\end{cases} \tag{3.1.15}$$

例如，绕 z 轴转动无穷小角度 $\delta\theta$，则由(3.1.15)式得到

$$\begin{cases}x'=x+y\delta\theta\\ y'=y-x\delta\theta\\ z'=z\end{cases} \tag{3.1.16}$$

因为系统拉格朗日量具有球对称性，因此拉格朗日量具有绕 z 轴转动对称性，即

$$L(\boldsymbol{r},\dot{\boldsymbol{r}},t)=L(x,y,z,\dot{x},\dot{y},\dot{z},t)=L(x',y',z',\dot{x}',\dot{y}',\dot{z}',t) \tag{3.1.17}$$

而对(3.1.18)式右边作泰勒级数展开，并忽略无穷小高次项

$$L(x',y',z',\dot{x}',\dot{y}',\dot{z}',t)=L(x,y,z,\dot{x},\dot{y},\dot{z},t)-\left(x\frac{\partial L}{\partial y}-y\frac{\partial L}{\partial x}+\dot{x}\frac{\partial L}{\partial \dot{y}}-\dot{y}\frac{\partial L}{\partial \dot{x}}\right)\delta\theta$$

由于 $\delta\theta$ 任意，故

$$x\frac{\partial L}{\partial y}-y\frac{\partial L}{\partial x}+\dot{x}\frac{\partial L}{\partial \dot{y}}-\dot{y}\frac{\partial L}{\partial \dot{x}}=0 \tag{3.1.18}$$

其中动量 $p_x=\frac{\partial L}{\partial \dot{x}}$，$p_y=\frac{\partial L}{\partial \dot{y}}$，根据拉格朗日方程，(3.1.18)式可以化为

$$x\frac{\mathrm{d}p_y}{\mathrm{d}t}-y\frac{\mathrm{d}p_x}{\mathrm{d}t}+\dot{x}p_y-\dot{y}p_x=0$$

整理得

$$\frac{\mathrm{d}}{\mathrm{d}t}(xp_y-yp_x)=0 \tag{3.1.19}$$

但角动量 z 分量 $l_z=xp_y-yp_x$，故(3.1.19)式就是 l_z 守恒。即系统绕 z 轴转动不变性导致角动量 z 分量守恒。

对于球对称性，上面过程 z 轴任意，可换选 x，y 轴，结论依旧，因而导致角动量守恒。

3.1.3 时间平移对称性

考虑无限小时间平移变换

$$t\rightarrow t+\delta t \tag{3.1.20}$$

由(3.1.1)式看出，该系统拉格朗日量具有时间平移对称性，即

$$L(\boldsymbol{r}_1,\boldsymbol{r}_2,\dot{\boldsymbol{r}}_1,\dot{\boldsymbol{r}}_2,t)=L(\boldsymbol{r}_1,\boldsymbol{r}_2,\dot{\boldsymbol{r}}_1,\dot{\boldsymbol{r}}_2,t+\delta t) \tag{3.1.21}$$

将(3.1.21)式右边作泰勒级数展开，并忽略无穷小高次项，有

$$L(\boldsymbol{r}_1,\boldsymbol{r}_2,\dot{\boldsymbol{r}}_1,\dot{\boldsymbol{r}}_2,t+\delta t)=L(\boldsymbol{r}_1,\boldsymbol{r}_2,\dot{\boldsymbol{r}}_1,\dot{\boldsymbol{r}}_2,t)+\delta t\,\frac{\partial L}{\partial t} \tag{3.1.22}$$

由于 δt 任意，由(3.1.21)式和(3.1.22)式得到

$$\frac{\partial L}{\partial t}=0 \tag{3.1.23}$$

实际更简单地，由于(3.1.1)式不显含时间，可以直接得到(3.1.23)式，但这里主要强调的是时间平移对称性。由于开普勒问题显然属于稳定约束情况，根据 1.5 节(3)的讨论和(1.5.4)式得知，(3.1.23)式或者时间平移对称性导致系统能量守恒。

3.2 诺特定理

数学家诺特最早发现，一个对称性或不变性，必对应一个运动积分或守恒量。如上面的平移对称性对应动量守恒，转动对称性对应角动量守恒，时间平移对称性对应能量守恒。

诺特定理(Noether's theorem)：假设自由度为 k 的体系，拉格朗日量为

$$L=L(q_1,q_2,\cdots,q_k,\dot{q}_1,\dot{q}_2,\cdots,\dot{q}_k,t) \tag{3.2.1}$$

如果拉格朗日量在连续的对称变换下不变，就一定存在相对应的守恒量。下面给出诺特定理的比较一般的证明。

设有 n 个对称变换，每一个对称变换对应于某个参数 s_i 的连续变化，与参数 s_i 变化相关的坐标变换为

$$\begin{cases}Q_i=Q_i(s_1,s_2,\cdots,s_n,t)\\ Q_i\big|_{s_1,s_2,\cdots,s_n=0}=q_i\end{cases},\quad i=1,2,\cdots,k \tag{3.2.2}$$

这里参数 s_i 类似于平移变换(3.1.2)式中的 $\boldsymbol{a}$ 和转动变换(3.1.17)式中的 θ 等。在 $s_i=0$ 的附近，无穷小变化 δs_i，导致广义坐标的无穷小变换为

$$Q_i=q_i+\sum_j\delta s_j\,\frac{\partial Q_i}{\partial s_j}\bigg|_{s_1,s_2,\cdots,s_n=0} \tag{3.2.3}$$

由于系统拉格朗日量在这种参数 s_i 变化相关的对称变换下不变，要求

$$L(Q_1,Q_2,\cdots,Q_k,\dot{Q}_1,\dot{Q}_2,\cdots,\dot{Q}_k,t)=L(q_1,q_2,\cdots,q_k,\dot{q}_1,\dot{q}_2,\cdots,\dot{q}_k,t) \tag{3.2.4}$$

将(3.2.3)式代入(3.2.4)式，并作泰勒展开，等式左边为

$$L(q_1,q_2,\cdots,q_k,\dot{q}_1,\dot{q}_2,\cdots,\dot{q}_k,t)+$$

$$\sum_j\sum_i\left(\frac{\partial L}{\partial q_i}\frac{\partial Q_i}{\partial s_j}\bigg|_{s_1,s_2,\cdots,s_n=0}+\frac{\partial L}{\partial \dot{q}_i}\frac{\partial \dot{Q}_i}{\partial s_j}\bigg|_{s_1,s_2,\cdots,s_n=0}\right)\delta s_j \quad (3.2.5)$$

(3.2.4)式和(3.2.5)式结合，有

$$\sum_j\sum_i\left(\frac{\partial L}{\partial q_i}\frac{\partial Q_i}{\partial s_j}\bigg|_{s_1,s_2,\cdots,s_n=0}+\frac{\partial L}{\partial \dot{q}_i}\frac{\partial \dot{Q}_i}{\partial s_j}\bigg|_{s_1,s_2,\cdots,s_n=0}\right)\delta s_j=0 \quad (3.2.6)$$

由于 δs_j 任意，故

$$\sum_i\left(\frac{\partial L}{\partial q_i}\frac{\partial Q_i}{\partial s_j}\bigg|_{s_1,s_2,\cdots,s_n=0}+\frac{\partial L}{\partial \dot{q}_i}\frac{\partial \dot{Q}_i}{\partial s_j}\bigg|_{s_1,s_2,\cdots,s_n=0}\right)=0,\quad j=1,2,\cdots,n \quad (3.2.7)$$

类似于(1.1.11)式，容易得到

$$\frac{\mathrm{d}}{\mathrm{d}t}\frac{\partial Q_i}{\partial s_j}=\frac{\partial \dot{Q}_i}{\partial s_j} \quad (3.2.8)$$

将(3.2.8)式代入(3.2.7)式，同时利用广义动量 $p_i=\dfrac{\partial L}{\partial \dot{q}_i}$，$\dfrac{\partial L}{\partial q_i}=\dot{p}_i$，(3.2.7)式化为

$$\frac{\mathrm{d}}{\mathrm{d}t}\sum_i p_i\frac{\partial Q_i}{\partial s_j}\bigg|_{s_1,s_2,\cdots,s_n=0}=0,\quad j=1,2,\cdots,n \quad (3.2.9)$$

即

$$\sum_i p_i\frac{\partial Q_i}{\partial s_j}\bigg|_{s_1,s_2,\cdots,s_n=0}=\text{const.},\quad j=1,2,\cdots,n \quad (3.2.10)$$

其中 $\dfrac{\partial Q_i}{\partial s_j}\bigg|_{s_1,s_2,\cdots,s_n=0}$ 就是(3.2.3)式中 δs_j 项的系数。(3.2.10)式表明，系统拉格朗日量在有 n 个连续变化的参数 s_i 对应的对称变换下不变，就存在(3.2.10)式中的 n 个守恒量。容易利用(3.2.10)式对空间平移和转动对称性进行验算。

例 3.1　一带电粒子质量为 m，电荷为 e，在均匀磁场 $\boldsymbol{B}$ 中运动，选 z 轴沿 $\boldsymbol{B}$ 方向，则拉格朗日量为

$$L=\frac{1}{2}m(\dot{x}^2+\dot{y}^2+\dot{z}^2)+\frac{1}{2}eB(x\dot{y}-y\dot{x}) \quad (3.2.11)$$

(1) 试证系统具有对 z 轴的转动对称性，并求不变量。

(2) 试证系统具有平移对称性，并求不变量。

解：从物理上很容易直接看出，系统对 z 轴转动对称，而且沿 z 轴平移对

称，这也可以直接计算。

（1）绕 z 轴转无穷小角度 $\delta\theta$，则坐标变换为

$$\begin{cases} x = x' - y'\delta\theta \\ y = y' + x'\delta\theta \\ z = z' \end{cases} \Rightarrow \begin{cases} \dot{x} = \dot{x}' - \dot{y}'\delta\theta \\ \dot{y} = \dot{y}' + \dot{x}'\delta\theta \\ \dot{z} = \dot{z}' \end{cases} \tag{3.2.12}$$

代入(3.2.11)式，拉格朗日量为

$$L'(q',\dot{q}') = L(q,\dot{q}) = \frac{1}{2}m(\dot{x}'^2 + \dot{y}'^2 + \dot{z}'^2) + \frac{1}{2}eB(x'\dot{y}' - y'\dot{x}') + o(\delta\theta)$$

$$= L(q',\dot{q}')$$

可见系统拉格朗日量不变（函数形式不变），可以直接用诺特定理，即

$$\sum_i p_i \left.\frac{\partial q'_i}{\partial \delta\theta}\right|_{\delta\theta=0} = \text{const.} \tag{3.2.13}$$

根据(3.2.12)式，$\left.\frac{\partial x'}{\partial \delta\theta}\right|_{\delta\theta=0} = y$，$\left.\frac{\partial y'}{\partial \delta\theta}\right|_{\delta\theta=0} = -x$，$\left.\frac{\partial z'}{\partial \delta\theta}\right|_{\delta\theta=0} = 0$，而广义动量

$$\begin{cases} p_x = \dfrac{\partial L}{\partial \dot{x}} = m\dot{x} - \dfrac{1}{2}eBy \\ p_y = \dfrac{\partial L}{\partial \dot{y}} = m\dot{y} + \dfrac{1}{2}eBx \\ p_z = \dfrac{\partial L}{\partial \dot{z}} = m\dot{z} \end{cases} \tag{3.2.14}$$

代入(3.2.13)式计算守恒量得

$$\left(m\dot{x} - \frac{1}{2}eBy\right)y - \left(m\dot{y} + \frac{1}{2}eBx\right)x = \text{const.}$$

化简得

$$m(\dot{x}y - \dot{y}x) - \frac{1}{2}eB(x^2 + y^2) = \lambda \tag{3.2.15}$$

其中 $\lambda = \text{const.}$

（2）在平移变换下，即 $x = x' - \delta a_x$，$y = y' - \delta a_y$，$z = z' - \delta a_z$，有

$$L'(q',\dot{q}') = L(q,\dot{q}) = \frac{1}{2}m(\dot{x}'^2 + \dot{y}'^2 + \dot{z}'^2) +$$

$$\frac{1}{2}eB(x'\dot{y}' - y'\dot{x}') - \frac{1}{2}eB(\delta a_x\dot{y}' - \delta a_y\dot{x}')$$

可表示为

$$L'(q',\dot{q}') = L(q,\dot{q}) = L(q',\dot{q}') + \frac{\mathrm{d}f(q')}{\mathrm{d}t} \tag{3.2.16}$$

其中

$$f(q')=-\frac{1}{2}eB(\delta a_x y'-\delta a_y x') \tag{3.2.17}$$

此时拉格朗日量虽然不同，但是等价，即系统在这种变换下不变。这种情况不能直接用诺特定理的(3.2.10)式，注意系统具有某种变换不变性是指系统拉格朗日量在这种变换下等价，与拉格朗日量在某种变换下不变还是有一点区别。

另一方面，对拉格朗日量作泰勒展开，保留一阶项：

$$L(q',\dot{q}')=L(q,\dot{q})+\sum_i \delta a_i\left(\frac{\partial L}{\partial q_i}\right)=L(q,\dot{q})+\sum_i \delta a_i\frac{\mathrm{d}}{\mathrm{d}t}\left(\frac{\partial L}{\partial \dot{q}_i}\right)$$

与(3.2.16)式比较得

$$\sum_i \delta a_i\frac{\mathrm{d}}{\mathrm{d}t}\left(\frac{\partial L}{\partial \dot{q}_i}\right)+\frac{\mathrm{d}f(q')}{\mathrm{d}t}=0$$

其中平移量 $\delta a_x,\delta a_y,\delta a_z$ 与时间无关，把(3.2.17)式代入有

$$\sum_i \delta a_i p_i-\frac{1}{2}eB(\delta a_x y'-\delta a_y x')=\text{const.}$$

保留一阶项，代入广义动量整理得

$$(m\dot{x}-eBy)\delta a_x+(m\dot{y}+eBx)\delta a_y+m\dot{z}\delta a_z=\text{const.}$$

$\delta a_x,\delta a_y,\delta a_z$ 相互独立，所以分别有

$$\begin{cases} m\dot{x}-eBy=\text{const.}\\ m\dot{y}+eBx=\text{const.}\\ m\dot{z}=p_z=\text{const.}\end{cases} \tag{3.2.18}$$

将(3.2.18)式代入(3.2.14)式得

$$\begin{cases} p_x-\dfrac{1}{2}eBy=\text{const.}\\ p_y+\dfrac{1}{2}eBx=\text{const.}\\ p_z=\text{const.}\end{cases} \tag{3.2.19}$$

另外，拉格朗日量(3.2.11)式不显含时间，根据(1.5.2)式，有能量积分

$$\frac{\left(p_x+\dfrac{1}{2}eBy\right)^2+\left(p_y-\dfrac{1}{2}eBx\right)^2+p_z^2}{2m}=\text{const.} \tag{3.2.20}$$

假设(3.2.19)式中 3 个常量分别为 p_{x0},p_{y0},p_{z0}，则(3.2.20)式又可以表示为

$$(p_{y0}-eBx)^2+(p_{x0}+eBy)^2=\text{const.}$$

这是圆心在$\left(\dfrac{p_{y0}}{eB},-\dfrac{p_{x0}}{eB}\right)$的圆。结合(3.2.18)式的第三式，容易知粒子在 z

方向作匀速运动，在 x-y 平面作半径恒定的圆周运动。

3.3　运动方程

3.3.1　运动的稳定性

由 3.1 节讨论知，在有心力作用下，两体问题可以化为单体问题，并具有球对称性，导致系统角动量守恒。也可利用有心力对力心的力矩为零，直接得到角动量守恒。由于角动量 $\boldsymbol{l}$ 是常矢量，$\boldsymbol{l}\perp\boldsymbol{r}$，$\boldsymbol{r}$ 只能在一平面内，即轨道是在一平面内。选该平面为相对坐标系的 x-y 平面，则拉格朗日量为

$$L=\frac{1}{2}m(\dot{r}^2+r^2\dot{\theta}^2)-V(r) \tag{3.3.1}$$

拉格朗日方程

$$\frac{\mathrm{d}}{\mathrm{d}t}\left(\frac{\partial L}{\partial\dot{r}}\right)-\frac{\partial L}{\partial r}=0 \quad\Rightarrow\quad \ddot{r}-r\dot{\theta}^2=-\frac{1}{m}\frac{\mathrm{d}V(r)}{\mathrm{d}r}=\frac{F(r)}{m} \tag{3.3.2}$$

$$\frac{\mathrm{d}}{\mathrm{d}t}\left(\frac{\partial L}{\partial\dot{\theta}}\right)-\frac{\partial L}{\partial\theta}=0 \quad\Rightarrow\quad \frac{\mathrm{d}}{\mathrm{d}t}(mr^2\dot{\theta})=0 \tag{3.3.3}$$

$$mr^2\dot{\theta}=\text{const.}=l \tag{3.3.4}$$

(3.3.4)式中 l 就是角动量大小，代入(3.3.2)式得到

$$\ddot{r}-\frac{l^2}{m^2r^3}=\frac{F(r)}{m} \tag{3.3.5}$$

或

$$m\ddot{r}=\frac{l^2}{mr^3}+F(r)=-\frac{\mathrm{d}}{\mathrm{d}r}\left[\frac{l^2}{2mr^2}+V(r)\right]=-\frac{\mathrm{d}}{\mathrm{d}r}V_{\text{eff}}(r) \tag{3.3.6}$$

其中 $\frac{l^2}{2mr^2}$ 是离心势，而有效势能

$$V_{\text{eff}}(r)=\frac{l^2}{2mr^2}+V(r) \tag{3.3.7}$$

如果要求轨道稳定在 $\boldsymbol{r}_0$ 附近的有限区域，则有效势能应满足

$$V'_{\text{eff}}(r_0)=0 \tag{3.3.8}$$

而且，

$$V''_{\text{eff}}(r_0)>0 \tag{3.3.9}$$

如图 3.1 所示。

设有心力势函数是以下齐次形式，

$$V(r) = -kr^n \tag{3.3.10}$$

则代入(3.3.8)式得

$$-nkr_0^{n-1} - \frac{l^2}{mr_0^3} = 0$$

代入(3.3.9)式，整理得

$$V''_{\text{eff}}(r_0) = -n(n-1)kr_0^{n-2} + \frac{3l^2}{mr_0^4}$$

$$= (n+2)\frac{l^2}{mr_0^4} > 0 \tag{3.3.11}$$

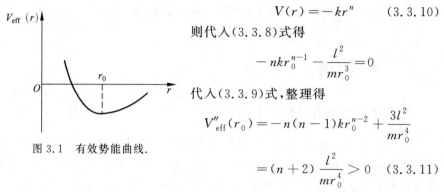

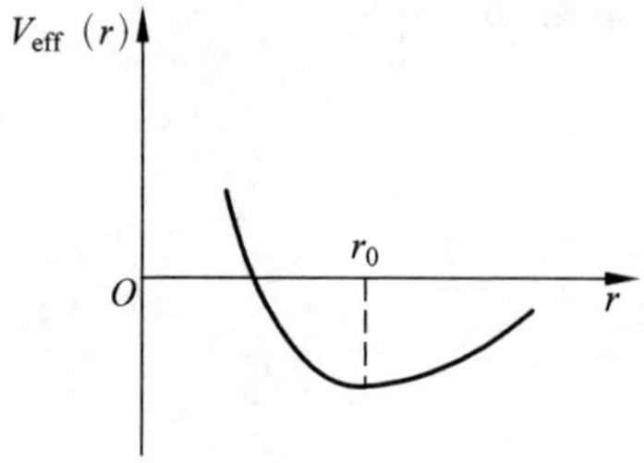

图 3.1　有效势能曲线.

即

$$n > -2 \tag{3.3.12}$$

J. Bertrand 证明，对于圆轨道受到大于一阶的量的扰动时，要想仍然能恢复到闭合轨道运动，只能要求 $n=-1,2$，也就是说，那些作稳定的闭合轨道运动的物体，有心力一定是万有引力或胡克力的形式。

3.3.2　运动轨迹方程

如果对两体的轨道问题有兴趣，则作变换 $u \to \frac{1}{r}$，此时根据角动量守恒式

$$mr^2\dot{\theta} = l \quad \Rightarrow \quad \mathrm{d}t = \frac{m\,\mathrm{d}\theta}{lu^2}$$

时间导数表示为对角度的导数

$$\frac{\mathrm{d}r}{\mathrm{d}t} = -\frac{l}{m}\frac{\mathrm{d}u}{\mathrm{d}\theta}, \quad \frac{\mathrm{d}^2 r}{\mathrm{d}t^2} = -\frac{l^2}{m^2}u^2\frac{\mathrm{d}^2 u}{\mathrm{d}\theta^2}$$

代入(3.3.5)式得

$$\frac{l^2}{m}u^2\left(\frac{\mathrm{d}^2 u}{\mathrm{d}\theta^2} + u\right) = -F\left(\frac{1}{u}\right) \tag{3.3.13}$$

这就是比耐方程。

这里计算出来的轨道不是某个物体的真实轨道，它应是相对坐标的轨迹。在质心系，某个物体的真实轨道可以容易通过(3.1.10)式和(3.1.11)式变换得到

$$\boldsymbol{r}_1 = -\frac{m}{m_1}\boldsymbol{r}, \quad \boldsymbol{r}_2 = \frac{m}{m_2}\boldsymbol{r} \tag{3.3.14}$$

特别是，当两物体质量差距很大时，如 $m_1 \gg m_2$，则 $r_2 = r(\theta)$。

3.4 运动轨道

3.4.1 平方反比力

万有引力或库仑力都是距离平方反比形式，利用比耐方程容易求得物体的运动轨迹。在平方反比力下

$$F(r)=-\frac{k}{r^2},\quad k>0 \tag{3.4.1}$$

将(3.4.1)式代入比耐方程(3.3.13)式得

$$\frac{\mathrm{d}^2 u}{\mathrm{d}\theta^2}+u=\frac{mk}{l^2} \tag{3.4.2}$$

这是非齐次谐振子方程，其通解为 $A\cos(\theta-\theta_0)$，特解为$\frac{mk}{l^2}$。选极轴方向，使得 $\theta_0=0, A>0$，即近日点在极轴上，则(3.4.2)式的解为

$$u=A\cos\theta+\frac{mk}{l^2} \tag{3.4.3}$$

为了简化，令 $p=\frac{l^2}{mk}, \varepsilon=pA$，代入(3.4.3)式，令 $r\to\frac{1}{u}$ 得

$$r=\frac{p}{1+\varepsilon\cos\theta} \tag{3.4.4}$$

这是圆锥曲线方程，不同偏心率 ε 对应不同曲线，$\begin{cases}\varepsilon=0, & \text{圆}\\ 0<\varepsilon<1, & \text{椭圆}\\ \varepsilon=1, & \text{抛物线}\\ \varepsilon>1, & \text{双曲线}\end{cases}$。

在近日点没有径向速度，因此能量可表示为

$$E=\frac{1}{2}mr_{\min}^2\dot{\theta}_{\min}^2-\frac{k}{r_{\min}} \tag{3.4.5}$$

由(3.4.3)式，在近日点

$$\frac{1}{r_{\min}}=A+\frac{mk}{l^2}=\frac{1+\varepsilon}{p} \tag{3.4.6}$$

及

$$mr_{\min}^2\dot{\theta}_{\min}=l \tag{3.4.7}$$

合一起很容易推得偏心率 ε 为

$$\varepsilon=\sqrt{1+\frac{2El^2}{mk^2}} \tag{3.4.8}$$

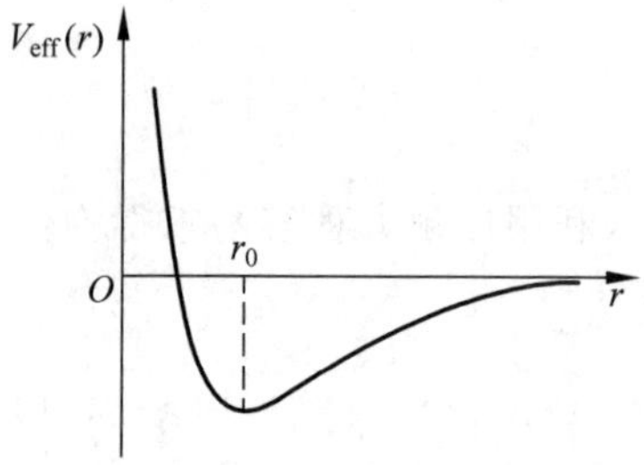

图 3.2 平方反比力下有效势能曲线

偏心率由能量确定，即轨道与能量 E 有关。对于反平方力，根据(3.3.7)式可以给出有效势函数的形状如图 3.2 所示。根据偏心率与圆锥曲线的关系容易得知，$E<0$ 代表轨道限制在有限区域，$-\frac{mk^2}{2l^2}<E<0$ 时轨道是椭圆，而当 $E=-\frac{mk^2}{2l^2}$ 时轨道是圆；$E=0$ 是界限，轨道对应抛物线；$E>$ 轨道就是双曲线。

3.4.2 一般有心力情况

更一般的情况下，对有心力系统一般的方法是，利用能量守恒和角动量守恒，得到积分形式的解。由(3.3.1)式，拉格朗日量不显含时间，因此(1.5.2)式能量积分为

$$E=\frac{1}{2}m(\dot{r}^2+r^2\dot{\theta}^2)+V(r) \tag{3.4.9}$$

由(3.3.4)式角动量守恒式得

$$\dot{\theta}=\frac{l}{mr^2} \tag{3.4.10}$$

代入(3.4.9)式整理得

$$\dot{r}=\sqrt{\frac{2}{m}[E-V(r)]-\frac{l^2}{m^2r^2}} \tag{3.4.11}$$

或

$$\mathrm{d}t=\frac{\mathrm{d}r}{\sqrt{\frac{2}{m}[E-V(r)]-\frac{l^2}{m^2r^2}}} \tag{3.4.12}$$

直接积分得

$$t=\int\frac{\mathrm{d}r}{\sqrt{\frac{2}{m}[E-V(r)]-\frac{l^2}{m^2r^2}}}+\text{const.} \tag{3.4.13}$$

如果欲求得轨迹，由(3.4.10)式及(3.4.12)式得到

$$\mathrm{d}\theta = \frac{l}{mr^2}\mathrm{d}t = \frac{l\,\mathrm{d}r}{r^2\sqrt{2m[E - V(r)] - \frac{l^2}{r^2}}} \tag{3.4.14}$$

积分得

$$\theta = \int \frac{l\,\mathrm{d}r}{r^2\sqrt{2m[E - V(r)] - \frac{l^2}{r^2}}} + \text{const.} \tag{3.4.15}$$

这个积分将给出运动轨迹。

当相互作用是(3.4.1)式平方反比力时,对应势能为

$$V(r) = -\frac{k}{r}, \quad k > 0 \tag{3.4.16}$$

代入(3.4.15)式积分得到

$$\theta = \arccos \frac{\frac{l^2}{mkr} - 1}{\sqrt{1 + \frac{2El^2}{mk^2}}} + \text{const.} \tag{3.4.17}$$

利用 $p = \frac{l^2}{mk}$ 以及(3.4.8)式,选极轴方向使得(3.4.17)式中积分常量为零,则该式成为(3.4.4)式。

若相互作用对反平方律有偏离,比如

$$V(r) = -\frac{k}{r} + \frac{\alpha}{r^2} \tag{3.4.18}$$

此时(3.4.15)式积分化为

$$\theta = \frac{l}{\sqrt{l^2 + 2m\alpha}} \arccos \frac{\frac{l^2 + 2m\alpha}{mkr} - 1}{\sqrt{1 + \frac{2E(l^2 + 2m\alpha)}{mk^2}}} + \text{const.} \tag{3.4.19}$$

设 $\beta = \sqrt{1 + \frac{2m\alpha}{l^2}}$,$p = \frac{l^2}{mk}\beta^2$,$\varepsilon = \sqrt{1 + \frac{2El^2}{mk^2}\beta^2}$,取积分常数为零,则得到

$$r = \frac{p}{1 + \varepsilon\cos(\beta\theta)} \tag{3.4.20}$$

当 α 很小时,这是一个近日点在不停地进动的“椭圆”。

对于(3.4.1)式反平方引力情形,还有一个守恒的矢量,称为拉普拉斯-龙格-楞次矢量,$\boldsymbol{A} = \boldsymbol{p} \times \boldsymbol{L} - mk\hat{r}$,读者可以自行验证。利用这个守恒矢量式容易推得(3.4.4)式。依据诺特定理对称性导致守恒量,反过来可以推断,这个

守恒量一定对应某个对称性,实际是SO(4)对称性。

3.5 散射截面

散射截面(cross section)是近代物理中非常重要的物理概念,在研究光—电子、电子—分子、中子—中子、电子—核子、核子—核子等相互作用时,它是不可缺少的。散射截面一般在量子力学框架下研究,但经典近似比较直观,所以,本节在经典意义下讨论散射截面的概念。

3.5.1 散射截面的定义

微分散射截面定义为

$$\sigma \mathrm{d}\Omega = \frac{\text{单位时间内(因相互作用) 进入立体角 } \mathrm{d}\Omega \text{ 内的散射粒子数}}{\text{入射强度}} \tag{3.5.1}$$

一般粒子流的入射强度是指单位时间内穿过单位面积的粒子数目,设为 I。由(3.5.1)式,σ 的单位是面积的单位。对于轴对称散射,$\mathrm{d}\Omega = 2\pi\sin\phi\,\mathrm{d}\phi$。当一个入射粒子与另一个静止粒子发生散射时,入射粒子在远处速度方向的延长线到散射中心的距离称为碰撞参数(impact parameter),有时也叫瞄准距离。若碰撞参数处于 $\rho \sim \rho + \mathrm{d}\rho$ 的入射粒子散射到 $\phi \sim \phi + \mathrm{d}\phi$ 立体角内,则

$$I 2\pi\rho\mathrm{d}\rho = I 2\pi\sigma(\phi)\sin\phi\,\mathrm{d}\phi \tag{3.5.2}$$

散射截面总是大于零,所以有

$$\sigma(\phi) = \frac{\rho}{\sin\phi}\left|\frac{\mathrm{d}\rho}{\mathrm{d}\phi}\right| \tag{3.5.3}$$

总的散射截面为

$$\sigma_{\text{tot}} = \int \sigma(\phi)\,\mathrm{d}\Omega \tag{3.5.4}$$

只要 ρ 和 ϕ 之间的关系确定,散射截面就可以计算出来。

3.5.2 卢瑟福散射截面

历史上,卢瑟福利用 α 粒子轰击金箔,通过分析散射截面了解到原子内部结构。α 粒子与金核之间的相互作用为库仑平方反比斥力。更一般地考虑

$$F = -\frac{k}{r^2}\begin{cases} k > 0, & \text{引力} \\ k < 0, & \text{斥力} \end{cases} \tag{3.5.5}$$

此时比耐方程(3.4.2)式的解可写成以下形式

$$u = A\cos\theta + B\sin\theta + \frac{1}{p} \tag{3.5.6}$$

因散射粒子来自远处，其碰撞参数或瞄准距离为 ρ，如图 3.3 所示。容易看出从远处入射时 $r\to\infty$，$\theta\to\pi$，由(3.5.6)式求得 $A=\frac{1}{p}$，又以散射点为原点，横向为 x 轴，纵向为 y 轴，则

$$y = r\sin\theta = \frac{\sin\theta}{\frac{1}{p}(1+\cos\theta) + B\sin\theta} \tag{3.5.7}$$

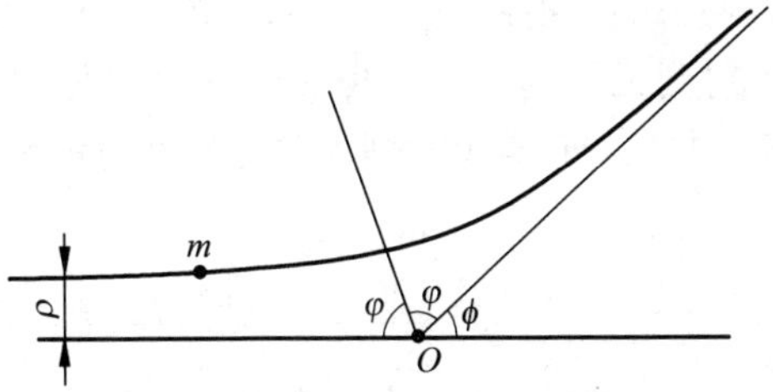

图 3.3　平方反比斥力下的散射

而 $\theta\to\pi$，$y\to\rho$，由(3.5.7)式计算得 $B=\frac{1}{\rho}$，即

$$u = \frac{1}{p}(1+\cos\theta) + \frac{1}{\rho}\sin\theta \tag{3.5.8}$$

由图 3.3 知，散射角 ϕ 在 $r\to\infty$，有 $\theta\to\phi$，代入(3.5.8)式得

$$\frac{1}{p}(1+\cos\phi) + \frac{1}{\rho}\sin\phi = 0 \tag{3.5.9}$$

求得

$$\frac{1}{\rho} = -\frac{1+\cos\phi}{\sin\phi}\frac{1}{p} = -\frac{1}{p}\cot\frac{\phi}{2} \tag{3.5.10}$$

设粒子在远处速率为 v_∞，则

$$l = m\rho v_\infty \tag{3.5.11}$$

$$\frac{1}{p} = \frac{mk}{l^2} = \frac{k}{m\rho^2 v_\infty^2} \tag{3.5.12}$$

代入(3.5.10)式，整理得

$$\rho = \frac{-k}{mv_\infty^2}\cot\frac{\phi}{2} \tag{3.5.13}$$

代入(3.5.3)式，求得微分散射截面为

$$\sigma(\phi)=\left(\frac{k}{mv_{\infty}^{2}}\right)^{2}\frac{\cot\frac{\phi}{2}}{\sin\phi}\left|\frac{\mathrm{d}\cot\frac{\phi}{2}}{\mathrm{d}\phi}\right|=\left(\frac{k}{2mv_{\infty}^{2}}\right)^{2}\csc^{4}\frac{\phi}{2}\tag{3.5.14}$$

这就是著名的卢瑟福散射截面公式。如果对(3.5.14)式进行积分，试图计算总散射截面时会遇到积分发散问题，这是因为库仑力是长程力的缘故。实际应用时，核电荷总是被周围电子屏蔽，考虑屏蔽效应就不会出现发散问题。

3.5.3　一般有心力场中的散射

对于一般有心力场中的散射问题，粒子从无限远处入射，经过近日点(离中心最近位置)，再出射到无限远。散射角 $\phi=\pi-2\varphi$(见图 3.3)，φ 是粒子从无限远处入射到近日点或从近日点出射到无限远扫过的角度。利用(3.4.16)式 θ 的积分公式，得到

$$\varphi=\frac{\pi-\phi}{2}=\int_{r_{\min}}^{\infty}\frac{l\,\mathrm{d}r}{r^{2}\sqrt{2m[E-V(r)]-\frac{l^{2}}{r^{2}}}}\tag{3.5.15}$$

由于 $l=m\rho v_{\infty}$，所以上式就建立了 ρ 和 ϕ 之间的联系。

以卢瑟福散射为例，$V(r)=-\frac{k}{r}$，$k<0$，代入(3.5.15)式，积分得

$$\varphi=\frac{\pi-\phi}{2}=\arccos\frac{\frac{l}{r}-\frac{mk}{l}}{\sqrt{2mE+\frac{m^{2}k^{2}}{l^{2}}}}\Bigg]_{r_{\min}}^{\infty}\tag{3.5.16}$$

利用(3.4.7)式和(3.4.9)式，容易化简得到

$$\cot\frac{\phi}{2}=\frac{l}{-k}\sqrt{\frac{2E}{m}}=\frac{m\rho v_{\infty}^{2}}{-k}\tag{3.5.17}$$

与(3.5.13)式完全一致。

3.6　实验室系和质心系

通常实验值都是在实验室系测量的数据，而两体散射的公式中用的都是相对坐标，为了方便实验和理论的比较，需要将相对坐标系的公式转化为实验室系下的形式。在质心系，两粒子速度总是反向的，如图 3.4 所示，因此散射角实际是粒子入射时相对速度与粒子散射远离的相对速度之间的夹角，而相对速度与坐标系选择无关，所以说相对坐标系下的散射角实际上就是质心

系的散射角。这样问题就化为如何寻找质心系的散射角和实验室系散射角之间的关系。轴对称情况下微分散射截面是散射角的函数，只要散射角之间的关系确定，两个系之间的散射截面的关系也就确定了。

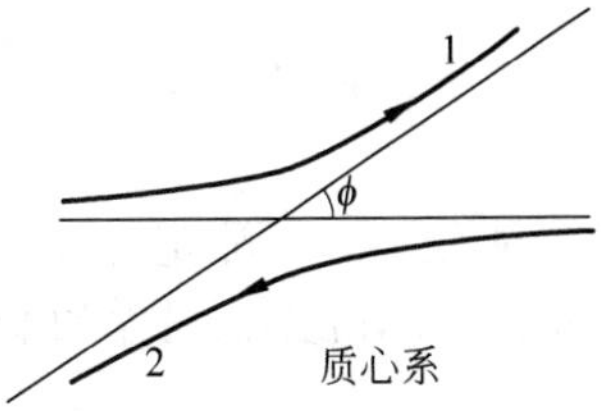

图 3.4　质心系里两体散射角度

设入射粒子以 v_∞ 水平入射，则质心速度沿水平方向

$$V=\frac{m_1 v_\infty}{m_1+m_2} \tag{3.6.1}$$

出射粒子速度在质心系(带撇)与实验室系的关系为

$$\boldsymbol{v}_1=\boldsymbol{V}+\boldsymbol{v}_1' \tag{3.6.2}$$

写成分量形式，有

$$\begin{cases} v_1\sin\varphi_1=v_1'\sin\phi \\ v_1\cos\varphi_1=V+v_1'\cos\phi \end{cases} \tag{3.6.3}$$

其中 φ_1 为入射粒子在实验室系的散射角，ϕ 为质心系的散射角，如图 3.5 所示。对于完全弹性碰撞，碰撞前后相对速度大小不变，即

$$v_1'-v_2'=v_\infty \tag{3.6.4}$$

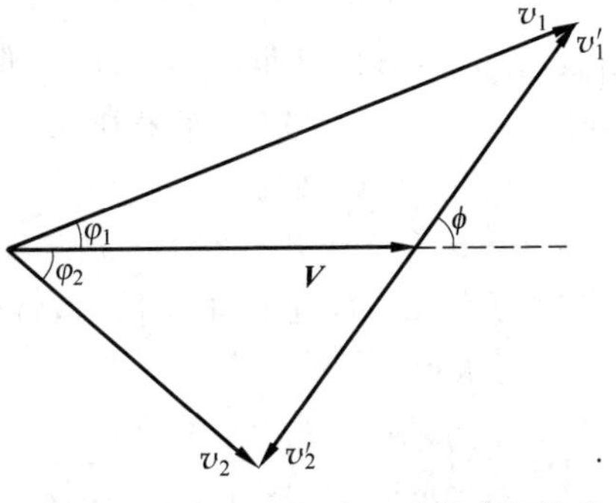

图 3.5　实验室系和质心系的速度关系

碰撞后的质心速度不变

$$V=\frac{m_1 v_1'+m_2 v_2'}{m_1+m_2} \tag{3.6.5}$$

结合(3.6.1)式、(3.6.4)式和(3.6.5)式，容易推得

$$V=\frac{m}{m_2}v_\infty,\quad v_1'=\frac{m}{m_1}v_\infty \tag{3.6.6}$$

由(3.6.3)式和(3.6.6)式得

$$\tan\varphi_1=\frac{\sin\phi}{\cos\phi+\dfrac{m_1}{m_2}} \tag{3.6.7}$$

锁定某一固定小区域，散射到该区域的粒子数在实验室系为 $I2\pi\sigma_1(\varphi_1)\sin\varphi_1 d\varphi_1$，在相对坐标系为 $I2\pi\sigma(\phi)\sin\phi d\phi$，这两个当然相等，知

$$\sigma_1(\varphi_1)=\sigma(\phi)\frac{\sin\phi}{\sin\varphi_1}\left|\frac{d\phi}{d\varphi_1}\right| \tag{3.6.8}$$

利用(3.6.7)式和(3.6.8)式关系，散射截面可用不同坐标系的坐标表示。

(i) $m_1 \ll m_2$，$\varphi_1=\phi$，

$$\sigma_1(\varphi_1)=\sigma(\phi) \tag{3.6.9}$$

(ii) $m_1=m_2$，$\varphi_1=\dfrac{\phi}{2}$，

$$\sigma_1(\varphi_1)=4\sigma(2\varphi_1)\cos\varphi_1 \tag{3.6.10}$$

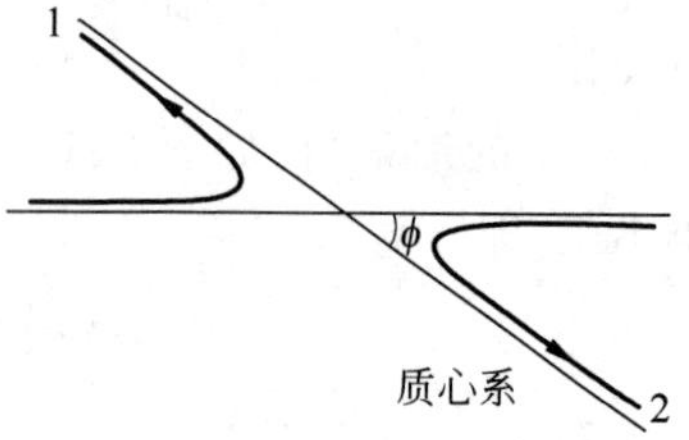

图 3.6 质心系里两全同粒子角度 φ 散射的另一情形

(iii) 全同粒子(identical particals)情形，此时 $m_1=m_2$，$\varphi_1=\dfrac{\phi}{2}$。因两种粒子不能区分，对于角度 ϕ 散射，除了图 3.4 的散射情形，还要考虑图 3.6 散射情形。1 粒子与 2 粒子不可区分，而图 3.4 和图 3.6 散射粒子轴对称分布，因此角度 ϕ 散射截面应为 $\sigma(\phi)+\sigma(\pi-\phi)$。如果在实验室系，全同粒子的散射截面为

$$\sigma_{\text{identical}}(\varphi)=\sigma_1(\varphi)+\sigma_2(\varphi)=4[\sigma(2\varphi)+\sigma(\pi-2\varphi)]\cos\varphi \tag{3.6.11}$$

以相同粒子的卢瑟福散射为例，比如，电子-电子散射，将(3.5.14)式分别代入(3.6.8)式和(3.6.11)式，可求得

$$\sigma_{\text{identical}}(\varphi)=\left(\frac{k}{mv_\infty^2}\right)^2\left(\frac{1}{\sin^4\varphi}+\frac{1}{\cos^4\varphi}\right)\cos\varphi \tag{3.6.12}$$

其中，m 是约化质量或折合质量。

练习题

3.1 一带电粒子(质量 m、电荷 e)以速度 $\boldsymbol{v}$ 在匀强磁场中运动，其拉格朗日量为

$$L = m\frac{c^2}{\sqrt{1-\frac{v^2}{c^2}}} + e\boldsymbol{A}\cdot\boldsymbol{v}$$

其中 **A** 是矢势。试证明系统具有空间反射对称性。

3.2　一带电粒子(质量 m、电荷 e)在静电场中运动。利用其拉格朗日量的性质证明系统具有时间反演对称性。

3.3　试证一质点在有心力的作用下,其运动轨迹一定是在一个平面内。

3.4　已知一质点运动轨迹可以用平面极坐标表示为阿基米德螺线 $r=r_0\theta$,求作用在质点上的有心力。

3.5　已知作用在一质点上的有心力是引力,且与距离的三次方成反比,求质点运动轨迹。

3.6　已知作用在一质点上的有心力是线性恢复力,求质点运动轨迹。$\left(\text{可用的积分公式:}\int\frac{\mathrm{d}x}{\sqrt{c+bx-a^2x^2}}=-\frac{1}{|a|}\arcsin\frac{2a^2x-b}{\sqrt{b^2+4a^2c}}+\text{const.}\right)$

3.7　一质点在有心力作用下运动,其速率在运动过程与它到力心的距离成反比。求质点的运动轨迹。

3.8　一质点受有心力 $F(r)=-km/r^4$ 作用。若质点在距力心 $2a$ 处,垂直于极轴以速率 $\sqrt{k/12a^3}$ 抛出,求质点的轨道。

3.9　一质点在平方反比有心力的作用下作椭圆运动,试证其动能对时间平均值大小是其势能时间平均值大小的一半。$\left(\text{可用的积分公式:}\int\frac{\mathrm{d}x}{1+a\cos x}=\frac{2}{\sqrt{1-a^2}}\arctan\left(\sqrt{\frac{1-a}{1+a}}\tan\frac{x}{2}\right)+\text{const.},\ a<1\text{。}\right)$

3.10　两质点质量分别为 m_1 和 m_2,中间用劲度系数 k,自然伸长为 r_0 的弹簧相连,并放在光滑桌面上运动。在弹簧伸缩量远小于自然伸长的情况下,求出质点运动轨迹。

3.11　桌面上有一小孔,一轻绳穿过其中,绳的两端系着两个等质量的质点,一个在桌面上作半径为 a 的圆轨道运动,另一个铅直地悬挂着,如图 3.7 所示。不考虑摩擦。由于扰动,悬挂的质点开始小幅摆动,桌面上质点运动轨迹因此偏离圆轨道,问:桌面上质点运动轨道是否为闭合曲线?

3.12　一轻绳的一端系着质量为 m 的质点,绳的另一端绕在一半径为 a 的棒上,不考虑重力。开始拉紧的绳长 s_0,在垂直于棒长的平面以初速 v_0 绕棒转动,并缠绕到棒上,最终质点碰到棒上,如图 3.8 所示。求花费的时间。

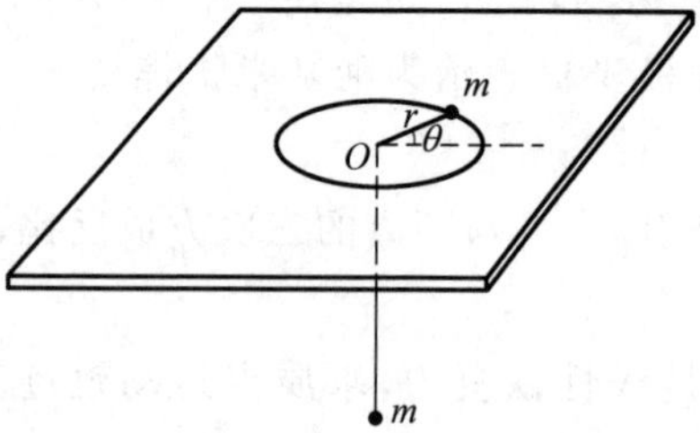

图 3.7　练习题 3.11 用图

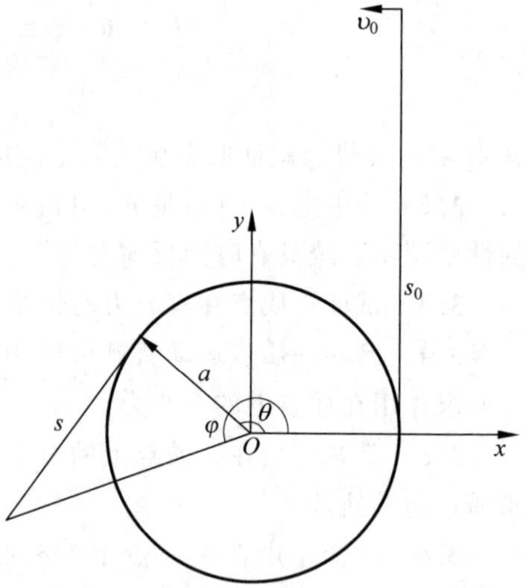

图 3.8　练习题 3.12 用图

3.13　一质点受有心力作用 $F(r)=-k/r^n$，$k>0$。欲使质点在稳定的圆轨道运动，求 n 的限制条件。

3.14　讨论一粒子在屏蔽势场 $V(r)=-\frac{k}{r}e^{-r/a}$ 中沿圆轨道运动的稳定性条件，其中 $k>0$，$a>0$。

3.15　一质量为 m 的粒子的势能为 $V(r)=\frac{k}{r}+\frac{\alpha}{r^2}$，$k>0$，$\alpha$ 是小量。该粒子以初速度 v_∞ 入射，求散射截面。

3.16　一质量为 m 的粒子的势能为 $V(r)=\frac{k}{r^2}$。该粒子以初速度 v_∞ 入射，求其散射截面。

3.17　一质量为 m 的质点的势能，在一半径为 R 的球形区域内为 $-|U_0|$，球外为零。该粒子以初速度 v_∞ 入射，如图 3.9 所示。求散射截面。

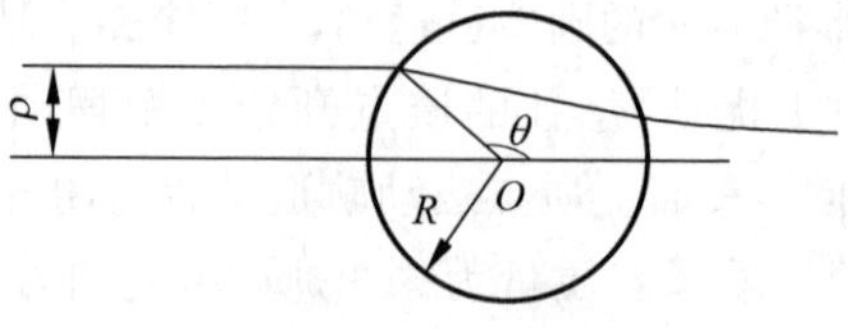

图 3.9　练习题 3.17 用图

3.18 一质量为 m 的质点的势能，在一半径为 R 的球形区域内为 $|U_0|$，球外为零。该粒子以初速度 v_∞ 入射，类似于3.9图所示。求散射截面。

3.19 两个相同刚性球，每个质量都是 m，半径为 R，其中一个以初速度 v_∞ 入射，另一个开始静止。求它们的弹性散射截面。

3.20 求两电子之间的卢瑟福散射截面。

第4章 微振动

微振动是物体在自然界最基本的运动形式之一。这里先简单回顾一维微振动。

4.1 一维微振动

4.1.1 谐振子

作简谐振动的质点即谐振子(simple harmonic oscillation,SHO)。考虑一维运动,粒子的势能形式为 $V=V(q)$。如果选择平衡点的坐标为 $q=0$,则 $\left.\frac{\partial V}{\partial q}\right|_{q=0}=0$。在 $q=0$ 附近作泰勒展开,则

$$V(q)=V(0)+\frac{1}{2}\frac{\partial^2 V}{\partial q^2}\bigg|_{q=0}q^2+\cdots \tag{4.1.1}$$

粒子稳定平衡条件为

$$\left.\frac{\partial^2 V}{\partial q^2}\right|_{q=0}\equiv V''(0)>0 \tag{4.1.2}$$

为方便起见,选取势能的零点使在平衡点有 $V(0)=0$,对于微小振动,略去高阶小量,则在平衡点附近的一维运动拉格朗日量为

$$L=\frac{1}{2}m\dot{q}^2-\frac{1}{2}V''(0)q^2 \tag{4.1.3}$$

拉格朗日方程

$$\frac{\mathrm{d}}{\mathrm{d}t}\left(\frac{\partial L}{\partial \dot{q}}\right)-\frac{\partial L}{\partial q}=0$$

$$\ddot{q}+\omega_0^2 q=0 \tag{4.1.4}$$

其中,$\omega_0^2=\frac{V''(0)}{m}$,$m$ 是粒子质量。方程(4.1.4)式为二阶常微分齐次方程,其通解为

$$q = A\cos(\omega_0 t + \varphi) \qquad (4.1.5)$$

其中 A,φ 由初始条件 $q(0),\dot{q}(0)$ 的值确定。

如果把解在 $(q,\dot{q})$ 坐标下画出来，就是所谓相图。很显然，简谐振动的相图是一椭圆，如图 4.1 所示。

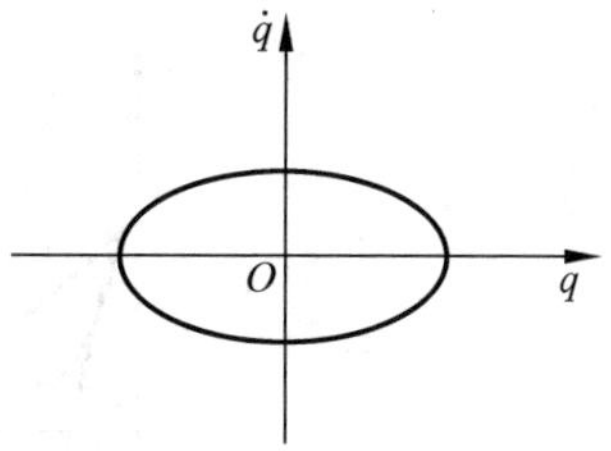

图 4.1　简谐振动的相图

4.1.2　阻尼振动

通常阻尼项正比于速度，引入常量 $2\beta>0$，则阻尼振动(damped, vibration)方程为

$$\ddot{q} + 2\beta\dot{q} + \omega_0^2 q = 0 \qquad (4.1.6)$$

设解的形式为 $q = e^{\alpha t}$，代入(4.1.6)式，求得

$$\alpha = -\beta \pm i\sqrt{\omega_0^2 - \beta^2} \qquad (4.1.7)$$

(i) 欠阻尼(under damping)，$\beta<\omega_0$

$$\omega = \sqrt{\omega_0^2 - \beta^2} \qquad (4.1.8)$$

$$q = Ae^{-\beta t}\cos(\omega t + \phi) \qquad (4.1.9)$$

(ii) 过阻尼(over damped)，$\beta>\omega_0$

$$\lambda_{\pm} = -\beta \pm \sqrt{\beta^2 - \omega_0^2} < 0 \qquad (4.1.10)$$

$$q = Ae^{-|\lambda_+|t} + Be^{-|\lambda_-|t} \qquad (4.1.11)$$

只有衰减而无振荡。

(iii) 临界阻尼(critical damping)，$\beta=\omega_0$

$$\lambda_{\pm} = -\beta = -\omega_0 \qquad (4.1.12)$$

$$q = C(1 + Dt)e^{-\beta t} \qquad (4.1.13)$$

如果我们把以上三种情形的解图示出来，就可以比较直观地了解阻尼振动。如图 4.2 所示。也可以把阻尼振动解在相图上表示，图 4.3 表示欠阻尼运动。读者可以试着画出临界和过阻尼振动相图。

(iv) 欠阻尼振动的能量损耗率

对欠阻尼情形，振动能量近似地有 $E\propto$振幅平方$\sim e^{-2\beta t}$，即

$$\frac{\dot{E}}{E} = -2\beta \qquad (4.1.14)$$

显然能量损失率与阻尼正相关。引入 $Q=\dfrac{\omega_0}{2\beta}$，就是通常所说的振动系统的品质因数，此时 Q 越大，损耗越小。

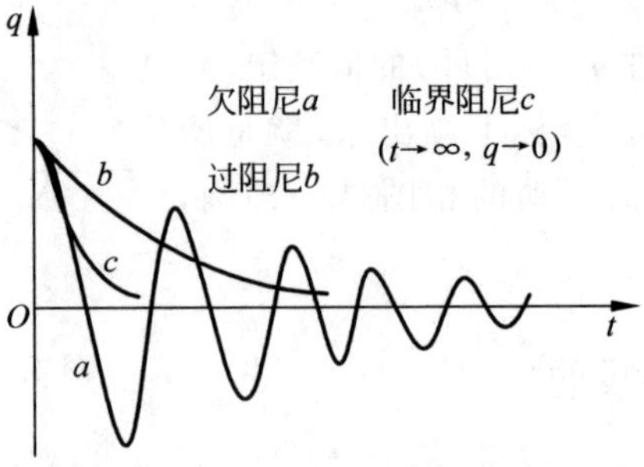

图 4.2 阻尼振动解

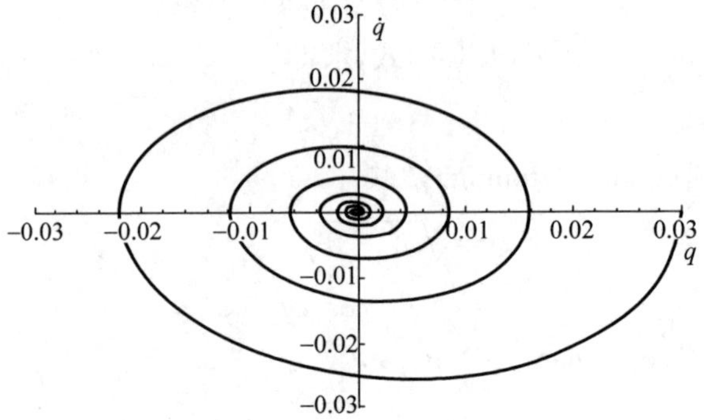

图 4.3 欠阻尼振动相图

4.2 强迫振动和非齐次常系数微分方程的解法

对于(4.1.6)式表示的阻尼振动系统,提供外驱动力,则振动方程化为

$$\ddot{q}+2\beta\dot{q}+\omega_0^2 q=F(t) \tag{4.2.1}$$

这是二阶线性非齐次方程(inhomogeneous),解的形式为

$$q=q_{通解}+q_{特解} \tag{4.2.2}$$

其中 $q_{通解}$ 就是齐次方程的通解,它与初值有关; $q_{特解}$ 是非齐次方程的特解,与方程(4.2.1)式非齐次项密切相关而与初值无关。根据不同条件,$q_{通解}$ 可能为(4.1.9)式,或者(4.1.11)式,或者(4.1.13)式。无论哪种情况,时间长了以后,由于指数衰减因子的作用,解都趋于零,因此通解称为瞬态(transient)解。问题只需求 $q_{特解}$,这个特解有时也叫稳态(steady state)解。常见的一类问题是驱动力为周期力形式,此时最简单的解法是利用傅里叶级数展开的方法。

(i) 傅里叶级数展开的方法

如果 $F(t)$是周期为 T 的函数,它的傅里叶级数展开式为

$$F(t)=\frac{f_0}{2}+\sum_{n=1}^{\infty}\left(f_n\cos\frac{2\pi nt}{T}+g_n\sin\frac{2\pi nt}{T}\right) \tag{4.2.3}$$

其中,$f_0,f_n,g_n,n=1,2,3,\cdots$为与 $F(t)$相关的已知常数。由于受周期力的驱动,(4.2.1)式的稳态解也应是周期函数,其周期与驱动力一致,因此稳态解可以表示为傅里叶级数展开

$$q(t)=\frac{a_0}{2}+\sum_{n=1}^{\infty}\left(a_n\cos\frac{2\pi nt}{T}+b_n\sin\frac{2\pi nt}{T}\right) \tag{4.2.4}$$

其中,$a_0,a_n,b_n,n=1,2,3,\cdots$为待求解系数。将(4.2.3)式和(4.2.4)式代入(4.2.1)式,比较方程两边 $\cos\frac{2\pi nt}{T}$和 $\sin\frac{2\pi nt}{T}$的系数得到

$$a_0=\frac{f_0}{\omega_0^2} \tag{4.2.5}$$

以及

$$\begin{cases}\left[\omega_0^2-\left(\frac{2\pi n}{T}\right)^2\right]a_n+2\beta\frac{2\pi n}{T}b_n=f_n\\ \left[\omega_0^2-\left(\frac{2\pi n}{T}\right)^2\right]b_n-2\beta\frac{2\pi n}{T}a_n=g_n\end{cases} \tag{4.2.6}$$

容易解得

$$a_n=\frac{f_n\left[\omega_0^2-\left(\frac{2\pi n}{T}\right)^2\right]-2\beta g_n\frac{2\pi n}{T}}{\left[\omega_0^2-\left(\frac{2\pi n}{T}\right)^2\right]^2+4\beta^2\left(\frac{2\pi n}{T}\right)^2} \tag{4.2.7}$$

$$b_n=\frac{g_n\left[\omega_0^2-\left(\frac{2\pi n}{T}\right)^2\right]+2\beta f_n\frac{2\pi n}{T}}{\left[\omega_0^2-\left(\frac{2\pi n}{T}\right)^2\right]^2+4\beta^2\left(\frac{2\pi n}{T}\right)^2} \tag{4.2.8}$$

作为例子,考查驱动力为矩形波情形,即(4.2.1)式的 $F(t)$是周期 T 的矩形波函数

$$F(t)=\begin{cases}F_0, & nT\leqslant t<nT+t_0\\ 0, & nT+t_0\leqslant t<(n+1)T\end{cases},\quad n=0,\pm1,\pm2,\pm3,\cdots \tag{4.2.9}$$

其函数图形如图 4.4 所示。容易得到矩形波的傅里叶级数展开系数为

$$\begin{cases} f_0 = \dfrac{2F_0 t_0}{T} \\ f_n = \dfrac{F_0}{\pi n}\sin\dfrac{2\pi n t_0}{T} \qquad , \quad n=1,2,3,\cdots \\ g_n = \dfrac{F_0}{\pi n}\left(1-\cos\dfrac{2\pi n t_0}{T}\right) \end{cases}$$

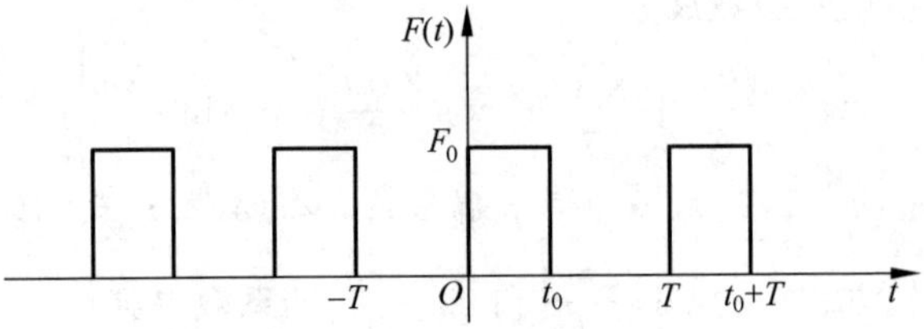

图 4.4　方波

由(4.2.5)式、(4.2.7)式和(4.2.8)式可以容易得到 $a_0, a_n, b_n, n=1,2,3,\cdots$，然后根据(4.2.4)式确定特解。

讨论一个简单而有趣的情形。当 $t_0 \to 0$，但 $F_0 t_0 \to G_0$，G_0 为常量，此时相当于每个周期给一个冲量，(4.2.3)式的傅里叶级数展开系数为

$$f_0 = f_n = \frac{2G_0}{T}, \quad g_n = 0, \quad n=1,2,3,\cdots \tag{4.2.10}$$

由(4.2.5)式、(4.2.7)式和(4.2.8)式可以容易得到

$$a_0 = \frac{2G_0}{T\omega_0^2}$$

$$a_n = \frac{\dfrac{2G_0}{T}\left[\omega_0^2 - \left(\dfrac{2\pi n}{T}\right)^2\right]}{\left[\omega_0^2 - \left(\dfrac{2\pi n}{T}\right)^2\right]^2 + 4\beta^2\left(\dfrac{2\pi n}{T}\right)^2}$$

$$b_n = \frac{4\beta G_0\dfrac{2\pi n}{T^2}}{\left[\omega_0^2 - \left(\dfrac{2\pi n}{T}\right)^2\right]^2 + 4\beta^2\left(\dfrac{2\pi n}{T}\right)^2}$$

代入(4.2.4)式，特解就确定了。

利用拉普拉斯变换也可以求特解，而且不要求非齐次项是周期函数，因此这个方法更为普遍。为此，在这里简单复习一下拉普拉斯变换。

(ii) 拉普拉斯变换

它是一种积分变换。假设有实函数 $g(t)$，作以下积分变换

$$G(p)=\int_0^{\infty} e^{-pt} g(t)\,dt \tag{4.2.11}$$

其中，$p=s+i\sigma$，s 和 σ 分别为其实部和虚部。当 $s>s_0$，(4.2.11)式的逆变换为

$$g(t)=\frac{1}{2\pi i}\int_{s-i\infty}^{s+i\infty} e^{pt} G(p)\,dp \tag{4.2.12}$$

可将此变换简单标记为 $G(p)=L[g(t)]$，而逆变换则为 $g(t)=L^{-1}[G(p)]$。容易看出这是线性变换，即

$$L[\alpha_1 g_1(t)+\alpha_2 g_2(t)]=\alpha_1 L[g_1(t)]+\alpha_2 L[g_2(t)] \tag{4.2.13}$$

常用到的变换式为

$$\frac{1}{p}=L[1] \tag{4.2.14}$$

$$\frac{\omega}{p^2+\omega^2}=L[\sin\omega t] \tag{4.2.15}$$

$$\frac{p}{p^2+\omega^2}=L[\cos\omega t] \tag{4.2.16}$$

常见的公式有

$$L[g(t-\tau)]=e^{-p\tau}L[g(t)] \tag{4.2.17}$$

$$L^{-1}[G(p-p_0)]=e^{p_0 t}g(t) \tag{4.2.18}$$

$$L[g^{(n)}(t)]=p^n L[g(t)]-p^{n-1}g(0)-\cdots p g^{(n-2)}(0)-g^{(n-1)}(0) \tag{4.2.19}$$

其中 $g^{(n)}(t)$ 表示 $g(t)$ 的 n 阶导数。比较常用的卷积定理为

$$L^{-1}[L[g_1(t)]L[g_2(t)]]=\int_0^t g_1(\tau)g_2(t-\tau)\,d\tau \tag{4.2.20}$$

(iii) 求常系数微分方程的特解

对(4.2.1)式做拉普拉斯变换。设 $L[F(t)]=G(p)$，则利用公式(4.2.19)式得到

$$p^2L[q(t)]-pq(0)-q'(0)+2\beta\{pL[q(t)]-q(0)\}+\omega_0^2L[q(t)]=G(p)$$

于是

$$L[q(t)]=\frac{G(p)+(p+2\beta)q(0)+q'(0)}{p^2+2\beta p+\omega_0^2} \tag{4.2.21}$$

通过逆变换得到

$$q(t)=L^{-1}\left[\frac{G(p)+(p+2\beta)q(0)+q'(0)}{p^2+2\beta p+\omega_0^2}\right] \tag{4.2.22}$$

若只求特解，可以忽略掉与初值相关的项，因为初始条件与特解无关，即

$$q_{特解}(t)=L^{-1}\left[\frac{G(p)}{p^2+2\beta p+\omega_0^2}\right] \tag{4.2.23}$$

尽管(4.2.23)式与初值无关,但它并非纯粹的特解,还可能包含通解或暂态解,因此还需根据物理性质进行甄别,判断是否剔除。

(iv) 共振(resonance)

对于简谐周期力

$$F(t)=F_0\cos\Omega t \tag{4.2.24}$$

利用傅里叶级数展开的方法,很容易得到特解。相当于(4.2.3)式中 $T=\frac{2\pi}{\Omega}$, $f_0=f_n=g_n=g_1=0, n=2,3,4,\cdots$,只有 $f_1=F_0$,即特解是(4.2.4)式中 $n=1$ 项,为

$$q_{特解}(t)=a_1\cos\Omega t+b_1\sin\Omega t \tag{4.2.25}$$

由(4.2.7)式和(4.2.8)式得到

$$a_1=\frac{F_0(\omega_0^2-\Omega^2)}{(\omega_0^2-\Omega^2)^2+4\beta^2\Omega^2} \tag{4.2.26}$$

$$b_1=\frac{2\beta F_0\Omega}{(\omega_0^2-\Omega^2)^2+4\beta^2\Omega^2} \tag{4.2.27}$$

(4.2.25)式～(4.2.27)式可以化简为

$$q_{特解}(t)=\frac{F_0}{\sqrt{(\Omega^2-\omega_0^2+2\beta^2)^2+4\beta^2(\omega_0^2-\beta^2)}}\cos(\Omega t-\phi) \tag{4.2.28}$$

$$\tan\phi=\frac{2\beta\Omega}{\omega_0^2-\Omega^2} \tag{4.2.29}$$

利用拉普拉斯变换也可以求解。从(4.2.16)式得知,此时

$$L[F(t)]=G(p)=\frac{pF_0}{p^2+\Omega^2} \tag{4.2.30}$$

代入(4.2.23)式,得

$$q(t)=L^{-1}\left[\frac{pF_0}{(p^2+\Omega^2)(p^2+2\beta p+\omega_0^2)}\right] \tag{4.2.31}$$

用普遍的反演公式(4.2.12)式,得

$$q(t)=\frac{1}{2\pi\mathrm{i}}\int_{s-\mathrm{i}\infty}^{s+\mathrm{i}\infty}\frac{F_0 p\,\mathrm{e}^{pt}}{(p^2+\Omega^2)(p^2+2\beta p+\omega_0^2)}\mathrm{d}p \tag{4.2.32}$$

取复平面围道,如图 4.5 所示。由于

$$\lim_{p\to\infty}\frac{F_0 p}{(p^2+\Omega^2)(p^2+2\beta p+\omega_0^2)}=0$$

根据推广的约当引理，围道上圆弧部分积分

$$\lim_{R\to\infty}\frac{1}{2\pi i}\int_{C_R}\frac{F_0 p e^{pt}}{(p^2+\Omega^2)(p^2+2\beta p+\omega_0^2)}dp=0$$

因此(4.2.32)式积分等于围道积分

$$q(t)=\frac{1}{2\pi i}\oint\frac{F_0 p e^{pt}}{(p^2+\Omega^2)(p^2+2\beta p+\omega_0^2)}dp$$

根据留数定理，围道积分可用围道内的留数计算

$$q(t)=\sum res\left\{\frac{F_0 p e^{pt}}{(p^2+\Omega^2)(p^2+2\beta p+\omega_0^2)}\right\} \tag{4.2.33}$$

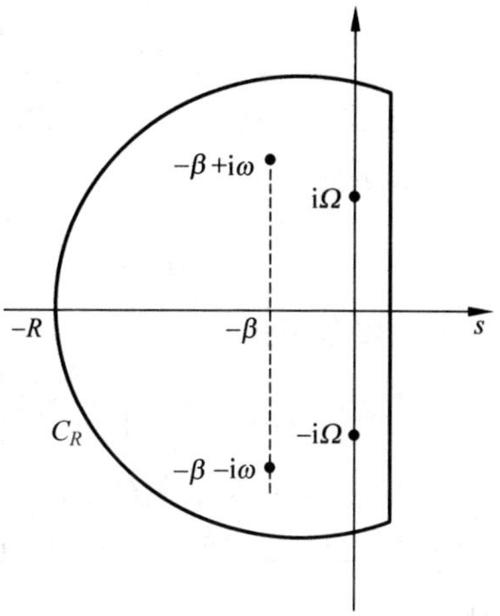

图 4.5　围道及其内部奇点

复函数 $f(z)$ 的留数与其极点(奇点)密切相关。若 $z=b$ 为函数 $f(z)$ 的 n 阶极点，则留数计算公式为

$$a_{-1}=\frac{1}{(n-1)!}\frac{d^{n-1}}{dz^{n-1}}(z-b)^n f(z)\bigg|_{z=b} \tag{4.2.34}$$

令 $\omega^2=|\omega_0^2-\beta^2|,\omega>0$。对于欠阻尼情形，$\omega_0-\beta>0$，此时容易求得围道积分被积函数的奇点在 $\pm i\Omega$ 和 $-\beta\pm i\omega$。对于临界阻尼情形，$\omega_0=\beta$，奇点在 $\pm i\Omega$ 和 $-\beta$。对于过阻尼情形，$\omega_0-\beta<0$，奇点在 $\pm i\Omega$ 和 $-\beta\pm\omega,\beta>\omega$。由于(4.2.33)式中有 e^{pt} 项，无论哪种情形，给出的留数都有随时间衰减的因子，这显然对应暂态解，对应驱动力激发的通解部分。而这里只关心特解，所以，奇点 $-\beta\pm i\omega$ 或 $-\beta\pm\omega$ 对应的留数项应舍弃，只保留两个奇点 $\pm i\Omega$ 对应的留数项，得

$$q_{特解}(t)=\frac{F_0 p e^{pt}}{(p+i\Omega)(p^2+2\beta p+\omega_0^2)}\bigg|_{p=i\Omega}+\frac{F_0 p e^{pt}}{(p-i\Omega)(p^2+2\beta p+\omega_0^2)}\bigg|_{p=-i\Omega}$$

整理得

$$q_{特解}(t)=F_0\frac{(\omega_0^2-\Omega^2)\cos\Omega t+2\beta\Omega\sin\Omega t}{(\omega_0^2-\Omega^2)^2+4\beta^2\Omega^2} \tag{4.2.35}$$

通过化简，就可以得到(4.2.28)式和(4.2.29)式。

利用卷积定理(4.2.20)式，可以更容易求解(4.2.23)式。由于 $\frac{1}{p^2+2\beta p+\omega_0^2}=\frac{1}{(p+\beta)^2+\omega_0^2-\beta^2}$。令 $\omega=\sqrt{\omega_0^2-\beta^2}$，可以是虚数也可以是实数，根据(4.2.15)式和(4.2.18)式，有

$$L^{-1}\left[\frac{1}{p^2+2\beta p+\omega_0^2}\right]=\mathrm{e}^{-\beta t}L^{-1}\left[\frac{1}{p^2+\omega^2}\right]=\mathrm{e}^{-\beta t}\ \frac{\sin\omega t}{\omega} \tag{4.2.36}$$

由(4.2.20)式，利用(4.2.36)式以及此时 $L^{-1}[G(p)]=F_0\cos\Omega t$，特解(4.2.23)式可表示为

$$q_{特解}(t)=\int_0^t \mathrm{e}^{-\beta\tau}\ \frac{\sin\omega\tau}{\omega}F_0\cos\Omega(t-\tau)\mathrm{d}\tau$$

表示为指数形式

$$q_{特解}(t)=\int_0^t \mathrm{e}^{-\beta\tau}\ \frac{\mathrm{e}^{\mathrm{i}\omega\tau}-\mathrm{e}^{-\mathrm{i}\omega\tau}}{2\mathrm{i}\omega}F_0\ \frac{\mathrm{e}^{\mathrm{i}\Omega(t-\tau)}+\mathrm{e}^{-\mathrm{i}\Omega(t-\tau)}}{2}\mathrm{d}\tau \tag{4.2.37}$$

(4.2.37)式共有四个积分项，$\mathrm{e}^{(-\beta+\mathrm{i}\omega-\mathrm{i}\Omega)\tau}$，$\mathrm{e}^{(-\beta-\mathrm{i}\omega-\mathrm{i}\Omega)\tau}$，$\mathrm{e}^{(-\beta+\mathrm{i}\omega+\mathrm{i}\Omega)\tau}$，$\mathrm{e}^{(-\beta+\mathrm{i}\omega+\mathrm{i}\Omega)\tau}$，积分结果出现随时间衰减的因子应为暂态解，舍弃。保留(4.2.37)式的其他积分结果，得到

$$q_{特解}(t)=\frac{F_0}{4\mathrm{i}\omega}\left[\left(\frac{1}{-\beta+\mathrm{i}\omega-\mathrm{i}\Omega}-\frac{1}{-\beta-\mathrm{i}\omega-\mathrm{i}\Omega}\right)\mathrm{e}^{\mathrm{i}\Omega t}+\left(\frac{1}{-\beta+\mathrm{i}\omega-\mathrm{i}\Omega}-\frac{1}{-\beta-\mathrm{i}\omega-\mathrm{i}\Omega}\right)\mathrm{e}^{-\mathrm{i}\Omega t}\right]$$

利用 $\omega^2=\omega_0^2-\beta^2$，化简得到

$$q_{特解}(t)=\frac{F_0}{2}\left(\frac{\mathrm{e}^{\mathrm{i}\Omega t}}{\omega_0^2-\Omega^2+2\beta\Omega\mathrm{i}}+\frac{\mathrm{e}^{-\mathrm{i}\Omega t}}{\omega_0^2-\Omega^2-2\beta\Omega\mathrm{i}}\right)$$

进一步化简整理就可得到(4.2.35)式。

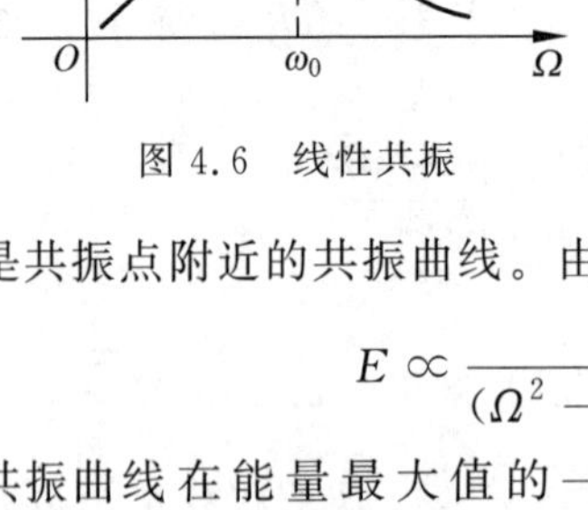

图 4.6　线性共振

由(4.2.28)式可以看到稳态解是以外驱动频率振动，但相位有滞后。当 $\omega_0^2-2\beta^2>0$ 时，如果 $\Omega=\sqrt{\omega_0^2-2\beta^2}$，振动振幅最大，这就是共振。当 $\frac{\omega_0}{2\beta}\gg 1$ 时，$\Omega\approx\omega_0$ 是共振点，最大振幅达到 $q_{\max}\approx\frac{F_0}{2\beta\omega_0}=\frac{QF_0}{\omega_0^2}$，正比于 Q 值，即 Q 越大，系统对外界响应越大。图 4.6 显示的是共振点附近的共振曲线。由于能量与振幅的平方成正比，由(4.2.28)式知

$$E\propto\frac{1}{(\Omega^2-\omega_0^2+2\beta^2)^2+4\beta^2(\omega_0^2-\beta^2)} \tag{4.2.38}$$

共振曲线在能量最大值的一半的地方宽度叫半宽度(full width at half maximum，FWHM)。当 $\frac{\omega_0}{2\beta}\gg 1$ 时，容易求得 $\frac{\Delta\omega}{\omega_0}\approx\frac{1}{Q}$，所以品质因数 Q 又是共振响应宽度的标志，它越大，共振曲线越尖锐。

4.3 非线性振动方程和微扰方法

本节主要是利用非线性振动方程讨论微扰方法，非线性方程并非本节的重点。

4.3.1 非线性齐次方程和微扰方法

考虑一质点受到非线性力的作用，如 $F=-kq+\alpha q^2$，$k>0$，忽略阻尼，此时在 $q=0$ 附近的振动方程可表示为

$$\ddot{q}+\omega_0^2 q+\varepsilon q^2=0 \tag{4.3.1}$$

这是非线性振动方程。对于初值为 $\dot{q}_0$，q_0 情形，其解容易用积分形式表示为

$$t=\pm\int\frac{\mathrm{d}q}{\sqrt{\dot{q}_0^2-\omega_0^2(q^2-q_0^2)-\dfrac{2}{3}\varepsilon(q^3-q_0^3)}}$$

这个解不能带来任何益处，因为从这个积分形式的解很难看出解的性质。

如果 ε 很小时，很容易想到方程(4.3.1)式有可能通过近似方法求解。事实上，庞加莱-林德斯泰特(Poincaré-Lindstedt)提出了微扰理论，可以利用微扰方法，给出近似解，即通过 ε 幂次项展开，逐次逼近准确解。为此，比较方便的做法是，把运动函数用 ε 幂次项展开，则

$$q=q_0+\varepsilon q_1+\varepsilon^2 q_2+\cdots \tag{4.3.2}$$

方程(4.3.1)式描述的是振动，线性运动的振动频率是 ω_0，但非线性项对系统振动频率也可能有影响，因此，频率也要用 ε 幂次项展开

$$\omega=\omega_0+\varepsilon\omega_1+\varepsilon^2\omega_2+\cdots \tag{4.3.3}$$

其中 ω_1，$\omega_2\cdots$是待定常量。实际上，(4.3.3)式是绝对必要的，非线性项对频率的影响通常不能忽略。这里 ε 可正可负。考虑到振动频率修正为(4.3.3)式，为了方便，把(4.3.1)式化为

$$\ddot{q}+\omega^2 q=(\omega^2-\omega_0^2)q-\varepsilon q^2 \tag{4.3.4}$$

为了求解方便，作一简单变换

$$\tau=\omega t+\varphi \tag{4.3.5}$$

于是，有 $q'\equiv\dfrac{\mathrm{d}q}{\mathrm{d}\tau}=\dfrac{\dot{q}}{\omega}$，$q''=\dfrac{\ddot{q}}{\omega^2}$，代入方程(4.3.4)式，得

$$q''+q=\left(1-\frac{\omega_0^2}{\omega^2}\right)q-\frac{\varepsilon}{\omega^2}q^2 \tag{4.3.6}$$

现在把(4.3.2)式和(4.3.3)式代入(4.3.6)式，按 ε 幂次项展开，得到恒等式，

再比较等式两边相同 ε 幂次系数，得到一系列方程，为

$$q''_0+q_0=0 \tag{4.3.7}$$

$$q''_1+q_1=-\frac{q_0^2}{\omega_0^2}+\frac{2\omega_1}{\omega_0}q_0 \tag{4.3.8}$$

$$q''_2+q_2=\left(\frac{2\omega_2}{\omega_0}-\frac{3\omega_1^2}{\omega_0^2}\right)q_0+\frac{2\omega_1}{\omega_0^3}q_0^2+\frac{2\omega_1}{\omega_0}q_1-\frac{2q_0q_1}{\omega_0^2} \tag{4.3.9}$$

$$\vdots$$

下面我们逐级求解上述方程。方程(4.3.7)式是谐振动，通解为

$$q_0=A\cos\tau \tag{4.3.10}$$

将(4.3.10)式代入方程(4.3.8)式，得

$$q''_1+q_1=-\frac{A^2}{2\omega_0^2}+\frac{2\omega_1}{\omega_0}A\cos\tau-\frac{A^2}{2\omega_0^2}\cos2\tau \tag{4.3.11}$$

因为通解部分包含在(4.3.10)式中，对(4.3.11)式只需求特解。对(4.3.11)式作拉普拉斯变换，舍弃初值相关项得

$$(p^2+1)L[q_1]=L\left[-\frac{A^2}{2\omega_0^2}+\frac{2\omega_1}{\omega_0}A\cos\tau-\frac{A^2}{2\omega_0^2}\cos2\tau\right]$$

因此

$$q_1=L^{-1}\left\{\frac{1}{p^2+1}L\left[-\frac{A^2}{2\omega_0^2}+\frac{2\omega_1}{\omega_0}A\cos\tau-\frac{A^2}{2\omega_0^2}\cos2\tau\right]\right\}$$

利用(4.2.15)式和卷积定理(4.2.20)式，得

$$q_1=\int_0^\tau\left(-\frac{A^2}{2\omega_0^2}+\frac{2\omega_1}{\omega_0}A\cos(\tau-\tau')-\frac{A^2}{2\omega_0^2}\cos2(\tau-\tau')\right)\sin\tau'\mathrm{d}\tau' \tag{4.3.12}$$

积分结果为

$$q_1=-\frac{A^2}{2\omega_0^2}\left(1-\frac{2}{3}\cos\tau-\frac{1}{3}\cos2\tau\right)+\frac{\omega_1A}{\omega_0}\tau\sin\tau \tag{4.3.13}$$

其中，$\tau\sin\tau$ 这个项随时间增大，是发散项，不合理。这个非物理解是(4.3.11)式中 $\cos\tau$ 这个项引起的，这个容易理解，因为这个项在(4.3.11)式引起共振发散。通过设定(4.3.11)式中 $\cos\tau$ 的系数 $\omega_1=0$，可以简单剔除这个非物理解。于是(4.3.11)式的特解为

$$q_1=-\frac{A^2}{2\omega_0^2}\left(1-\frac{2}{3}\cos\tau-\frac{1}{3}\cos2\tau\right) \tag{4.3.14}$$

将(4.3.10)式和(4.3.14)式代入(4.3.9)式，整理得

$$q''_2+q_2=\frac{2}{\omega_0}\left(\omega_2+\frac{A^2}{3\omega_0^3}\right)A\cos\tau-\frac{A^3}{3\omega_0^3}(1+\cos2\tau+\cos3\tau) \tag{4.3.15}$$

同样地，$\cos\tau$ 这个项将导致非物理解，令其系数 $\omega_2+\frac{A^2}{3\omega_0^3}=0$，即 $\omega_2=-\frac{A^2}{3\omega_0^3}$，得

$$q''_2+q_2=-\frac{A^3}{3\omega_0^3}(1+\cos2\tau+\cos3\tau) \tag{4.3.16}$$

利用卷积定理(4.2.20)式，得

$$q_2=-\frac{A^3}{3\omega_0^3}\int_0^\tau[1+\cos2(\tau-\tau')+\cos3(\tau-\tau')]\sin\tau'\mathrm{d}\tau'$$

积分结果为

$$q_2=-\frac{A^3}{3\omega_0^3}\left(1-\frac{13}{24}\cos\tau-\frac{1}{3}\cos2\tau-\frac{1}{8}\cos3\tau\right) \tag{4.3.17}$$

这样逐级逐项计算，根据(4.3.2)式和(4.3.3)式可以得到任意高阶精度的解析解。

4.3.2　受迫非线性振动和微扰方法

考虑驱动力作用下的阻尼系统，非线性项是三次方项，此时质点运动方程为

$$\ddot{q}+2\beta\dot{q}+\omega_0^2q+\varepsilon q^3=F_0\cos\omega t \tag{4.3.18}$$

这个方程也叫杜芬方程。在振幅不大的情形，可以利用微扰理论，近似求解这个方程的特解。

首先分析方程(4.3.18)式的解有什么特点。这是受迫非线性振动，驱动频率是给定的 ω，这是主要的运动倾向，因而这里的微扰方法应该与庞加莱-林德斯泰特微扰理论有些差异。先将方程(4.3.18)式写成

$$\ddot{q}+\omega^2q=-2\beta\dot{q}+(\omega^2-\omega_0^2)q-\varepsilon q^3+F_0\cos\omega t \tag{4.3.19}$$

把(4.3.19)式右边项当作微扰项。为此，在右边乘以一任意量 μ，用来把右边微扰项按幂次展开，μ 的幂次可以标记微扰展开项的级次，最后这个量要取1，即

$$\ddot{q}+\omega^2q=\mu[-2\beta\dot{q}+(\omega^2-\omega_0^2)q-\varepsilon q^3+F_0\cos\omega t] \tag{4.3.20}$$

考虑到受迫振动时系统对外驱动力响应有相位滞后效应，引入一个初相位滞后项 δ，作一简单变换

$$\tau=\omega t-\delta \tag{4.3.21}$$

与(4.3.6)式的推导类似,将(4.3.20)式变为

$$q''+q=\mu\left[-\frac{2\beta}{\omega}q'+\left(1-\frac{\omega_0^2}{\omega^2}\right)q-\frac{\varepsilon}{\omega^2}q^3+\frac{F_0}{\omega^2}\cos\omega t\right] \tag{4.3.22}$$

设关于 μ 幂次项展开为

$$q=q_0+\mu q_1+\mu^2 q_2+\cdots \tag{4.3.23}$$

而(4.3.21)式中初相位滞后 δ 也应受到右边微扰项影响,因此也要有相应的展开式

$$\delta=\delta_0+\mu\delta_1+\mu^2\delta_2+\cdots \tag{4.3.24}$$

把(4.3.23)式和(4.3.24)式代入(4.3.22)式,得到关于 μ 的逐级展开式为

$$q''_0+q_0=0 \tag{4.3.25}$$

$$q''_1+q_1=-\frac{2\beta}{\omega}q'_0+\left(1-\frac{\omega_0^2}{\omega^2}\right)q_0-\frac{\varepsilon}{\omega^2}q_0^3+\frac{F_0}{\omega^2}\cos(\tau+\delta_0) \tag{4.3.26}$$

$$q''_2+q_2=-\frac{2\beta}{\omega}q'_1+\left(1-\frac{\omega_0^2}{\omega^2}\right)q_1-\frac{3\varepsilon}{\omega^2}q_0^2q_1-\frac{F_0\delta_1}{\omega^2}\sin(\tau+\delta_0) \tag{4.3.27}$$

$$\vdots$$

对于受迫阻尼振动,通解是暂态解,随时间变化很快衰减。稳定解才是重要的,即只需求特解,与初值相关的参量可以不考虑,因此(4.3.25)式的解取最简单形式

$$q_0=A_0\cos\tau \tag{4.3.28}$$

将(4.3.28)式代入(4.3.26)式,整理得到

$$q''_1+q_1=\left(2\beta\frac{A_0}{\omega}-\frac{F_0}{\omega^2}\sin\delta_0\right)\sin\tau+\left[\left(1-\frac{\omega_0^2}{\omega^2}\right)A_0-\frac{3\varepsilon A_0^3}{4\omega^2}+\frac{F_0}{\omega^2}\cos\delta_0\right]\cos\tau-\frac{\varepsilon A_0^3}{4\omega^2}\cos3\tau \tag{4.3.29}$$

利用拉普拉斯变换求解时,容易发现 $\sin\tau$ 和 $\cos\tau$ 类似,同样会引起随时间变化而发散的项。为了避免出现非物理解,要求非齐次项中的 $\sin\tau$ 和 $\cos\tau$ 的系数为零,则

$$\sin\delta_0=\frac{2\beta A_0\omega}{F_0} \tag{4.3.30}$$

以及

$$\left(1-\frac{\omega_0^2}{\omega^2}\right)A_0-\frac{3\varepsilon A_0^3}{4\omega^2}+\frac{F_0}{\omega^2}\cos\delta_0=0 \tag{4.3.31}$$

利用(4.3.30)式和(4.3.31)式，得

$$A_0=\frac{F_0}{\sqrt{\left[(\omega^2-\omega_0^2)-\frac{3}{4}\varepsilon A_0^2\right]^2+4\omega^2\beta^2}} \tag{4.3.32}$$

即零阶量 A_0 和 δ_0 是通过更高阶方程(4.3.26)式确定的。

零级近似下，可以考查非线性受迫振动与线性受迫振动在共振点附近的行为。利用(4.3.32)式作图，发现这时共振曲线的共振峰出现倾斜，与图 4.6 相比有明显差异。图 4.7 是 $\omega_0=\varepsilon=1,\omega=\frac{2}{3}$，但阻尼力不同的两个非线性受迫振动共振曲线，与线性受迫振动共振类似，阻尼小时，其峰值大。但因为峰值是倾斜的，如果驱动频率连续变化，频率是由小变大，则曲线达到极值过程，振幅不稳定，振幅有可能突然落到右下曲线段；若频率是由大变小，则达到拐点时，振幅会突然跳上左上曲线段，振幅在共振区域有跃变现象。对于图 4.7 情形，只有通过频率逐渐增大，才可以找到共振点，反过来就会错过共振点，是否能达到共振点与过程有关，有滞后(hysteresis)现象，类似于铁磁中的磁滞现象，它是非线性引起的效应。

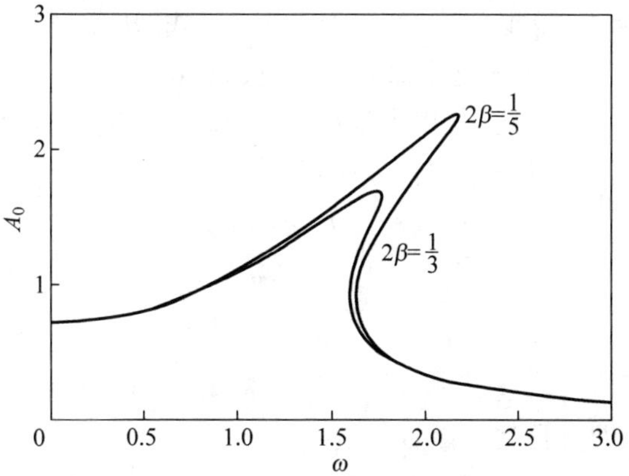

图 4.7 非线性共振

进一步计算一级近似项。利用(4.3.31)式和(4.3.32)式可以将(4.3.29)式化为

$$q_1''+q_1=-\frac{\varepsilon A_0^3}{4\omega^2}\cos 3\tau \tag{4.3.33}$$

利用卷积定理(4.2.20)式，容易得

$$q_1=-\frac{\varepsilon A_0^3}{4\omega^2}\int_0^\tau \cos 3(\tau-\tau')\sin\tau' \mathrm{d}\tau'$$

积分得

$$q_1=-\frac{\varepsilon A_0^3}{32\omega^2}(\cos\tau-\cos 3\tau) \tag{4.3.34}$$

(4.3.34)式是方程(4.3.33)式的特解，这里还要加上它的通解，得到

$$q_1=A_1\cos\tau-\frac{\varepsilon A_0^3}{32\omega^2}(\cos\tau-\cos 3\tau) \tag{4.3.35}$$

为什么这里要加通解，而(4.3.6)式的微扰计算不需要加通解呢？这是因为(4.3.6)式的微扰计算中，零级近似解(4.3.10)式中的振幅 A 是不定的，(4.3.5)式中还有一个初相位不定，以后所有高阶近似中的 $\cos\tau$ 通解项都可以合并在一起。而这里(4.3.22)式的求解，虽然只关心特解，不需要不定常数，但在各级近似式中的非齐次项总有 $\sin\tau$ 和 $\cos\tau$ 出现，类似于(4.3.13)式，这两项会导致发散项的出现，为了避免出现非物理解，其系数总要设定为零。因此在(4.3.22)式的微扰计算过程，每一级展开项中要额外加上通解项，用来消除低一级次非齐次项中的 $\sin\tau$ 和 $\cos\tau$ 项。比如，(4.3.29)式中，令 $\sin\tau$ 和 $\cos\tau$ 项系数为零，得到(4.3.30)和(4.3.31)式，从而确定 A_0 和 δ_0。同样在(4.3.35)式中加上 $\cos\tau$ 这个通解项，其振幅 A_1 和同级次的相位 δ_1 要在更高一阶的方程(4.3.27)式中，用来消除 $\sin\tau$ 和 $\cos\tau$ 项，即，使其系数为零，由此确定 A_1 和 δ_1。通过繁复的推导得到

$$A_1=\frac{\varepsilon A_0^3}{32\omega^2}+\frac{F_0\delta_1\cos\delta_0}{2\beta\omega} \tag{4.3.36}$$

$$\delta_1=\frac{3\beta\varepsilon^2 A_0^6}{32\omega F_0(2F_0+3\varepsilon A_0^3\cos\delta_0)} \tag{4.3.37}$$

代入(4.3.35)式即可得到一级近似解

$$q_1=\frac{F_0\delta_1\cos\delta_0}{2\beta\omega}\cos\tau+\frac{\varepsilon A_0^3}{32\omega^2}\cos 3\tau \tag{4.3.38}$$

利用同样的方法可以得到更高阶微扰解。

4.4 耦合谐振动

考虑左右两个谐振子中间由弹簧连接，忽略重力，形成耦合谐振动(coupled SHO pendulums)，如图 4.8 所示。

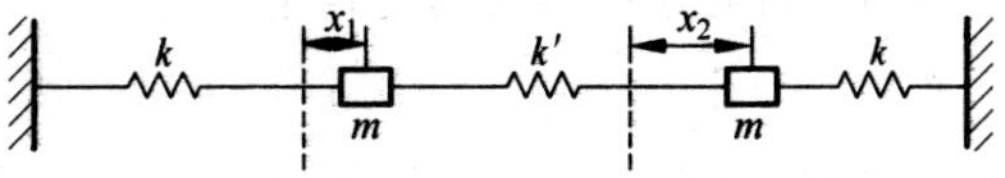

图 4.8 耦合谐振动

这是两个自由度系统，假设质点静止时弹簧都处于自然伸长状态，那么，由它的拉格朗日量 $L=T-V$ 可以求得

$$L=\frac{1}{2}m\dot{x}_1^2+\frac{1}{2}m\dot{x}_2^2-\frac{1}{2}kx_1^2-\frac{1}{2}kx_2^2-\frac{1}{2}k'(x_2-x_1)^2 \tag{4.4.1}$$

拉格朗日方程为

$$\frac{\mathrm{d}}{\mathrm{d}t}\left(\frac{\partial L}{\partial \dot{x}_1}\right)-\frac{\partial L}{\partial x_1}=0$$

$$m\ddot{x}_1+kx_1-k'(x_2-x_1)=0 \tag{4.4.2}$$

$$\frac{\mathrm{d}}{\mathrm{d}t}\left(\frac{\partial L}{\partial \dot{x}_2}\right)-\frac{\partial L}{\partial x_2}=0$$

$$m\ddot{x}_2+kx_2+k'(x_2-x_1)=0 \tag{4.4.3}$$

以上是耦合方程，不容易直接求解。利用变量替换

$$\begin{cases} q_1=x_1+x_2 \\ q_2=x_1-x_2 \end{cases} \tag{4.4.4}$$

代入(4.4.2)式和(4.4.3)式化为

$$\begin{cases} m\ddot{q}_1+kq_1=0 \\ m\ddot{q}_2+(k+2k')q_2=0 \end{cases} \tag{4.4.5}$$

容易解得

$$\begin{cases} q_1=A_1\cos(\omega_1 t+\varphi_1), \quad \omega_1=\sqrt{\dfrac{k}{m}} \\ q_2=A_2\cos(\omega_2 t+\varphi_2), \quad \omega_2=\sqrt{\dfrac{k+2k'}{m}} \end{cases} \tag{4.4.6}$$

通常称 q_1,q_2 为简正坐标，ω_1,ω_2 为简正频率，每个频率对应一种振动模式。实际振动位移是两个简谐振动的叠加

$$\begin{cases} x_1=\dfrac{q_1+q_2}{2} \\ x_2=\dfrac{q_1-q_2}{2} \end{cases} \tag{4.4.7}$$

通过这个实例，自然会问：对多个自由度的力学体系的线性耦合振动是

否可以建立一种系统的求解方法呢？答案是肯定的。

4.5 多自由度力学系统的微振动

4.5.1 势能

系统具有 s 个自由度，势能为

$$V=V(q_1,q_2,\cdots,q_s) \tag{4.5.1}$$

设平衡位置 $q_\alpha=0$，则

$$\left.\frac{\partial V}{\partial q_\alpha}\right|_{q_1,\cdots,q_s=0}=0,\quad \alpha=1,2,\cdots,s$$

泰勒展开(4.5.1)式，有

$$V=V(0,0,\cdots,0)+\frac{1}{2}\sum_{\alpha,\beta}\left(\frac{\partial^2 V}{\partial q_\alpha\partial q_\beta}\right)_0 q_\alpha q_\beta+\cdots \tag{4.5.2}$$

选择势能零点 $V(0,0,\cdots,0)=0$，令 $\upsilon_{\alpha\beta}=\left(\frac{\partial^2 V}{\partial q_\alpha\partial q_\beta}\right)_0$，则 $\upsilon_{\beta\alpha}=\upsilon_{\alpha\beta}$。对于微小振动，略去高阶小量，对于稳定平衡点总有

$$V=\frac{1}{2}\sum_{\alpha\beta}\upsilon_{\alpha\beta}q_\alpha q_\beta>0 \tag{4.5.3}$$

将系数记成矩阵

$$\upsilon=\begin{bmatrix}\upsilon_{11} & \upsilon_{12} & \cdots & \upsilon_{1s}\\ \upsilon_{21} & \upsilon_{22} & \cdots & \upsilon_{2s}\\ \vdots & \vdots & \vdots & \vdots\\ \upsilon_{s1} & \upsilon_{s2} & \cdots & \upsilon_{ss}\end{bmatrix} \tag{4.5.4}$$

显然，υ 是实对称矩阵，而且它还是正定的。

证明：实对称矩阵 A 必有一正交矩阵 U，$\widetilde{U}=U^{-1}$，使 $\widetilde{U}AU$ 对角化，对角元是矩阵 A 的本征值。运用到矩阵 υ，即存在正交矩阵 U，使 $\sum_{\alpha\beta}\widetilde{U}_{\alpha'\beta}\upsilon_{\beta\alpha}U_{\alpha\beta'}=\upsilon'_{\alpha'}\delta_{\alpha'\beta'}$，即对角化。作坐标变换 $Q_\alpha=\sum_\beta\widetilde{U}_{\alpha\beta}q_\beta$，逆变换为 $q_\alpha=\sum_\beta U_{\alpha\beta}Q_\beta$，则势能

$$\begin{aligned}V&=\frac{1}{2}\sum_{\alpha\beta\alpha'\beta'}\upsilon_{\alpha\beta}U_{\alpha\beta'}Q_{\beta'}U_{\beta\alpha'}Q_{\alpha'}=\frac{1}{2}\sum_{\alpha\beta\alpha'\beta'}\upsilon_{\alpha\beta}\widetilde{U}_{\beta'\alpha}U_{\beta\alpha'}Q_{\beta'}Q_{\alpha'}\\&=\frac{1}{2}\sum_{\alpha'\beta'}\upsilon'_{\alpha'}\delta_{\alpha'\beta'}Q_{\beta'}Q_{\alpha'}=\frac{1}{2}\sum_{\alpha'}\upsilon'_{\alpha'}Q^2_{\alpha'}>0\end{aligned}$$

由于当 q_α 不全为零时，$V>0$，所以当 Q_α 不全为零时，也有 $V>0$，但 Q_α 相互独立，要求所有 $\upsilon'_\alpha>0$，证毕。

若平衡位置为 $q_{\alpha 0}\neq 0$，只需将坐标原点平移到该点，(4.5.4)式不会有任何不同。

4.5.2　动能

假设是稳定约束，实际坐标和广义坐标之间变换不显含时间，因此有

$$\dot{\boldsymbol{r}}_i=\sum_{j=1}^{s}\frac{\partial \boldsymbol{r}_i}{\partial q_j}\dot{q}_j \tag{4.5.5}$$

动能则为速度的二次项，即

$$T=\frac{1}{2}\sum_i m_i\dot{\boldsymbol{r}}_i^2=\frac{1}{2}\sum_{\alpha,\beta}\left(\sum_i m_i\frac{\partial \boldsymbol{r}_i}{\partial q_\alpha}\frac{\partial \boldsymbol{r}_i}{\partial q_\beta}\right)\dot{q}_\alpha\dot{q}_\beta=\frac{1}{2}\sum_{\alpha,\beta}t_{\alpha\beta}\dot{q}_\alpha\dot{q}_\beta \tag{4.5.6}$$

显然 $t_{\alpha\beta}=t_{\beta\alpha}$。考虑到振动过程动能和势能相互转换，所以 $\dot{q}_\alpha$ 是与 q_α 同阶的小量。与(4.5.2)式的近似类似，这里也应该保留到二阶小量，所以 $t_{\alpha\beta}$ 只能是保留零阶，即取所有广义坐标零点的值。

$$t_{\alpha\beta}=\sum_i m_i\left(\frac{\partial \boldsymbol{r}_i}{\partial q_\alpha}\right)_0\left(\frac{\partial \boldsymbol{r}_i}{\partial q_\beta}\right)_0 \tag{4.5.7}$$

表示成矩阵形式

$$t=\begin{bmatrix} t_{11} & t_{12} & \cdots & t_{1s}\\ t_{21} & t_{22} & \cdots & t_{2s}\\ \vdots & \vdots & \vdots & \vdots\\ t_{s1} & t_{s2} & \cdots & t_{ss}\end{bmatrix} \tag{4.5.8}$$

与势能同理，因 $T>0$，t 是正定的实对称矩阵。

4.5.3　运动方程

综合(4.5.3)式和(4.5.6)式，具有 s 个自由度系统在平衡位置附近的拉格朗日量为

$$L=\frac{1}{2}\sum_{\alpha\beta}t_{\alpha\beta}\dot{q}_\alpha\dot{q}_\beta-\frac{1}{2}\sum_{\alpha\beta}\upsilon_{\alpha\beta}q_\alpha q_\beta \tag{4.5.9}$$

代入拉格朗日方程，得

$$\sum_{\beta=1}^{s}(t_{\alpha\beta}\ddot{q}_\beta+\upsilon_{\alpha\beta}q_\beta)=0,\quad \alpha=1,2,\cdots,s \tag{4.5.10}$$

4.5.4 简正频率

对(4.5.10)式试探简谐振动解

$$q_{\beta}=A_{\beta}\cos(\omega t+\varphi) \tag{4.5.11}$$

代入(4.5.10)式得

$$\sum_{\beta=1}^{s}(\upsilon_{\alpha\beta}-\omega^{2}t_{\alpha\beta})A_{\beta}=0,\quad \alpha=1,2,\cdots,s \tag{4.5.12}$$

或

$$[\upsilon-\omega^{2}t]A=0,\quad A=\begin{bmatrix}A_1\\A_2\\\vdots\\A_s\end{bmatrix} \tag{4.5.13}$$

A 有非平凡解的条件为

$$\det|\upsilon-\omega^{2}t|=0 \tag{4.5.14}$$

或

$$\begin{vmatrix}\upsilon_{11}-\omega^{2}t_{11} & \upsilon_{12}-\omega^{2}t_{12} & \cdots & \upsilon_{1s}-\omega^{2}t_{1s}\\ \upsilon_{21}-\omega^{2}t_{21} & \upsilon_{22}-\omega^{2}t_{22} & \cdots & \upsilon_{2s}-\omega^{2}t_{2s}\\ \vdots & \vdots & \vdots & \vdots\\ \upsilon_{s1}-\omega^{2}t_{s1} & \upsilon_{s1}-\omega^{2}t_{s1} & \cdots & \upsilon_{ss}-\omega^{2}t_{ss}\end{vmatrix}=0 \tag{4.5.15}$$

因 $[\upsilon-\omega^{2}t]$ 为实对称矩阵,ω^{2} 必有 s 个实根,且不能是负的。

证明:(4.5.13)式左边乘以 A 的复共轭转置 $\widetilde{A}^{*}$,则

$$\widetilde{A}^{*}[\upsilon-\omega^{2}t]A=0$$

取复共轭有

$$\widetilde{A}[\upsilon-\omega^{2*}t]A^{*}=0$$

两式相减,因 υ 和 t 实对称,$\widetilde{A}\upsilon A^{*}=\widetilde{A}^{*}\upsilon A$ 和 $\widetilde{A}tA^{*}=\widetilde{A}^{*}tA$,从而得$(\omega^{2}-\omega^{2*})\widetilde{A}tA^{*}=0$,而 $\widetilde{A}tA^{*}\neq0$,不然动能为零,所以必有 $\omega^{2}=\omega^{2*}$,即 ω^{2} 为实数。

另一方面,$\widetilde{A}^{*}[\upsilon-\omega^{2}t]A=0\Rightarrow\omega^{2}=\dfrac{\widetilde{A}^{*}\upsilon A}{\widetilde{A}^{*}tA}$,设实正交矩阵 U 使 υ 对角化,则

$$\widetilde{A}^{*}\upsilon A=\widetilde{A}^{*}U\widetilde{U}\upsilon U\widetilde{U}A=\widetilde{A}'^{*}\upsilon'A'=\sum_{\alpha}A_{\alpha}'^{*}\upsilon_{\alpha}'A_{\alpha}'=\sum_{\alpha}\upsilon_{\alpha}'|A_{\alpha}'|^{2}$$

因 υ 正定,因此 $\upsilon_{\alpha}'>0$,即 $\widetilde{A}^{*}\upsilon A>0$,同理有 $\widetilde{A}^{*}tA>0$,所以 $\omega^{2}>0$,即,ω^{2} 必有 s 个正根,证毕。

4.5.5 简正坐标

1. 简正频率非简并

设 ω 的 s 个正根为 ω_{l},方程(4.5.12)式对应的 s 个解为

$$A^{(l)},\quad l=1,2,\cdots,s$$

由于方程(4.5.12)式是线性齐次方程组,非平凡解不确定,需要其他条件。由方程(4.5.12)式有

$$[\upsilon-\omega_{l}^{2}t]A^{(l)}=0$$

$$\sum_{\beta}(\upsilon_{\alpha\beta}-\omega_{l}^{2}t_{\alpha\beta})A_{\beta}^{(l)}=0 \tag{4.5.16}$$

$$[\upsilon-\omega_{k}^{2}t]A^{(k)}=0$$

$$\sum_{\beta}(\upsilon_{\alpha\beta}-\omega_{k}^{2}t_{\alpha\beta})A_{\beta}^{(k)}=0 \tag{4.5.17}$$

将 $\sum\limits_{\alpha}A_{\alpha}^{(k)}$ 乘以(4.5.16)式与 $\sum\limits_{\alpha}A_{\alpha}^{(l)}$ 乘以(4.5.17)式后相减,利用矩阵 υ 和 t 的对称性,容易得到

$$(\omega_{l}^{2}-\omega_{k}^{2})\sum_{\alpha,\beta}A_{\alpha}^{(l)}t_{\alpha\beta}A_{\beta}^{(k)}=0 \tag{4.5.18}$$

对于 ω^{2} 的 s 个正根是非简并情形

$$l\neq k,\quad \omega_{l}^{2}\neq\omega_{k}^{2}$$

$$\sum_{\alpha,\beta}A_{\alpha}^{(l)}t_{\alpha\beta}A_{\beta}^{(k)}=0 \tag{4.5.19}$$

$l=k$ 时,令 $\sum\limits_{\alpha,\beta}A_{\alpha}^{(l)}t_{\alpha\beta}A_{\beta}^{(l)}=1$,结合(4.5.19)式有

$$\sum_{\alpha,\beta}A_{\alpha}^{(l)}t_{\alpha\beta}A_{\beta}^{(k)}=\delta_{lk} \tag{4.5.20}$$

此即正交归一条件。利用(4.5.17)式容易证明

$$\sum_{\alpha,\beta}A_{\alpha}^{(l)}\upsilon_{\alpha\beta}A_{\beta}^{(k)}=\omega_{l}^{2}\delta_{lk} \tag{4.5.21}$$

这样方程(4.5.12)式的通解可以表示为可能解的线性组合

$$q_{\beta}=\sum_{l}C_{l}A_{\beta}^{(l)}\cos(\omega_{l}t+\varphi_{l}),\quad \beta=1,2,\cdots,s \tag{4.5.22}$$

(4.5.22)式中 A 已经确定,C 则是由初始条件决定的任意系数。

对于初值问题,由(4.5.22)式,得

$$\begin{cases} q_\beta(0) = \sum_l C_l A_\beta^{(l)} \cos\varphi_l \\ \dot{q}_\beta(0) = -\sum_l C_l \omega_l A_\beta^{(l)} \sin\varphi_l \end{cases} \tag{4.5.23}$$

利用正交归一条件(4.5.20)式,得

$$\begin{cases} \sum_{\alpha\beta} A_\alpha^{(l)} t_{\alpha\beta} q_\beta(0) = C_l \cos\varphi_l \\ \sum_{\alpha\beta} A_\alpha^{(l)} t_{\alpha\beta} \dot{q}_\beta(0) = -\omega_l C_l \sin\varphi_l \end{cases} \tag{4.5.24}$$

C_l,φ_l 由初值给定。

为了看清楚振动模式,定义另一组独立坐标

$$Q_l,\quad l=1,2,\cdots,s \tag{4.5.25}$$

令

$$Q_l = C_l \cos(\omega_l t + \varphi_l),\quad l=1,2,\cdots,s \tag{4.5.26}$$

则 Q_l 为简正坐标,ω_l 为简正频率,由(4.5.22)式,得

$$q_\beta = \sum_l A_\beta^{(l)} Q_l,\quad \beta=1,2,\cdots,s \tag{4.5.27}$$

将(4.5.27)式代入(4.5.9)式,得

$$L = \frac{1}{2}\sum_\alpha (\dot{Q}_\alpha^2 - \omega_\alpha^2 Q_\alpha^2) \tag{4.5.28}$$

可以看到简正坐标实际是互不关联的简谐振动自由度,有时也称振动模式。由(4.5.20)式和(4.5.27)式,得

$$Q_k = \sum_{\alpha\beta} A_\alpha^{(k)} t_{\alpha\beta} q_\beta,\quad \beta=1,2,\cdots,s \tag{4.5.29}$$

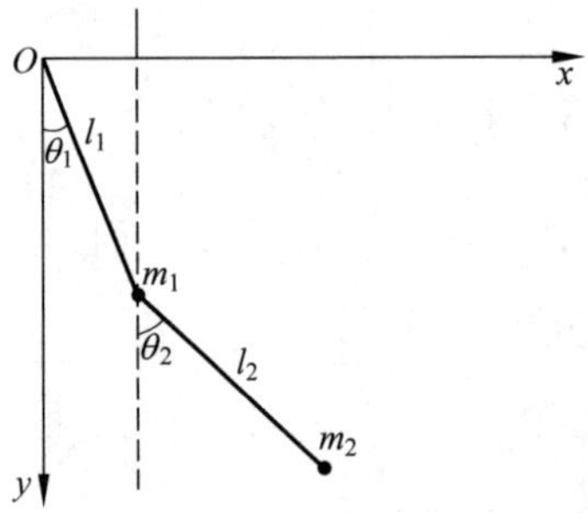

图 4.9 双摆

例 4.1 双摆。质量分别为 m_1 和 m_2 的两个质点各自固定在两个轻杆的端点,两杆在其中一个质点处是相连的,但可以自由转动,轻杆无质点的端点悬挂在 O 点,两杆可以在纸面内自由转动,如图 4.9 所示。

解:为了简便,设 $m_1=m_2=m$,$l_1=l_2=l$ 选择广义坐标 θ_1,θ_2,容易看出稳定平衡点为 $\theta_1=\theta_2=0$。

初始条件为

$$\begin{cases} \theta_1(0)=\alpha,\quad \theta_2(0)=0 \\ \dot{\theta}_1(0)=\dot{\theta}_2(0)=0 \end{cases}$$

因

$$\begin{cases} x_1 = l\sin\theta_1 \\ y_1 = l\cos\theta_1 \end{cases}, \quad \begin{cases} x_2 = l(\sin\theta_1 + \sin\theta_2) \\ y_2 = l(\cos\theta_1 + \cos\theta_2) \end{cases}$$

不显含时间，所以双摆是稳定约束。

势能：

$$V = -mgy_1 - mgy_2 = -mgl(2\cos\theta_1 + \cos\theta_2) \tag{4.5.30}$$

$$v_{\alpha\beta} = \left(\frac{\partial^2 V}{\partial\theta_\alpha \partial\theta_\beta}\right)_0, \quad v = mgl\begin{bmatrix} 2 & 0 \\ 0 & 1 \end{bmatrix} \tag{4.5.31}$$

动能：

$$T = \frac{1}{2}m(\dot{x}_1^2 + \dot{y}_1^2) + \frac{1}{2}m(\dot{x}_2^2 + \dot{y}_2^2) = \frac{1}{2}ml^2[2\dot{\theta}_1^2 + \dot{\theta}_2^2 + 2\dot{\theta}_1\dot{\theta}_2\cos(\theta_1 - \theta_2)] \tag{4.5.32}$$

$$t_{\alpha\beta} = \left(\frac{\partial^2 T}{\partial\dot{\theta}_\alpha \partial\dot{\theta}_\beta}\right)_0, \quad t = ml^2\begin{bmatrix} 2 & 1 \\ 1 & 1 \end{bmatrix} \tag{4.5.33}$$

非平凡解的条件：

$$|v - \omega^2 t| = 0$$

$$mgl\begin{vmatrix} 2-2\lambda & -\lambda \\ -\lambda & 1-\lambda \end{vmatrix} = 0 \tag{4.5.34}$$

其中 $\lambda = \frac{l}{g}\omega^2$，解得

$$\begin{cases} \omega_1 = \sqrt{\frac{g}{l}(2-\sqrt{2})} \\ \omega_2 = \sqrt{\frac{g}{l}(2+\sqrt{2})} \end{cases} \tag{4.5.35}$$

对应的解　　$A^{(1)} \Rightarrow \begin{pmatrix} \sqrt{2}-1 \\ 2-\sqrt{2} \end{pmatrix}, \quad A^{(2)} \Rightarrow \begin{pmatrix} -\sqrt{2}-1 \\ 2+\sqrt{2} \end{pmatrix}$

利用(4.5.20)式正交归一条件，

$$A^{(1)} = \frac{1}{l\sqrt{2m(2+\sqrt{2})}}\begin{pmatrix} 1 \\ \sqrt{2} \end{pmatrix}, \quad A^{(2)} = \frac{1}{l\sqrt{2m(2-\sqrt{2})}}\begin{pmatrix} -1 \\ \sqrt{2} \end{pmatrix} \tag{4.5.36}$$

$$\begin{pmatrix} \theta_1 \\ \theta_2 \end{pmatrix} = C_1 A^{(1)}\cos(\omega_1 t + \varphi_1) + C_2 A^{(2)}\cos(\omega_2 t + \varphi_2) \tag{4.5.37}$$

利用(4.5.29)式得到振动模式

$$Q_1 = l\sqrt{\frac{m(1+\sqrt{2})}{2\sqrt{2}}}(\sqrt{2}\theta_1 + \theta_2)$$

$$Q_2 = l\sqrt{\frac{m(\sqrt{2}-1)}{2\sqrt{2}}}(-\sqrt{2}\theta_1 + \theta_2)$$

由初始条件

$$\dot{\theta}_1(0) = \dot{\theta}_2(0) = 0 \quad \Rightarrow \quad \varphi_1 = \varphi_2 = 0$$

$$\theta_1(0) = \alpha, \quad \theta_2(0) = 0 \quad \Rightarrow \quad \begin{cases} C_1 = \alpha l\sqrt{m\dfrac{2+\sqrt{2}}{2}} \\ C_2 = -\alpha l\sqrt{m\dfrac{2-\sqrt{2}}{2}} \end{cases}$$

代入(4.5.37)式得

$$\begin{cases} \theta_1 = \dfrac{1}{2}\alpha(\cos\omega_1 t + \cos\omega_2 t) \\ \theta_2 = \dfrac{1}{\sqrt{2}}\alpha(\cos\omega_1 t - \cos\omega_2 t) \end{cases} \tag{4.5.38}$$

2. 简正频率简并(模式退化)

如果方程(4.5.14)式或(4.5.15)式有重根或多重根,称为简正频率简并或模式退化,即两种或多种模式有相同的简正频率。此时仍旧可以选择(4.5.20)式正交归一条件。以下通过例题说明简并情形如何确定简正坐标。

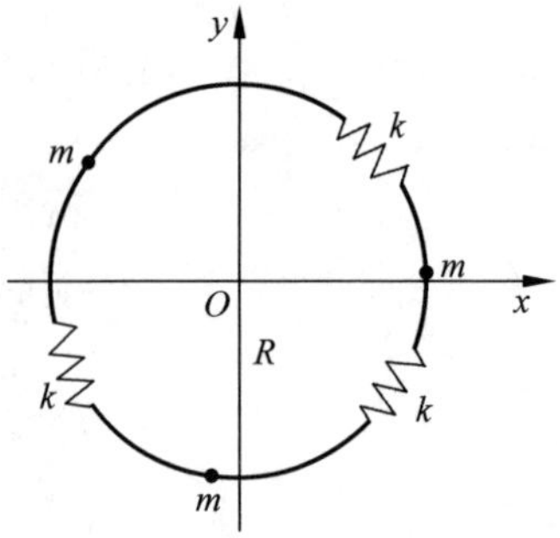

图 4.10　圆环上弹簧振子

例 4.2　如图 4.10 所示,用弹簧连接的三个质点在圆环上可自由运动。平衡位置为 $\theta_1 = 0, \theta_2 = \dfrac{2\pi}{3}, \theta_3 = \dfrac{4\pi}{3}$。

解法 1:引入新的坐标

$$q_1 = R\theta_1, \quad q_2 = R\left(\theta_2 - \frac{2\pi}{3}\right), \quad q_3 = R\left(\theta_3 - \frac{4\pi}{3}\right)$$

平衡点 $q_1 = q_2 = q_3 = 0$

动能:

$$T = \frac{1}{2}m(\dot{q}_1^2 + \dot{q}_2^2 + \dot{q}_3^2)$$

$$t = m\begin{bmatrix}1 & 0 & 0\\0 & 1 & 0\\0 & 0 & 1\end{bmatrix} \tag{4.5.39}$$

势能：

$$V = \frac{1}{2}k[(q_2 - q_1)^2 + (q_2 - q_3)^2 + (q_3 - q_1)^2]$$

$$\upsilon = k\begin{bmatrix}2 & -1 & -1\\-1 & 2 & -1\\-1 & -1 & 2\end{bmatrix} \tag{4.5.40}$$

非平凡解的条件：

$$|\upsilon - \omega^2 t| = 0 \quad \Rightarrow \quad \begin{vmatrix}2-\lambda & -1 & -1\\-1 & 2-\lambda & -1\\-1 & -1 & 2-\lambda\end{vmatrix} = 0 \quad \Rightarrow \quad \begin{cases}\lambda_1 = 0\\ \lambda_2 = \lambda_3 = 3\end{cases}$$

即 $\omega_1 = 0, \omega_2 = \omega_3 = \sqrt{\dfrac{3k}{m}} = \omega$

$\omega_1 = 0$ 对应的并非振动，其解为 $A^{(1)} \Rightarrow \begin{pmatrix}1\\1\\1\end{pmatrix}$

后两个简正频率简并，其解不确定 $A_1^{(i)} + A_2^{(i)} + A_3^{(i)} = 0, i = 2,3$

最简单的，令其中一个解为 $A_1^{(2)} = 0$，则 $A^{(2)} \Rightarrow \begin{pmatrix}0\\1\\-1\end{pmatrix}$

并要求正交归一条件(4.5.20)式仍成立，则

$$A^{(1)} = \frac{1}{\sqrt{3m}}\begin{pmatrix}1\\1\\1\end{pmatrix}, \quad A^{(2)} = \frac{1}{\sqrt{2m}}\begin{pmatrix}0\\1\\-1\end{pmatrix}, \quad A^{(3)} = \frac{1}{\sqrt{6m}}\begin{pmatrix}-2\\1\\1\end{pmatrix} \tag{4.5.41}$$

$$\begin{pmatrix}q_1\\q_2\\q_3\end{pmatrix} = C_1 A^{(1)}(t + \varphi_1) + C_2 A^{(2)}\cos(\omega t + \varphi_2) + C_3 A^{(3)}\cos(\omega t + \varphi_3)$$

其中 $C_1, C_2, C_3, \varphi_1, \varphi_2, \varphi_3$ 由初始条件定。

由(4.5.29)式得到

$$Q_1 = \sqrt{\frac{m}{3}}(q_1 + q_2 + q_3), \quad Q_2 = \sqrt{\frac{m}{2}}(q_2 - q_3), \quad Q_3 = \sqrt{\frac{m}{6}}(-2q_1 + q_2 + q_3)$$

如图 4.11 所示分别为三种模式。

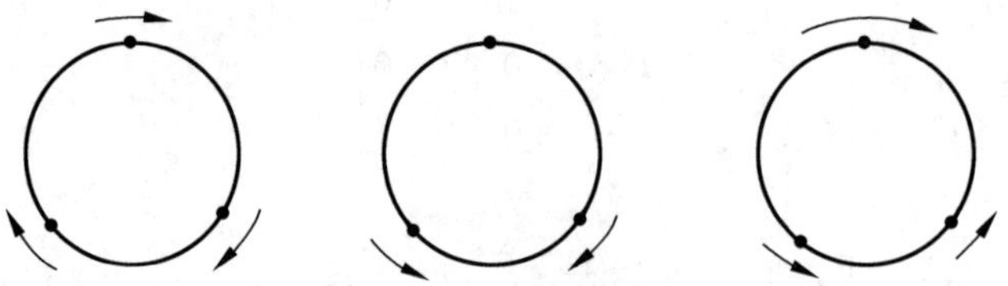

图 4.11　振动模式

二重根意味着后两种不同模式，振动方式不同但按同一频率振动。第一个模式不是振动，是定向转动，应可以通过坐标选择事先去掉这部分运动。

解法 2：选新坐标 $Q_1=q_1, Q_2=q_2-q_1, Q_3=q_3-q_1$

动能

$$T=\frac{1}{2}m(\dot{q}_1^2+\dot{q}_2^2+\dot{q}_3^2)=\frac{1}{2}m[3\dot{Q}_1^2+\dot{Q}_2^2+\dot{Q}_3^2+2\dot{Q}_1(\dot{Q}_2+\dot{Q}_3)]$$

势能

$$V=\frac{1}{2}k[(q_1-q_2)^2+(q_2-q_3)^2+(q_3-q_1)^2]=\frac{1}{2}k[Q_2^2+(Q_2-Q_3)^2+Q_3^2]$$

由此可见，Q_1 是循环坐标，对应的正则共轭动量守恒

$$P_1=\frac{\partial L}{\partial \dot{Q}_1}=m(3\dot{Q}_1+\dot{Q}_2+\dot{Q}_3)=m(\dot{q}_1+\dot{q}_2+\dot{q}_3)=\text{const.}$$

这其实就是角动量守恒。利用罗斯形式

$$L'=L-\dot{Q}_1P_1$$

代入共轭动量

$$L'=\frac{1}{3}m(\dot{Q}_2^2+\dot{Q}_3^2-\dot{Q}_2\dot{Q}_3)+\frac{1}{3}P_1(\dot{Q}_2+\dot{Q}_3)-\frac{P_1^2}{6m}+V$$

动能和势能矩阵只考虑二次项即可，因此

$$v=k\begin{bmatrix}2 & -1\\ -1 & 2\end{bmatrix},\quad t=\frac{1}{3}m\begin{bmatrix}2 & -1\\ -1 & 2\end{bmatrix}$$

非平凡解的条件给出

$$\left(1-\frac{\lambda}{3}\right)^2=0,\quad \lambda=3$$

这个重根对应两个振动模式。由于这是重根，对应的本征矢量任意。任选其中的某一矢量为$\begin{pmatrix}1\\0\end{pmatrix}$，要求正交条件(4.5.20)式仍成立，则得到另一个矢量为$\begin{pmatrix}1\\2\end{pmatrix}$。根据(4.5.29)式得到

$$Q'_1 \propto 2Q_2 - Q_3 = 2q_2 - q_1 - q_3$$
$$Q'_2 \propto Q_3 = q_3 - q_1$$

这分别对应前面方法得到的第三种运动模式和第二种运动模式。

如果某一本征矢量另选为$\begin{pmatrix} 1 \\ -1 \end{pmatrix}$，则根据正交条件(4.5.20)式，另一个矢量为$\begin{pmatrix} 1 \\ 1 \end{pmatrix}$，这时

$$Q'_1 \propto Q_2 - Q_3 = q_2 - q_3$$
$$Q'_2 \propto Q_2 + Q_3 = q_2 + q_3 - 2q_1$$

分别对应前面方法得到的第二种运动模式和第三种运动模式。所以，尽管本征矢量的选择是任意的，但对应的运动模式却是确定的。

练习题

4.1　质量为 m 的粒子，势能为 $V(r) = -re^{-r/r_0}$，$r_0 > 0$，求其平衡位置，并说明它是稳定平衡点。

4.2　一质量为 M，半径为 R 的圆环在重力作用下绕固定点 O 在其平面内作小振动，如图 4.12 所示。求振动频率。

4.3　两弹簧劲度系数均为 k，自然长度均为 l，两者之间连一质量 m 的物体，弹簧的另两端固定在铅直方向的上下两点，使物体只能沿着铅直方向运动，如图 4.13 所示。求系统的通解。

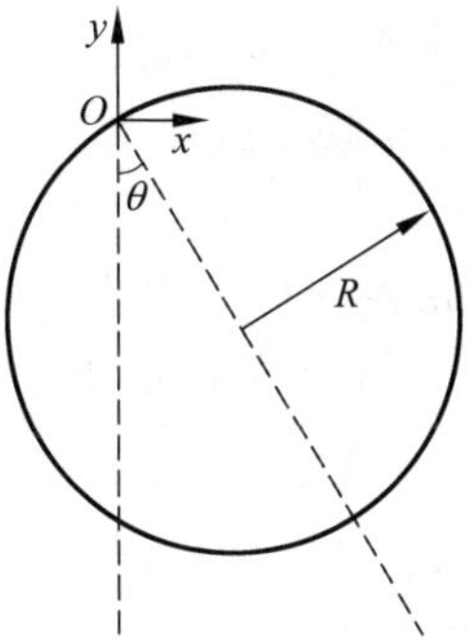

图 4.12　练习题 4.2 用图

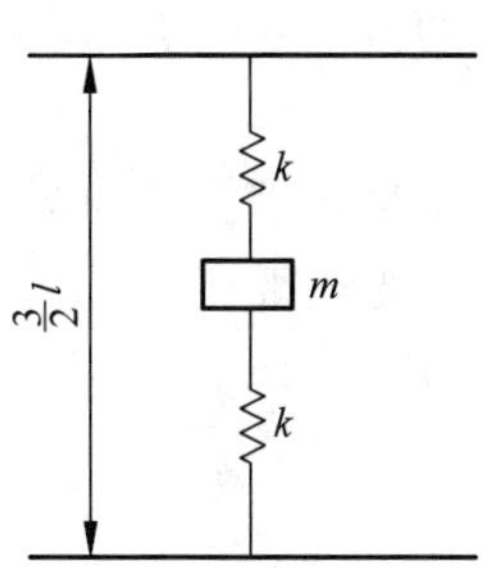

图 4.13　练习题 4.3 用图

4.4　原子之间的相互作用可用勒纳-琼斯势近似 $V(r) = \dfrac{A}{r^{12}} - \dfrac{B}{r^6}$，其中

$A>0,B>0$。由此计算氧分子中两原子的平衡距离以及振动频率（氧原子质量为 m）。

4.5 氧分子内氧原子之间的相互作用势为勒纳-琼斯势 $V(r)=\frac{A}{r^{12}}-\frac{B}{r^6}$，其中 $A>0,B>0$。假设可以利用经典力学研究氧分子运动，而振动能量远大于转动能量的近似下（若是量子情形，振动能级间隔远大于转动能级间隔），计算氧原子的运动轨迹（氧原子质量为 m）。

4.6 由电容 C，电感 L 和电阻 R 组成一串联电路。

(1) 给出激发欠阻尼振荡电流的条件；

(2) 求欠阻尼振荡电流的频率；

若串接交流电源 $V=V_0\cos\omega t$ 供电，

(3) 计算共振频率；

(4) 求系统的品质因数；

(5) 计算共振曲线的半高宽。

4.7 非线性振动方程为 $\ddot{q}+\omega_0^2 q+\varepsilon q^3=0$，若振动角度不太大，将非线性项作为微扰项，利用微扰近似方法给出二阶精度的近似解。

4.8 单摆振动方程为 $\ddot{\theta}+\frac{g}{l}\sin\theta=0$，若振动角度不太大，利用微扰近似方法给出二阶精度的近似解，包括周期的二阶精度修正。

4.9 单摆（质量 m，摆长 l）振幅不太大时，考虑空气阻力（$-\gamma v$），应为阻尼振动。对于欠阻尼情形，假设单摆初始从静止开始释放，利用微扰近似方法给出二阶精度的近似解。

4.10 单摆（质量 m，摆长 l）在驱动力 $f=F_0\cos\omega t$ 作用下，作摆幅不太大的振动。假设空气阻力为（$-\gamma v$），利用微扰近似方法给出 二阶精度的近似解。

4.11 水星轨道进动问题是由广义相对论解决的。由于水星运动速度相比真空中的光速很小，因此广义相对论的效应可以等效为对牛顿万有引力定律的修正，即

$$V(r)=-\frac{k}{r}+\frac{\alpha}{r^3}$$

其中 α 是小量，利用微扰近似方法，给出二阶精度近似下水星近日点在一个轨道周期的进动角度。

4.12 一自然伸长 l_0、劲度系数 k 的弹簧悬挂在 O 点，弹簧只能伸缩，不能弯曲。另一端连着质量 m 的质点，如图 4.14 所示。质点限制在某一铅垂

面内运动,质点运动幅度不大。

(1) 利用小幅运动近似,给出简化的运动方程;

(2) 求系统简正频率和简正振动模式。

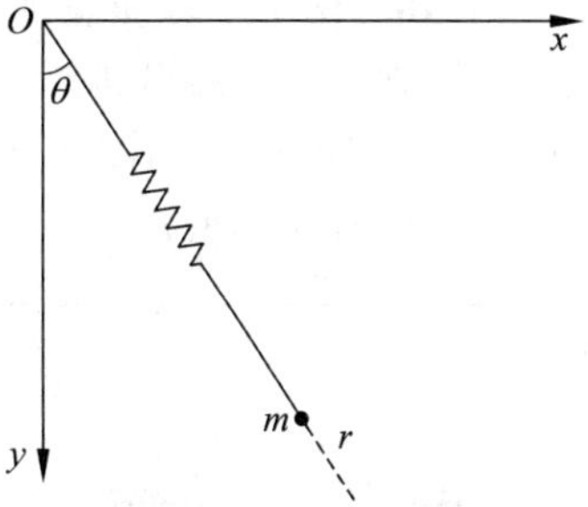

图 4.14 练习题 4.12 用图

4.13 二氧化碳分子经典模型如图 4.15 所示,平衡时原子在一直线上。只考虑原子在直线上运动的模式,求分子的简正频率和简正振动模式。

4.14 水分子经典模型如图 4.16 所示。只考虑夹角不变的运动,求分子的简正频率和简正振动模式。

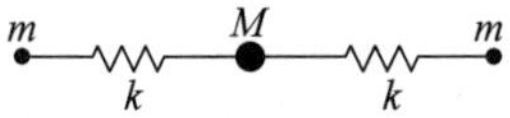

图 4.15 练习题 4.13 用图

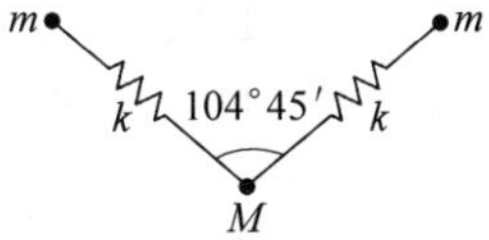

图 4.16 练习题 4.14 用图

4.15 一耦合摆作小振动,如图 4.17 所示,两个小球质量都是 m,系在长度都是 l 的轻杆,小球之间用劲度系数为 k 的弹簧相连,弹簧的自然长度与两个悬点 O,O'之间的距离相同,系统限于两个轻杆自然下垂的铅直平面内运动。两球初始静止,一球在平衡位置,另一球则拉到 $\theta_2=\alpha$,求解系统。

4.16 两质点由弹簧连接,如图 4.18 所示,质点只可沿箭头方向振动。当两个弹簧 k_1 自然伸长时,弹簧 k_2 也恰好是自然伸长,求系统的通解。

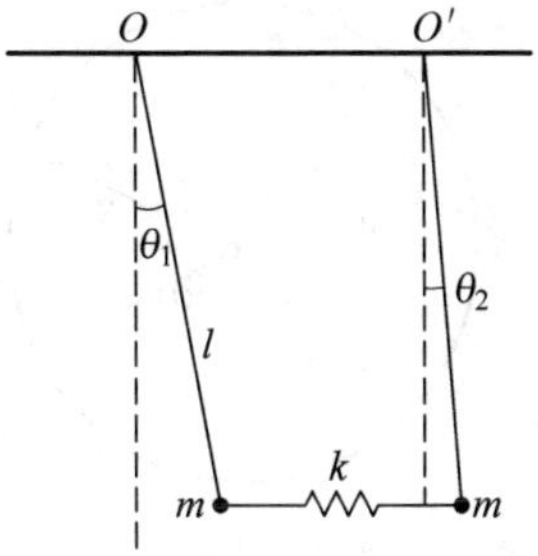

图 4.17 练习题 4.15 用图

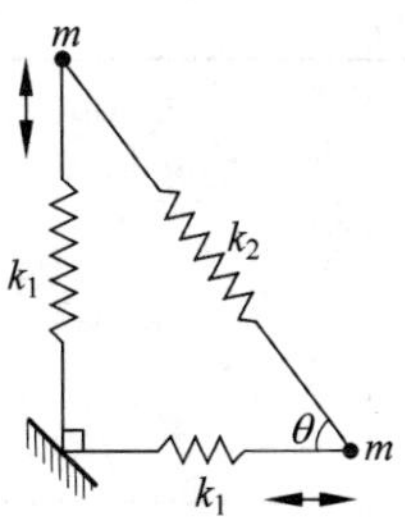

图 4.18 练习题 4.16 用图

4.17 两弹簧劲度系数均为 k,自然长度均为 l,之间连一质量 m 的物体,两端固定在铅直方向的上下两点。用劲度系数 k'、自然长度同为 l 的弹簧连接另一同样的系统,如图 4.19 所示。开始两物体横向距离刚好是物体之间弹簧的自然伸长,假设物体限制在纸面内运动,求解系统。

4.18 两个小球质量都是 m，系在自然伸长都是 l_0 的劲度系数为 k 的弹簧一端，弹簧另一端分别悬挂在 O，O'，两球之间用长度为 l 的轻杆相连，O，O'间距刚好也是 l，如图 4.20 所示。若系统限于两个轻杆自然下垂的铅直平面内运动，且作小振动，求解系统。

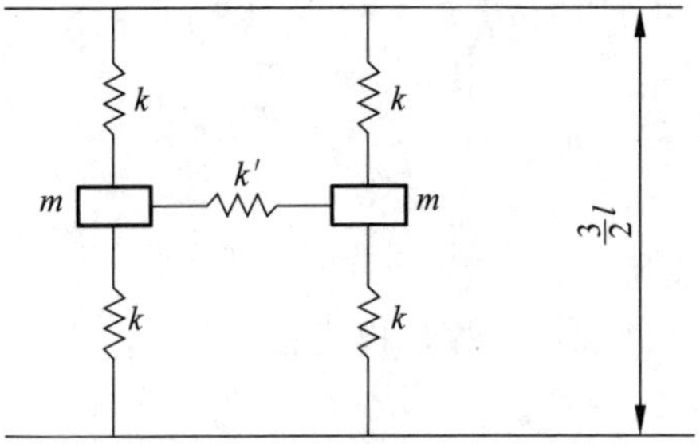

图 4.19 练习题 4.17 用图

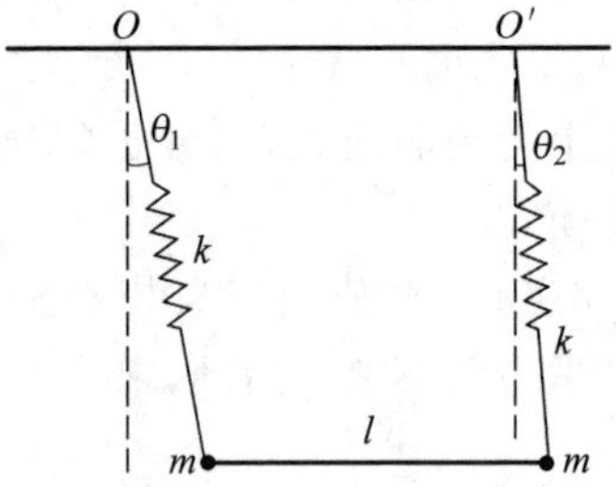

图 4.20 练习题 4.18 用图

4.19 两个自然伸长都是 l_0 的劲度系数为 k 的弹簧一端分别悬挂在 O，O'，弹簧另一端用长度为 l、质量 m 的匀质杆相连，O，O'间距刚好也是 l，如图 4.21 所示。若系统限于匀质杆自然下垂的铅直平面内运动，且作小振动，求解系统。

4.20 一质量为 M，半径为 R 的光滑圆环上，有一质量为 m 的珠子沿之滑动，若环在重力作用下绕固定点 O 在其平面内作小振动，如图 4.22 所示。开始 $\dot{\theta}=\dot{\varphi}=0$，$\theta=-\varphi=\alpha$，求解运动系统。

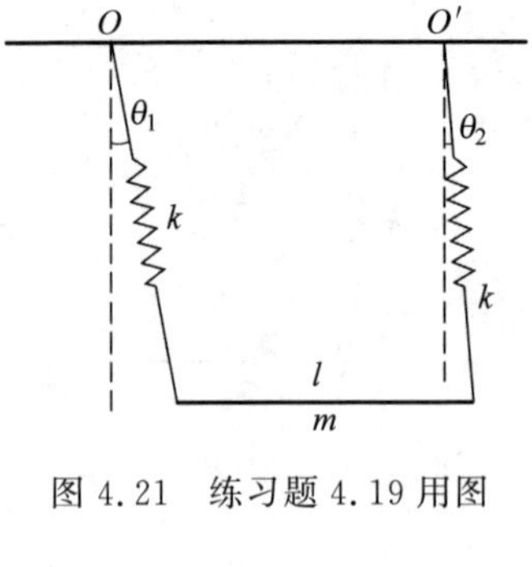

图 4.21 练习题 4.19 用图

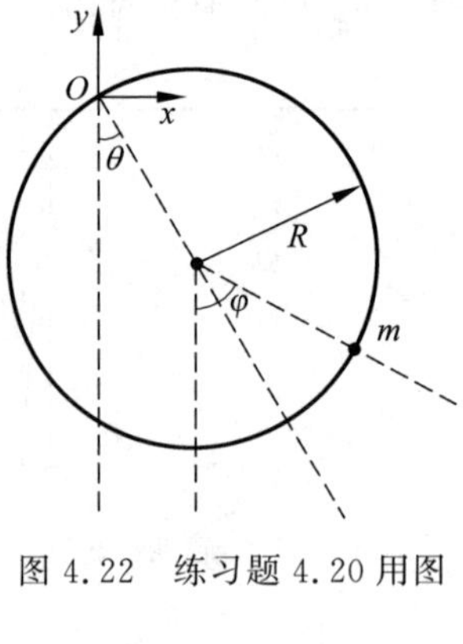

图 4.22 练习题 4.20 用图

第 5 章　刚体绕定点的转动

5.1　刚体及其运动

5.1.1　角速度

刚体是指在外力作用下，其任意两质点间距离始终保持不变的物体或质点组。由于刚体上任意两点间的距离不随时间变化，刚体上任意两点的速度矢量在其连线上的投影相等。亦即：刚体上任意两点间的相对运动只可能垂直于连线。数学证明更简洁。

对刚体上任意两点 i 和 j，其位置矢量分别为 $\boldsymbol{r}_i$ 和 $\boldsymbol{r}_j$，则 $|\boldsymbol{r}_i-\boldsymbol{r}_j|=\text{const.}$ 成立，因此 $\boldsymbol{r}_{ij}^2=\text{const.}\xrightarrow{\text{时间导数}}2\boldsymbol{r}_{ij}\cdot\dot{\boldsymbol{r}}_{ij}=0$，若 $\dot{\boldsymbol{r}}_{ij}\neq 0$，则必有相对速度 $\boldsymbol{v}_{ij}=\dot{\boldsymbol{r}}_{ij}\perp\boldsymbol{r}_{ij}$。

若刚体只作平动，则各点运动的速度相同，必有 $\dot{\boldsymbol{r}}_{ij}=0$。若 $\dot{\boldsymbol{r}}_{ij}\neq 0$ 意味着刚体必还伴随着转动。此时既然 $\boldsymbol{v}_{ij}=\dot{\boldsymbol{r}}_{ij}\perp\boldsymbol{r}_{ij}$，就可引入一个矢量 $\boldsymbol{\omega}_{ij}$，使得 $\boldsymbol{v}_{ij}=\boldsymbol{\omega}_{ij}\times\boldsymbol{r}_{ij}$，这个矢量必定和转动有关，且具有 $[T]^{-1}$ 的量纲。实际上引入的矢量 $\boldsymbol{\omega}_{ij}$ 就是角速度，其方向由右手螺旋定则确定。角速度矢量是一个轴矢量（与极矢量镜像对称性不同），与无限小转动角度对应。有限角度的转动不能构成矢量，因为它无法满足加法的交换律。

角速度矢量对刚体的任何点都是同一个值。证明：考虑刚体上另一点 k，则

$$\begin{cases}\boldsymbol{v}_{ij}=\boldsymbol{\omega}_{ij}\times\boldsymbol{r}_{ij}\\ \boldsymbol{v}_{jk}=\boldsymbol{\omega}_{ik}\times\boldsymbol{r}_{ik}\\ \boldsymbol{v}_{ik}=\boldsymbol{\omega}_{jk}\times\boldsymbol{r}_{jk}\end{cases}\quad\text{和}\quad\begin{cases}\boldsymbol{v}_{jk}=\boldsymbol{v}_{ik}-\boldsymbol{v}_{ij}\\ \boldsymbol{r}_{jk}=\boldsymbol{r}_{ik}-\boldsymbol{r}_{ij}\end{cases}$$

合在一起，容易得到

$$\boldsymbol{\omega}_{jk}\times(\boldsymbol{r}_{ik}-\boldsymbol{r}_{ij})=\boldsymbol{\omega}_{ik}\times\boldsymbol{r}_{ik}-\boldsymbol{\omega}_{ij}\times\boldsymbol{r}_{ij}$$

两边点积 $\boldsymbol{r}_{ij}$，整理得

$$(\boldsymbol{\omega}_{jk}-\boldsymbol{\omega}_{ik})\cdot(\boldsymbol{r}_{ik}\times\boldsymbol{r}_{ij})=0$$

由于 $\boldsymbol{r}_{ik}$，$\boldsymbol{r}_{ij}$ 任意，故 $\boldsymbol{\omega}_{jk}=\boldsymbol{\omega}_{ik}$。同理，容易证明 $\boldsymbol{\omega}_{jk}=\boldsymbol{\omega}_{ij}$。由于 i、j、k 点任意，故刚体上任何一点角速度都是一样的。事实上，由于刚体不变形，转动都是整体的，因此角速度是属于整个刚体的物理量，简单地记为 $\boldsymbol{\omega}_{jk}=\boldsymbol{\omega}_{ik}=\boldsymbol{\omega}_{ij}\equiv\boldsymbol{\omega}$ 即可。

5.1.2　运动描述

刚体的运动通常可分为平动、定轴转动、平面平行运动、定点转动和一般运动。最一般地，刚体的任意运动是平动和转动的叠加，这就是沙勒(Chasles)定理。刚体的平动可以选一个代表点(刚体上任意点)描述，其他点相对这个代表点的运动其实是转动。这个代表点的不同选择从运动学的角度来看是完全等价的(虽然代表点的不同选择可能导致颇为不相同的平动)，然而从动力学的角度来看，选质点组的质心为代表点将使动力学方程得到简化，因而往往优先选用。就转动部分而言，绕定点的转动是最一般的情况，定轴转动显然是其特殊情况。

在定轴转动情形，经常用类比的方法处理，即它与一维平动运动规律相对应，但这种类比不能任意推广到定点转动。典型的例子是，自由平动物体的速度不变，但自由定点转动刚体的角速度有可能随时间变化；平动物体的动量与速度同向，但一般刚体运动的角速度与角动量经常是不同向的。原因是转动与平动有本质的差异，平动惯性相关的是质量标量，而与转动惯性相关的是转动惯量张量。

5.1.3　速度和加速度

刚体上任意点的速度和加速度，可以通过平动和转动的叠加得到。作平动的刚体，任一点的线速度是相同的，任一点的线加速度也是相同的。因此可以用代表点的速度和加速度来描述整个刚体的速度和加速度。对于转动的刚体，刚体上任意两点间相对速度 $\boldsymbol{v}_{ij}=\boldsymbol{\omega}\times\boldsymbol{r}_{ij}$。若 O 是固定点，刚体上任意点相对该固定点的位置为 $\boldsymbol{r}_i$，则其线速度为

$$\boldsymbol{v}_i=\dot{\boldsymbol{r}}_i=\boldsymbol{\omega}\times\boldsymbol{r}_i \tag{5.1.1}$$

它与作定轴转动的刚体上任一点的线速度的表达式是一致的，两者的差别仅在于：作定轴转动的刚体的转动轴既固定于空间，又固定于刚体，定点转动刚体的转动轴可以随时间而变动，一般只有瞬时转动轴，没有固定的转动轴。瞬时转动轴上所有点的速度在某个时刻都是零，因此该时刻角速度方向沿着

瞬时轴。(5.1.1)式还适用于常模矢量 $\boldsymbol{A}$(固定于刚体即以$\boldsymbol{\omega}$ 转动而且长度不变的矢量,其始点不限于在固定点,也不限于量纲为长度):

$$\frac{\mathrm{d}\boldsymbol{A}}{\mathrm{d}t}=\boldsymbol{\omega}\times\boldsymbol{A} \tag{5.1.2}$$

或算符关系:

$$\frac{\mathrm{d}}{\mathrm{d}t}=\boldsymbol{\omega}\times \tag{5.1.3}$$

例如,假设 $\boldsymbol{i},\boldsymbol{j},\boldsymbol{k}$ 为本体坐标系的坐标轴单位矢量

$$\frac{\mathrm{d}\boldsymbol{i}}{\mathrm{d}t}=\boldsymbol{\omega}\times\boldsymbol{i} \tag{5.1.4}$$

同理,对 $\boldsymbol{j},\boldsymbol{k}$ 也有类似关系。

如果参考点 O 不是固定点(可以是刚体中的任意点),$\boldsymbol{r}_o$ 不是常矢量,$\dot{\boldsymbol{r}}_o=\boldsymbol{v}_0$,则其他点速度为

$$\boldsymbol{v}=\boldsymbol{v}_0+\boldsymbol{\omega}\times\boldsymbol{r}_i \tag{5.1.5}$$

(5.1.5)式也可以从 $\boldsymbol{r}=\boldsymbol{r}_o+\boldsymbol{r}_i$,通过求导 $\dot{\boldsymbol{r}}=\dot{\boldsymbol{r}}_o+\dot{\boldsymbol{r}}_i$ 得到。对(5.1.5)式再求一次时间导数,O 点加速度设为 $\boldsymbol{a}_0=\dot{\boldsymbol{v}}_0$,就得到加速度公式为

$$\boldsymbol{a}=\boldsymbol{a}_0+\dot{\boldsymbol{\omega}}\times\boldsymbol{r}_i+\boldsymbol{\omega}\times\dot{\boldsymbol{r}}_i=\boldsymbol{a}_0+\dot{\boldsymbol{\omega}}\times\boldsymbol{r}_i+\boldsymbol{\omega}\times(\boldsymbol{\omega}\times\boldsymbol{r}_i) \tag{5.1.6}$$

5.2 欧拉定理

刚体的平动部分由其选定的代表点的运动来描述,为了集中于刚体转动的研究,这里简单假设代表点为固定点。

考虑两个参考系,一个是实验室参考系,另一个是固定在刚体随刚体一起运动的参考系,称为本体参考系。K' 是实验室参考系上的固定坐标系,K 是本体坐标系,固定于刚体,其坐标原点选为固定点,此时刚体绕固定点转动,也就是本体坐标绕原点作定点转动。

假设有一矢量 $\boldsymbol{A}$,在实验室系坐标分量为(A_1',A_2',A_3'),在本体坐标系的分量为(A_1,A_2,A_3),这里及以后,角标 1,2,3 分别标记 x,y,z。而矢量不会随坐标系变化,所以有

$$A_1'\boldsymbol{i}'+A_2'\boldsymbol{j}'+A_3'\boldsymbol{k}'=A_1\boldsymbol{i}+A_2\boldsymbol{j}+A_3\boldsymbol{k} \tag{5.2.1}$$

两边分别点乘以 $\boldsymbol{i}$、$\boldsymbol{j}$、$\boldsymbol{k}$,得到用矩阵表示的本体坐标系和实验室系之间的坐标分量关系

$$\begin{bmatrix}A_1\\A_2\\A_3\end{bmatrix}=\begin{bmatrix}\boldsymbol{i}'\cdot\boldsymbol{i} & \boldsymbol{j}'\cdot\boldsymbol{i} & \boldsymbol{k}'\cdot\boldsymbol{i}\\ \boldsymbol{i}'\cdot\boldsymbol{j} & \boldsymbol{j}'\cdot\boldsymbol{j} & \boldsymbol{k}'\cdot\boldsymbol{j}\\ \boldsymbol{i}'\cdot\boldsymbol{k} & \boldsymbol{j}'\cdot\boldsymbol{k} & \boldsymbol{k}'\cdot\boldsymbol{k}\end{bmatrix}\begin{bmatrix}A_1'\\A_2'\\A_3'\end{bmatrix} \tag{5.2.2}$$

或

$$\boldsymbol{A} = \boldsymbol{U}\boldsymbol{A}' \tag{5.2.3}$$

这个变换矩阵 $\boldsymbol{U}$ 是正交矩阵。

证明：在(5.2.2)式中对调带撇(′)和不带撇(′)的矢量位置，则得到 $\boldsymbol{A}' = \widetilde{\boldsymbol{U}}\boldsymbol{A}$，代入(5.2.3)式得 $\boldsymbol{A} = \boldsymbol{U}\widetilde{\boldsymbol{U}}\boldsymbol{A}$，或把(5.2.3)式代入得 $\boldsymbol{A}' = \widetilde{\boldsymbol{U}}\boldsymbol{U}\boldsymbol{A}'$，由于 $\boldsymbol{A}$ 和 $\boldsymbol{A}'$都是任意矢量，所以必然有

$$\widetilde{\boldsymbol{U}}\boldsymbol{U} = \boldsymbol{U}\widetilde{\boldsymbol{U}} = 1 \tag{5.2.4}$$

即

$$\widetilde{\boldsymbol{U}} = \boldsymbol{U}^{-1} \tag{5.2.5}$$

$\boldsymbol{U}$ 是正交矩阵。又由(5.2.2)式知 $\boldsymbol{U}$ 是实正交矩阵。

由于本体参考系相对实验室系转动，因此 $\boldsymbol{U}$ 矩阵作用于矢量，相当于是对该矢量的转动操作，矢量本身并没有变化，只是矢量的分量发生改变(矢量还是原来的矢量，坐标系转动了，相对于坐标系矢量转动了)。利用 $\boldsymbol{U}$ 矩阵的正交性容易得到：

$$|\boldsymbol{A}'|^2 = \widetilde{\boldsymbol{A}}'\boldsymbol{A}' = \widetilde{\boldsymbol{A}}\boldsymbol{U}\widetilde{\boldsymbol{U}}\boldsymbol{A} = \widetilde{\boldsymbol{A}}\boldsymbol{A} = |\boldsymbol{A}|^2$$

也就是矢量经过转动，其模大小不变。这当然是矢量不随坐标系变化的自然结果。

对于正交矩阵，行列式 $\det(\widetilde{U}U) = \det(\widetilde{U})\det(U) = \det(U)^2 = 1$，因此有 $\det[U] = \pm 1$。对于刚体，任何定点转动，总是由很小的转动连续累加而成，而无穷小转动的极限是不转，即对应单位矩阵，所以无穷小转动对应的变换矩阵很接近单位矩阵，其行列式不可能突然跃变为-1，即对应刚体的真实转动，都是一系列行列式值为 1 的变换矩阵累积的结果，所以

$$\det[U] = 1 \tag{5.2.6}$$

$\det[U] = -1$ 实际对应空间反演转动。

变换矩阵 $\boldsymbol{U}$ 的本征方程为

$$UX = \lambda X \tag{5.2.7}$$

其中，λ 为本征值，X 为本征矢。本征值可由行列式方程求解

$$\det[U - \lambda I] = 0 \tag{5.2.8}$$

其中 I 是单位矩阵。将(5.2.8)式展开来写容易得到

$$-\lambda^3 + b\lambda^2 + c\lambda + 1 = 0 \tag{5.2.9}$$

其中用到了(5.2.6)式，而 b、c 是与 U 的矩阵元有关的实系数。实系数三次方程必然至少有一个实根(三次函数值域是从负无穷到正无穷，必然要至少通过实轴一次)。假设这个实根为 α，则根据三次方程的韦达定理容易证明另

两个根互为复共轭 ξ,ξ^*(包含两个复数根都是实数的情形)，且 $\alpha\xi\xi^*=1$。假设实根 α 对应的本征矢为 B，则本征方程为 $UB=\alpha B$，左侧代表对 B 矢量的转动，这个矢量经过转动变成 α 倍。而矢量经过转动模不变，因此这个 α 只可能是 ±1。而两个复共轭根乘在一起一定大于零，因此必然只能 $\alpha=1$，且 $\xi\xi^*=1$。可令 $\xi=\mathrm{e}^{\mathrm{i}\varphi}$，$0\leqslant\varphi<2\pi$。

先讨论 $\varphi\neq0,\pi$ 的情形。若本征值 $\mathrm{e}^{\mathrm{i}\varphi}$ 对应的本征矢为 C，由(5.2.7)式得到

$$UB=B \tag{5.2.10}$$

$$UC=\mathrm{e}^{\mathrm{i}\varphi}C \tag{5.2.11}$$

$$UC^*=\mathrm{e}^{-\mathrm{i}\varphi}C^* \tag{5.2.12}$$

(5.2.10)式取转置，得 $\widetilde{B}\widetilde{U}=\widetilde{B}$，左右两边分别乘到(5.2.11)式得到 $\widetilde{B}C=\mathrm{e}^{\mathrm{i}\varphi}\widetilde{B}C$，显然 $\widetilde{B}C=0$。同理有 $\widetilde{B}C^*=0$。矢量 B 的三个分量都是实数。另构造两个实数分量的矢量

$$\begin{aligned}C_1&=C+C^*\\C_2&=\mathrm{i}(C-C^*)\end{aligned} \tag{5.2.13}$$

显然有 $\widetilde{B}C_1=\widetilde{B}C_2=0$，即矢量 B 与矢量 C_1 和 C_2 都正交。(5.2.10)式～(5.2.12)式中 B、C 和 C^* 对应于齐次线性方程组的解，每个本征矢的三个分量都有一个不定参数，可以应用归一化条件确定，即令 $\widetilde{B}B=\widetilde{C}C=\widetilde{C}^*C^*=1$。此时容易证明 $\widetilde{C}_1C_2=0$。因此三个实数分量的矢量 B、C_1 和 C_2 相互正交。由(5.2.11)式～(5.2.13)式容易推得

$$\begin{aligned}UC_1&=\cos\varphi C_1+\sin\varphi C_2\\UC_2&=-\sin\varphi C_1+\cos\varphi C_2\end{aligned} \tag{5.2.14}$$

以上数学结果可以直观理解：$UB=B$，相当于经过转动矢量 B 的分量没有变化，意味着此时矩阵 U 对应的转动，一定是绕与矢量 B 共线的轴的转动。而(5.2.14)式表示 C_1 和 C_2 两个正交矢量绕矢量 B 转了 φ 角(与直角坐标系绕 z 轴转动 φ 角的结果类似)。

若 $\varphi=\pi$，$\xi=\xi^*=-1$，两个本征值简并，可以直接要求两个本征矢正交。若 $\varphi=0$，三个本征值简并，直接要求三个本征矢相互正交，当然此时对应无转动或者转一周情形。两种特殊情形与 φ 取一般值情形结论无异。

综合上面的讨论我们得到欧拉定理：刚体的任何定点转动等价于绕某一给定轴的转动。

5.3 描写刚体转动的广义坐标——欧拉角

根据欧拉定理,可以用 2 个方位角确定某一轴的方向,然后另外 1 个角表示绕该轴的转动角度,这样 3 个角度完全确定刚体的方位,亦即 3 个角度完全描述刚体的定点转动。或者,刚体的定点转动有 3 个自由度,刚好可以由 3 个角度代表的广义坐标所描述。比较典型的方法是利用 3 个欧拉角(Euler angles)表示,如图 5.1 所示。

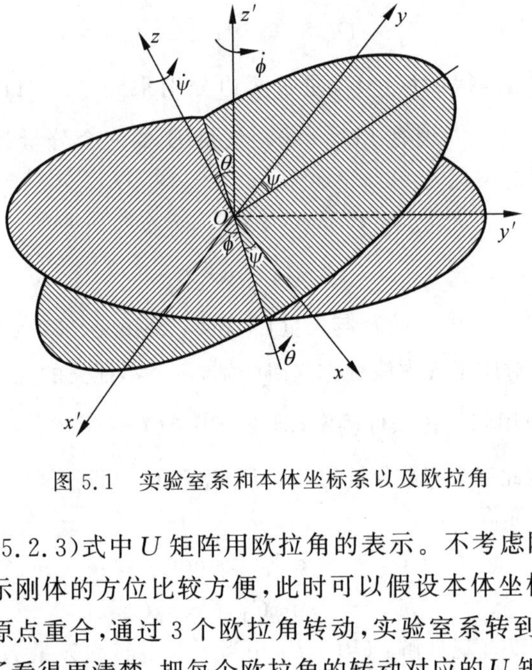

图 5.1　实验室系和本体坐标系以及欧拉角

下面讨论(5.2.3)式中 U 矩阵用欧拉角的表示。不考虑刚体平动的情况下用欧拉角表示刚体的方位比较方便,此时可以假设本体坐标系的原点与实验室坐标系的原点重合,通过 3 个欧拉角转动,实验室系转到本体坐标系,即 $K \Rightarrow UK'$。为了看得更清楚,把每个欧拉角的转动对应的 U 矩阵分解出来,最后得到合并转动 U 矩阵。

1. 绕 z 轴转 ϕ 角($0 \leqslant \phi < 2\pi$)

ϕ 称为进动角,这时得到新的坐标系 K_1,此时

$$\boldsymbol{i}' \cdot \boldsymbol{i}_1 = \cos\phi, \quad \boldsymbol{i}' \cdot \boldsymbol{j}_1 = -\sin\phi$$

$$\boldsymbol{j}' \cdot \boldsymbol{i}_1 = \sin\phi, \quad \boldsymbol{j}' \cdot \boldsymbol{j}_1 = \cos\phi,$$

$$\boldsymbol{k}' \cdot \boldsymbol{k} = 1, \quad \text{其余为零}$$

由(5.2.2)式和(5.2.3)式得到对应的转动矩阵

$$U_1 = \begin{bmatrix} \cos\phi & \sin\phi & 0 \\ -\sin\phi & \cos\phi & 0 \\ 0 & 0 & 1 \end{bmatrix} \tag{5.3.1}$$

2. 绕 K_1 的 x 轴转 $\theta(0\leqslant\theta\leqslant\pi)$

θ 称为章动角，再得到另一个新的坐标系为 K_2，此时

$$\boldsymbol{i}_1 \cdot \boldsymbol{i}_2 = 1,$$

$$\boldsymbol{j}_1 \cdot \boldsymbol{j}_2 = \cos\theta,\quad \boldsymbol{j}_1 \cdot \boldsymbol{k}_2 = -\sin\theta$$

$$\boldsymbol{k}_1 \cdot \boldsymbol{j}_2 = \sin\theta,\quad \boldsymbol{k}_1 \cdot \boldsymbol{k}_2 = \cos\theta,\quad \text{其余为零}$$

对应的转动矩阵为

$$U_2 = \begin{bmatrix} 1 & 0 & 0 \\ 0 & \cos\theta & \sin\theta \\ 0 & -\sin\theta & \cos\theta \end{bmatrix} \tag{5.3.2}$$

3. 绕 K_2 的 z 轴转 $\psi(0\leqslant\psi<2\pi)$

ψ 称为自转角，从而得到本体坐标系 K，此时转动矩阵与(5.3.1)式类似，只是 ϕ 换成 ψ，对应的转动矩阵为

$$U_3 = \begin{bmatrix} \cos\psi & \sin\psi & 0 \\ -\sin\psi & \cos\psi & 0 \\ 0 & 0 & 1 \end{bmatrix} \tag{5.3.3}$$

三种转动连续作用 $K' \to K_1 \to K_2 \to K$，结果为

$$K_1 \Rightarrow U_1 K',\quad K_2 \Rightarrow U_2 K_1,\quad K \Rightarrow U_3 K_2 \to$$

$$K \Rightarrow UK' \tag{5.3.4}$$

将(5.3.1)式、(5.3.2)式和(5.3.3)式代入整理得

$$U = U_3 U_2 U_1$$

$$= \begin{bmatrix} \cos\phi\cos\psi - \sin\phi\cos\theta\sin\psi & \sin\phi\cos\psi + \cos\phi\cos\theta\sin\psi & \sin\theta\sin\psi \\ -\cos\phi\sin\psi - \sin\phi\cos\theta\cos\psi & -\sin\phi\sin\psi + \cos\phi\cos\theta\cos\psi & \sin\theta\cos\psi \\ \sin\phi\sin\theta & -\cos\phi\sin\theta & \cos\theta \end{bmatrix} \tag{5.3.5}$$

其中 ϕ,θ,ψ 分别是 3 个欧拉角。

5.4　欧拉运动学方程

刚体的任何转动都可以通过 3 个欧拉角的转动实现。对于刚体绕瞬时轴无限小角度转动，可以通过 3 个无限小欧拉角的转动达到，这样刚体的角速度

实际上可以用 3 个欧拉角的变化率描述。无限小欧拉角的转动方向，类似于角速度方向的定义方式，按右手螺旋定则，则根据欧拉角的几何意义，角速度可以表示为

$$\boldsymbol{\omega}=\dot{\phi}\boldsymbol{k}'+\dot{\theta}\boldsymbol{i}_1+\dot{\psi}\boldsymbol{k}=\dot{\phi}\boldsymbol{k}_1+\dot{\theta}\boldsymbol{i}_1+\dot{\psi}\boldsymbol{k}_2 \tag{5.4.1}$$

这里 $\dot{\phi}$ 称为刚体对实验室系 z 轴进动角速度，$\dot{\theta}$ 称为章动角速度，$\dot{\psi}$ 称为自转角速度。(5.4.1)式的分量也可以用矩阵表示为

$$\omega=\begin{bmatrix}\dot{\theta}\\0\\\dot{\phi}\end{bmatrix}_{K_1}+\begin{bmatrix}0\\0\\\dot{\psi}\end{bmatrix}_{K_2} \tag{5.4.2}$$

其中列矩阵的下角标表示分量是在该坐标系。刚体转动角速度矢量与坐标系的选择无关，但其分量与坐标系有关。对于实验室坐标系 K'，角速度分量用带撇量表示，并忽略列矩阵的下角标 $\omega=\begin{bmatrix}\omega'_1\\\omega'_2\\\omega'_3\end{bmatrix}$。由(5.3.4)式取逆变换 $K'\Rightarrow\widetilde{U}_1K_1$，$K_1\Rightarrow\widetilde{U}_2K_2$，应用于(5.4.2)式得

$$\begin{bmatrix}\omega'_1\\\omega'_2\\\omega'_3\end{bmatrix}=\widetilde{U}_1\begin{bmatrix}\dot{\theta}\\0\\\dot{\phi}\end{bmatrix}+\widetilde{U}_1\widetilde{U}_2\begin{bmatrix}0\\0\\\dot{\psi}\end{bmatrix}=\begin{bmatrix}\dot{\theta}\cos\phi+\dot{\psi}\sin\phi\sin\theta\\\dot{\theta}\sin\phi-\dot{\psi}\cos\phi\sin\theta\\\dot{\phi}+\dot{\psi}\cos\theta\end{bmatrix} \tag{5.4.3}$$

对于本体坐标系 K，角速度分量用不带撇量表示，并忽略列矩阵的下角标 $\omega=\begin{bmatrix}\omega_1\\\omega_2\\\omega_3\end{bmatrix}$。由(5.3.4)式 $K_2\Rightarrow U_2K_1$，$K\Rightarrow U_3K_2$，应用于(5.4.2)式得

$$\begin{bmatrix}\omega_1\\\omega_2\\\omega_3\end{bmatrix}=U_3U_2\begin{bmatrix}\dot{\theta}\\0\\\dot{\phi}\end{bmatrix}+U_3\begin{bmatrix}0\\0\\\dot{\psi}\end{bmatrix}=\begin{bmatrix}\dot{\theta}\cos\psi+\dot{\phi}\sin\psi\sin\theta\\-\dot{\theta}\sin\psi+\dot{\phi}\cos\psi\sin\theta\\\dot{\phi}\cos\theta+\dot{\psi}\end{bmatrix} \tag{5.4.4}$$

事实上，(5.4.3)式和(5.4.4)式就是欧拉运动学方程，并由矩阵 U 相联系。由(5.3.4)式 $K\Rightarrow UK'$，显然应该有

$$\begin{bmatrix}\dot{\theta}\cos\psi+\dot{\phi}\sin\psi\sin\theta\\-\dot{\theta}\sin\psi+\dot{\phi}\cos\psi\sin\theta\\\dot{\phi}\cos\theta+\dot{\psi}\end{bmatrix}=U\begin{bmatrix}\dot{\theta}\cos\phi+\dot{\psi}\sin\phi\sin\theta\\\dot{\theta}\sin\phi-\dot{\psi}\cos\phi\sin\theta\\\dot{\phi}+\dot{\psi}\cos\theta\end{bmatrix} \tag{5.4.5}$$

5.5 刚体的转动惯量张量

1. 本体坐标系原点选在刚体质心时的转动惯量张量

设实验室参考系 K'为惯性参考系，实验室系刚体质心位矢为 $\boldsymbol{R}$，本体坐标系 K 的原点选在质心，刚体角速度为$\boldsymbol{\omega}$，刚体上任意点 i 的坐标为

$$\boldsymbol{r}'_i=\boldsymbol{R}+\boldsymbol{r}_i \tag{5.5.1}$$

速度为

$$\boldsymbol{v}'_i=\dot{\boldsymbol{R}}+\boldsymbol{v}_i=\dot{\boldsymbol{R}}+\boldsymbol{\omega}\times\boldsymbol{r}_i \tag{5.5.2}$$

则刚体的动能为 $T=\frac{1}{2}\sum\limits_i\Delta m_i\boldsymbol{v}'^2_i$，将(5.5.2)式代入后整理(或利用柯尼格(König)定理)得

$$T=\frac{1}{2}M\dot{\boldsymbol{R}}^2+\frac{1}{2}\sum_i\Delta m_i(\boldsymbol{\omega}\times\boldsymbol{r}_i)^2 \tag{5.5.3}$$

前一项为平动动能，后一项为刚体转动动能。进一步简化转动动能项

$$T_{\mathrm{rot}}=\frac{1}{2}\sum_i\Delta m_i[(\boldsymbol{\omega}\times\boldsymbol{r}_i)\times\boldsymbol{\omega}]\cdot\boldsymbol{r}_i \tag{5.5.4}$$

利用公式$(\boldsymbol{A}\times\boldsymbol{B})\times\boldsymbol{C}=\boldsymbol{B}(\boldsymbol{A}\cdot\boldsymbol{C})-\boldsymbol{A}(\boldsymbol{B}\cdot\boldsymbol{C})$，(5.5.4)式化为

$$T_{\mathrm{rot}}=\frac{1}{2}\sum_i\Delta m_i[\boldsymbol{\omega}^2\boldsymbol{r}_i^2-(\boldsymbol{\omega}\cdot\boldsymbol{r}_i)^2]$$

分量展开整理得

$$\begin{aligned}
T_{\mathrm{rot}}&=\frac{1}{2}\sum_i\Delta m_i\left[\left(\sum_{\alpha=1}^{3}\omega_\alpha^2\right)r_i^2-\left(\sum_{\alpha=1}^{3}\omega_\alpha r_{i\alpha}\right)\left(\sum_{\beta=1}^{3}\omega_\beta r_{i\beta}\right)\right]\\
&=\frac{1}{2}\sum_i\Delta m_i\left[\left(\sum_{\alpha,\beta}\omega_\alpha\omega_\beta\delta_{\alpha\beta}\right)r_i^2-\sum_{\alpha,\beta}\omega_\alpha r_{i\alpha}\omega_\beta r_{i\beta}\right]\\
&=\frac{1}{2}\sum_{\alpha,\beta}\omega_\alpha\omega_\beta\left[\sum_i\Delta m_i(r_i^2\delta_{\alpha\beta}-r_{i\alpha}r_{i\beta})\right]
\end{aligned} \tag{5.5.5}$$

再来计算刚体的角动量

$$\boldsymbol{J}'=\sum_i\boldsymbol{r}'_i\times\boldsymbol{p}'_i=\sum_i\Delta m_i(\boldsymbol{r}'_i\times\boldsymbol{v}'_i) \tag{5.5.6}$$

代入(5.5.1)式和(5.5.2)式，整理得

$$\boldsymbol{J}'=M\boldsymbol{R}\times\dot{\boldsymbol{R}}+\sum_i\Delta m_i\boldsymbol{r}_i\times(\boldsymbol{\omega}\times\boldsymbol{r}_i) \tag{5.5.7}$$

第一项为质心角动量；第二项为相对质心的角动量 $\boldsymbol{J}$，可进一步改写成

$$\boldsymbol{J}=\sum_i\Delta m_i[r_i^2\boldsymbol{\omega}-\boldsymbol{r}_i(\boldsymbol{\omega}\cdot\boldsymbol{r}_i)] \tag{5.5.8}$$

写成分量的形式

$$J_\alpha=\sum_i \Delta m_i\left[r_i^2\omega_\alpha-r_{i\alpha}\left(\sum_\beta \omega_\beta r_{i\beta}\right)\right]=\sum_\beta\left[\sum_i \Delta m_i(r_i^2\delta_{\alpha\beta}-r_{i\alpha}r_{i\beta})\right]\omega_\beta \tag{5.5.9}$$

考查(5.5.5)式和(5.5.9)式有一共同项,实际是二阶对称张量,称为转动惯量张量

$$I_{\alpha\beta}=\sum_i \Delta m_i(r_i^2\delta_{\alpha\beta}-r_{i\alpha}r_{i\beta})=I_{\beta\alpha},\quad \alpha,\beta=1,2,3 \tag{5.5.10}$$

于是动能(5.5.5)式和角动量(5.5.9)式分别可简写为

$$T_{\mathrm{rot}}=\frac{1}{2}\sum_{\alpha,\beta}\omega_\alpha I_{\alpha\beta}\omega_\beta \tag{5.5.11}$$

$$J_\alpha=\sum_\beta I_{\alpha\beta}\omega_\beta \tag{5.5.12}$$

或把 $I_{\alpha\beta}$ 写成方矩阵 $\overleftrightarrow{I}$ 的形式为

$$\overleftrightarrow{I}=\begin{bmatrix}\sum_i \Delta m_i(y_i^2+z_i^2) & -\sum_i \Delta m_i x_i y_i & -\sum_i \Delta m_i z_i x_i\\ -\sum_i \Delta m_i x_i y_i & \sum_i \Delta m_i(z_i^2+x_i^2) & -\sum_i \Delta m_i y_i z_i\\ -\sum_i \Delta m_i z_i x_i & -\sum_i \Delta m_i y_i z_i & \sum_i \Delta m_i(x_i^2+y_i^2)\end{bmatrix} \tag{5.5.13}$$

转动惯量张量对角元是对应转轴的转动惯量(下一节将详细讨论),而非对角元称为惯量积。这是一个二阶张量,所以又称二阶惯量张量(second-rank moment of inertia tensor)。

在三维空间,n 阶张量由 3^n 个分量组成,在空间转动下按一定的规则进行变换。标量是零阶张量,矢量是一阶张量,而二阶张量在不致引起混淆时往往简称张量。

一阶张量可用行矩阵或列矩阵来表示。例如,矢量$\boldsymbol{\omega}$ 可表示为一阶列矩阵$\omega=\begin{bmatrix}\omega_1\\ \omega_2\\ \omega_3\end{bmatrix}$,其转置矩阵为 $\tilde{\omega}=[\omega_1\quad \omega_2\quad \omega_3]$。于是动能(5.5.11)式可用矩阵乘积表示

$$T_{\mathrm{rot}}=\frac{1}{2}\tilde{\omega}\overleftrightarrow{I}\omega=\frac{1}{2}[\omega_1\quad \omega_2\quad \omega_3]\begin{bmatrix}I_{11} & I_{12} & I_{13}\\ I_{21} & I_{22} & I_{23}\\ I_{31} & I_{32} & I_{33}\end{bmatrix}\begin{bmatrix}\omega_1\\ \omega_2\\ \omega_3\end{bmatrix} \tag{5.5.14}$$

角动量(5.5.12)式可用点积表示为

$$\boldsymbol{J}=\overleftrightarrow{I}\cdot\boldsymbol{\omega} \tag{5.5.15}$$

也可以用矩阵乘积表示

$$\begin{bmatrix}J_x\\J_y\\J_z\end{bmatrix}=\begin{bmatrix}I_{11}&I_{12}&I_{13}\\I_{21}&I_{22}&I_{23}\\I_{31}&I_{32}&I_{33}\end{bmatrix}\begin{bmatrix}\omega_1\\\omega_2\\\omega_3\end{bmatrix} \tag{5.5.16}$$

从(5.5.5)式和(5.5.9)式的推导过程容易看出，这里角速度及角动量的 3 个分量是本体坐标系的分量。

2. 本体坐标系原点没有选在刚体质心时的转动惯量张量

考虑一质量 M 的刚体绕某个定点转动，选该定点作为本体坐标系 K 的原点，此时若质心在 $\boldsymbol{a}$ 处，则相对于原点的角动量可以写成

$$\boldsymbol{J}=\sum_i \Delta m_i\boldsymbol{r}_i\times(\boldsymbol{\omega}\times\boldsymbol{r}_i) \tag{5.5.17}$$

相对于质心的位矢若用 $\boldsymbol{r}_i'$ 表示，则 $\boldsymbol{r}_i=\boldsymbol{r}_i'+\boldsymbol{a}$，(5.5.17)式改写成

$$\boldsymbol{J}=M\boldsymbol{a}\times(\boldsymbol{\omega}\times\boldsymbol{a})+\sum_i \Delta m_i\boldsymbol{r}_i'\times(\boldsymbol{\omega}\times\boldsymbol{r}_i')$$

写成分量，并利用(5.5.7)式～(5.5.9)式和(5.5.12)式容易得到

$$J_\alpha=M\left(\omega_\alpha a^2-a_\alpha\sum_\beta a_\beta\omega_\beta\right)+\sum_\beta I_{\alpha\beta}(\mathrm{c.\,m})\omega_\beta \tag{5.5.18}$$

其中 $I_{\alpha\beta}(\mathrm{c.\,m})$ 表示刚体相对质心的转动惯量张量。若刚体定点(非质心)转动的角动量仍用(5.5.12)式表示，通过(5.5.18)式可以得到刚体转动惯量张量为

$$I_{\alpha\beta}=I_{\alpha\beta}(c.m.)+M(a^2\delta_{\alpha\beta}-a_\alpha a_\beta) \tag{5.5.19}$$

利用动能也可以得到同样的表达式，而刚体定点(非质心)转动的动能则仍用(5.5.11)式表示。对于定轴转动，假设定轴是 z 轴，则定轴的转动惯量应为(5.5.19)式中的 I_{33}，$a^2-a_3^2$ 是定轴到平行于定轴且穿过质心的轴的距离平方，由此可知，平行轴定理是(5.5.19)式的一个特例。

5.6　惯量主轴和惯量椭球

1. 惯量主轴

由(5.5.13)式和(5.5.19)式可以看到转动惯量张量的矩阵是个实对称矩阵，可以选择适当的本体坐标系使其对角化，即使其惯量积为零。因动能是标量，不随转动变化，而矢量则是按(5.2.3)式变换，所以

$$T_{\mathrm{rot}}=\frac{1}{2}\widetilde{\omega}\overleftrightarrow{I}\omega=\frac{1}{2}\widetilde{\omega}'\overleftrightarrow{I}'\omega'=\frac{1}{2}\widetilde{\omega}\widetilde{U}\overleftrightarrow{I}'U\omega$$

容易看出

$$\overleftrightarrow{I}=\widetilde{U}\overleftrightarrow{I}'U \quad 或 \quad \overleftrightarrow{I}'=U\overleftrightarrow{I}\widetilde{U} \tag{5.6.1}$$

选择合适的 U 可以使转动惯量张量对角化

$$\overleftrightarrow{I}'=\begin{bmatrix} I_1 & 0 & 0 \\ 0 & I_2 & 0 \\ 0 & 0 & I_3 \end{bmatrix} \tag{5.6.2}$$

I_1,I_2,I_3 称为主转动惯量(principal moments),此时本体坐标轴称为惯量主轴(principal axes)。容易看出角动量和动能的公式可以简化为

$$J_\alpha=I_\alpha\omega_\alpha,\quad \alpha=1,2,3 \tag{5.6.3}$$

$$T=\frac{1}{2}I_1\omega_1^2+\frac{1}{2}I_2\omega_2^2+\frac{1}{2}I_3\omega_3^2 \tag{5.6.4}$$

因 $\overleftrightarrow{I}$ 是实对称矩阵,又$\boldsymbol{\omega}$ 可以任意,动能大于零,要求 I_1,I_2,I_3 均大于0,即 $\overleftrightarrow{I}$ 正定,I_1,I_2,I_3 是 $\overleftrightarrow{I}$ 的本征值。因此使转动惯量张量对角化的转动 U 矩阵满足下式

$$\overleftrightarrow{I}'=U\overleftrightarrow{I}\widetilde{U} \;\Rightarrow\; (\overleftrightarrow{I}-\overleftrightarrow{I}')\widetilde{U}=0 \;\Rightarrow$$

$$\sum_\beta (I_{\alpha\beta}-I_k\delta_{\alpha\beta})U_{k\beta}=0 \tag{5.6.5}$$

U 矩阵的某一行 $[U_{k1} \quad U_{k2} \quad U_{k3}]$ 为对应本征值 I_k 的本征矢量。因 U 是实正交矩阵,$U\widetilde{U}=1$,即 $\sum_\beta U_{k\beta}U_{k'\beta}=\delta_{kk'}$。这个结果是自然的,因为本体坐标轴之间本来就相互垂直。

物理上寻找刚体的主轴和数学上把转动惯量张量的矩阵对角化是一回事。转动惯量张量的主轴体现了刚体质量分布的某种对称性。如果刚体的密度是常数,很容易从刚体的几何对称性直接找到主轴。如果刚体的形状没有对称性,且刚体的质量密度分布不规则,则刚体的主轴不容易直观地直接找到。但是实对称矩阵的对角化总是可能的,因此主轴一定是存在的,只是要通过计算找到。

2. 转动惯量和转动惯量张量

转动惯量 I 与转动惯量张量 $\overleftrightarrow{I}$ 之间有怎样的关系呢?假设刚体上一点到瞬时轴的距离为 R_i,利用矢量积的定义计算刚体转动的动能为

$$T=\frac{1}{2}\sum_i m_i\,|\boldsymbol{\omega}\times\boldsymbol{r}_i|^2=\frac{1}{2}\sum_i m_i r_i^2\sin^2\theta_i\cdot\omega^2=\frac{1}{2}\sum_i m_i R_i^2\cdot\omega^2$$

引入绕瞬时轴的转动惯量 $I=\sum_i m_i R_i^2$，于是

$$T=\frac{1}{2}I\omega^2 \tag{5.6.6}$$

这个公式和绕固定轴转动情况下的公式相仿，不同点在于，一般情况下，瞬时轴是随时间变动的，因此 I 一般为变量。或者，通过引入角速度方向的单位矢量 $\boldsymbol{e}$，则$\boldsymbol{\omega}=\omega\boldsymbol{e}$。因而 $T=\frac{1}{2}\boldsymbol{\omega}\cdot\overleftrightarrow{I}\cdot\boldsymbol{\omega}=\frac{1}{2}I\omega^2$，其中

$$I\equiv\boldsymbol{e}\cdot\overleftrightarrow{I}\cdot\boldsymbol{e} \tag{5.6.7}$$

特别地，若取 $\boldsymbol{e}=\boldsymbol{i}$，由(5.6.7)式得 $I_{11}=\boldsymbol{i}\cdot\overleftrightarrow{I}\cdot\boldsymbol{i}$；类似可得 $I_{22}=\boldsymbol{j}\cdot\overleftrightarrow{I}\cdot\boldsymbol{j}$，$I_{33}=\boldsymbol{k}\cdot\overleftrightarrow{I}\cdot\boldsymbol{k}$。$I_{11}$，$I_{22}$，$I_{33}$ 分别为绕 x，y，z 轴的转动惯量。

在质点动力学中，动量和速度的方向是相同的。刚体转动时，角动量和角速度的方向是否也相同呢？从(5.5.12)式容易看到，刚体转动的情形，角动量和角速度一般不在同一个方向，这与动量与速度的关系不同。这正是由于转动惯量张量的性质导致的。只有当刚体的角速度沿刚体的某一主轴时，角动量才和角速度的方向一致。例如：角速度沿 z 轴，且是惯量主轴，即$\boldsymbol{\omega}=\omega_z\boldsymbol{k}$，$(\omega_x=\omega_y=0)$，在惯量主轴本体坐标系，角动量 $\boldsymbol{J}=I_{33}\omega_z\boldsymbol{k}=I_{33}\boldsymbol{\omega}$，才有 $\boldsymbol{J}=I\boldsymbol{\omega}$ $(I=I_{33})$。

角动量沿瞬时轴的投影 $J_e=\boldsymbol{e}\cdot\boldsymbol{J}=\boldsymbol{e}\cdot\overleftrightarrow{I}\cdot\boldsymbol{\omega}$，由(5.6.7)式得到比较简单的形式为

$$J_e=I\omega \tag{5.6.8}$$

但通常 $J_e\neq|\boldsymbol{J}|$。

转动惯量张量的计算一般在本体坐标系中进行，这样得到 $\overleftrightarrow{I}$ 的各分量均不随时间变化。由于质点系的角动量定理只有在惯性系和质心系中才有简单的形式，通常本体坐标系的原点选在固定点或质心计算转动惯量张量。选择本体坐标系的坐标轴为惯量主轴最简便，因此时转动惯量张量是对角化的。

3. 惯量椭球

结合(5.6.4)式和(5.6.6)式，得到

$$\frac{I_1\omega_1^2+I_2\omega_2^2+I_3\omega_3^2}{I\omega^2}=1 \tag{5.6.9}$$

引入一个新矢量

$$\boldsymbol{\rho}=\frac{\boldsymbol{e}}{\sqrt{I}} \tag{5.6.10}$$

由于 $\boldsymbol{e}=\dfrac{\boldsymbol{\omega}}{\omega}$，容易得到

$$\rho_1=\frac{\boldsymbol{e}}{\sqrt{I}}\cdot\boldsymbol{i}=\frac{\omega_1}{\sqrt{I}\omega},\quad \rho_2=\frac{\boldsymbol{e}}{\sqrt{I}}\cdot\boldsymbol{j}=\frac{\omega_2}{\sqrt{I}\omega},\quad \rho_3=\frac{\boldsymbol{e}}{\sqrt{I}}\cdot\boldsymbol{k}=\frac{\omega_3}{\sqrt{I}\omega}$$

代入(5.6.9)式得

$$I_1\rho_1^2+I_2\rho_2^2+I_3\rho_3^2=1 \tag{5.6.11}$$

这是一个椭球面方程，其长短轴长是主转动惯量开方倒数，称为惯量椭球，是 $\boldsymbol{\rho}$ 空间的椭球面。

5.7 欧拉动力学方程

由于刚体的特殊性，若不考虑其平动，只考虑其绕定点的转动，则它只有 3 个自由度。运用角动量定理的 3 个分量方程，就可以描述刚体的整体运动。由于内力矩在角动量定理中相互抵消，而刚体又不能形变，不必考虑内力所做的功和内力的势能，因此动力学方程中只需考虑外力矩的作用即可。

为了使方程形式简单，选用惯量主轴本体坐标系，坐标系原点选在质心或固定点，以保证转动惯量张量为常量，且角动量定理有简单的形式。假设外力矩为 $\boldsymbol{M}$，选本体坐标轴为惯量主轴(即惯量积为零)，则由(5.6.3)式角动量定理具体表示为

$$\boldsymbol{M}=\frac{\mathrm{d}}{\mathrm{d}t}(I_1\omega_1\boldsymbol{i}+I_2\omega_2\boldsymbol{j}+I_3\omega_3\boldsymbol{k}) \tag{5.7.1}$$

由(5.1.4)式，(5.7.1)式的时间导数为

$$\boldsymbol{M}=I_1\dot{\omega}_1\boldsymbol{i}+I_2\dot{\omega}_2\boldsymbol{j}+I_3\dot{\omega}_3\boldsymbol{k}+I_1\omega_1(\boldsymbol{\omega}\times\boldsymbol{i})+I_2\omega_2(\boldsymbol{\omega}\times\boldsymbol{j})+I_3\omega_3(\boldsymbol{\omega}\times\boldsymbol{k})$$

整理成分量形式

$$\begin{cases}I_1\dot{\omega}_1-(I_2-I_3)\omega_2\omega_3=M_1\\ I_2\dot{\omega}_2-(I_3-I_1)\omega_3\omega_1=M_2\\ I_3\dot{\omega}_3-(I_1-I_2)\omega_1\omega_2=M_3\end{cases} \tag{5.7.2}$$

这就是欧拉动力学方程组。

利用拉格朗日方程同样可以推得欧拉动力学方程组。当本体坐标轴选在惯量主轴上时，动能由(5.6.4)式给出。对于自由刚体定点转动，动能就是拉格朗日量：

$$L=\frac{1}{2}I_1\omega_1^2+\frac{1}{2}I_2\omega_2^2+\frac{1}{2}I_3\omega_3^2 \tag{5.7.3}$$

选择 3 个欧拉角作为广义坐标，此时角速度 3 个分量由(5.4.4)式给出。欧拉

角 ψ 是绕本体坐标系 z 轴的自转，其对应的广义力为沿 z 轴的力矩分量，因此根据(1.4.15)式，运动方程为

$$\frac{\mathrm{d}}{\mathrm{d}t}\left(\frac{\partial L}{\partial \dot{\psi}}\right)-\frac{\partial L}{\partial \psi}=Q_{\psi}=M_{3} \tag{5.7.4}$$

其中

$$\begin{cases}\dfrac{\partial L}{\partial \dot{\psi}}=\displaystyle\sum_{i=1}^{3} I_{i}\omega_{i}\ \frac{\partial \omega_{i}}{\partial \dot{\psi}}\\[2ex] \dfrac{\partial L}{\partial \psi}=\displaystyle\sum_{i=1}^{3} I_{i}\omega_{i}\ \frac{\partial \omega_{i}}{\partial \psi}\end{cases} \tag{5.7.5}$$

由(5.4.4)式，可计算得

$$\frac{\partial \omega_{1}}{\partial \dot{\psi}}=0,\quad \frac{\partial \omega_{2}}{\partial \dot{\psi}}=0,\quad \frac{\partial \omega_{3}}{\partial \dot{\psi}}=1$$

$$\frac{\partial \omega_{1}}{\partial \psi}=\omega_{2},\quad \frac{\partial \omega_{2}}{\partial \psi}=-\omega_{1},\quad \frac{\partial \omega_{3}}{\partial \psi}=0$$

代入(5.7.5)式，再代入(5.7.4)式，整理得

$$I_{3}\dot{\omega}_{3}-(I_{1}-I_{2})\omega_{1}\omega_{2}=M_{3} \tag{5.7.6}$$

(5.7.6)式中只有角速度 3 个分量和 3 个主转动惯量以及力矩的第三分量。由于坐标轴的选择有任意性，3 个主轴中任意 1 个都可以选作 z 轴，所以，对(5.7.6)式，通过轮换坐标轴，就可以得到另 2 个方程：

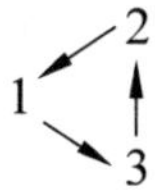

: $I_{2}\dot{\omega}_{2}-(I_{3}-I_{1})\omega_{3}\omega_{1}=M_{2}$,　$I_{1}\dot{\omega}_{1}-(I_{2}-I_{3})\omega_{2}\omega_{3}=M_{1}$

欧拉动力学方程的形式看起来很简练，但因为是关于角速度分量的非线性方程组，解起来其实很困难。到现在只有如下特殊(对外力矩或刚体形状作某些限制)情形可以有解析解。

(1) 欧拉-潘索情形；

(2) 拉格朗日-泊松情形；

(3) 柯凡律夫斯卡雅情形等。

在此只简要地介绍前两种情形。

5.8 刚体的自由转动(欧拉-潘索情形)

1. 自由转动或惯性转动

自由转动或惯性转动是指外力矩为零的情形。在重力场中刚体的定点

自由转动，定点一定与质心重合，否则重力矩不能为零。如果是一般运动，可以分别考虑刚体质心的平动和绕质心的转动，重力矩自动为零。

以地球为例，因地球的线度比起日地距离要小得多，太阳引力的合力可认为近似作用于地球的质心，以质心为基点分解地球的运动，平动部分系在太阳引力的作用下作公转（以质心为代表的质点运动），转动部分系围绕质心作自转（质心参考系中的定点转动），此时外力矩为零，为自由转动。

自由转动是因惯性而运动。转动惯性与转动惯量张量相联系，因此比较复杂，与平动时的惯性不同。

2. 自由定点转动积分形式的解

自由定点转动，由于外力矩为零，欧拉动力学方程组(5.7.2)式化简为

$$\begin{cases} I_1\dot{\omega}_1-(I_2-I_3)\omega_2\omega_3=0 \\ I_2\dot{\omega}_2-(I_3-I_1)\omega_3\omega_1=0 \\ I_3\dot{\omega}_3-(I_1-I_2)\omega_1\omega_2=0 \end{cases} \tag{5.8.1}$$

(5.8.1)式中第一个方程乘以 $2I_1\omega_1$，第二个方程乘以 $2I_2\omega_2$，第三个方程乘以 $2I_3\omega_3$，然后三者加在一起，积分得

$$I_1^2\omega_1^2+I_2^2\omega_2^2+I_3^2\omega_3^2=J^2=\text{常量} \tag{5.8.2}$$

即角动量大小为常量。实际从(5.7.1)式容易看到 $\dot{\boldsymbol{J}}=0$，积分得到

$$\boldsymbol{J}=I_1\omega_1\boldsymbol{i}+I_2\omega_2\boldsymbol{j}+I_3\omega_3\boldsymbol{k}=\text{常矢量} \tag{5.8.3}$$

即角动量守恒。注意这里因为是本体坐标系，坐标单位矢量是随时间变化的。接着，(5.8.1)式中第一个方程乘以 ω_1，第二个方程乘以 ω_2，第三个方程乘以 ω_3，然后三者加在一起，积分得

$$\frac{1}{2}I_1\omega_1^2+\frac{1}{2}I_2\omega_2^2+\frac{1}{2}I_3\omega_3^2=T=\text{常量} \tag{5.8.4}$$

即动能守恒。由此继续下去，可以求得积分形式的解。比如，利用(5.8.2)式和(5.8.4)式，可以得到 ω_1 和 ω_2 用 ω_3 的表示，代入(5.8.1)式中第三个方程，容易得到 ω_3 关于时间 t 的积分表示解，但从中很难看出较直观的运动方式。

3. 潘索的几何方法

对刚体自由定点转动的一般情形，可以不解方程而用几何方法直观描述刚体运动。在 $\boldsymbol{\omega}$ 空间内定义一函数

$$F(\omega_1,\omega_2,\omega_3)=\frac{\omega_1^2}{2T/I_1}+\frac{\omega_2^2}{2T/I_2}+\frac{\omega_3^2}{2T/I_3} \tag{5.8.5}$$

$F=1$ 就是(5.6.4)式，即动能守恒。此时(5.8.5)式在 $\boldsymbol{\omega}$ 空间表示椭球面，这个特定曲面叫惯性椭球面(inertia ellipsoid)，与惯量椭球面类似，只是长短轴

的长度伸长$\sqrt{2T}$倍。$\boldsymbol{\omega}$ 的端点在椭球面上，即，椭球面上任一点到球心的距离，表示角速度的大小。以$\boldsymbol{\omega}$ 的端点为切点做一个椭球面的切平面，切面的外法向可通过(5.8.5)式的梯度求得

$$\nabla_{\omega} F=\frac{\boldsymbol{J}}{T} \tag{5.8.6}$$

由于角动量守恒、动能守恒，所以(5.8.6)式的方向固定。另一方面，椭球心距该切面的距离为

$$\overline{OP}=\boldsymbol{\omega} \cdot \frac{\boldsymbol{J}}{J}=\frac{2T}{J}=\text{const.} \tag{5.8.7}$$

因此该切面相对椭球固定，称为不变面或潘索面，如图 5.2 所示。$\boldsymbol{\omega}$ 的端点既在切面上，又在椭球面上，而$\boldsymbol{\omega}$ 矢量是瞬时轴，$\boldsymbol{\omega}$ 的端点瞬时速度为零，这意味着惯量椭球在保持与潘索面距离不变的情况下，在潘索面作纯滚动。惯量主轴是固定在刚体上的，惯量椭球的运动十分形象地给出了自由刚体的运动。

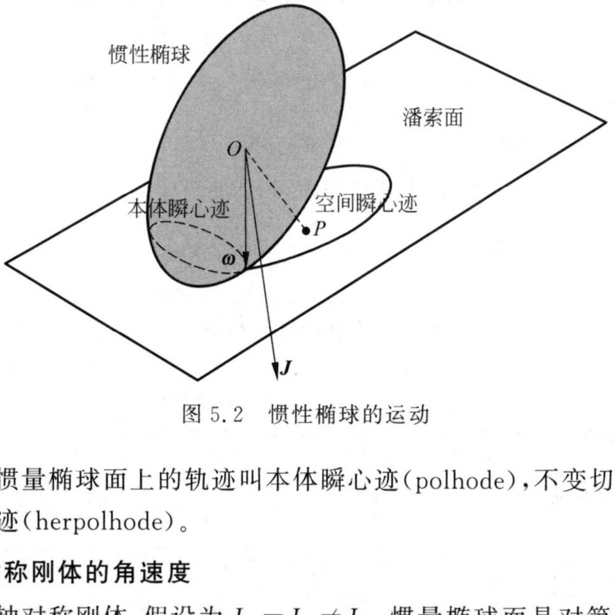

图 5.2　惯性椭球的运动

切点在惯量椭球面上的轨迹叫本体瞬心迹(polhode)，不变切面上的曲线叫空间瞬心迹(herpolhode)。

4. 轴对称刚体的角速度

如果是轴对称刚体，假设为 $I_1=I_2\neq I_3$，惯量椭球面是对第三轴对称的一个旋转椭球面。这个椭球面在潘索面，以椭球中心与潘索面距离保持不变的形式作纯滚动时，容易看出本体瞬心迹和空间瞬心迹都是圆，亦即运动过程圆锥母线长和高都不变，代表角速度大小和它的第三轴分量也都不变。实际此时刚体角速度矢量相对角动量矢量作进动，但没有章动。

这个结论也可以通过计算得到，由(5.8.1)式得

$$\dot{\omega}_3=0$$

$$\omega_3 = \Omega = \text{const.} \tag{5.8.8}$$

代入(5.8.1)式得

$$\begin{cases} \dot{\omega}_1 = \left(1 - \dfrac{I_3}{I_1}\right)\omega_2\Omega \\ \dot{\omega}_2 = \left(\dfrac{I_3}{I_1} - 1\right)\omega_1\Omega \end{cases} \tag{5.8.9}$$

令$\left(\dfrac{I_3}{I_1}-1\right)\Omega=n$，则

$$\begin{cases} \dot{\omega}_1 = -n\omega_2 \\ \dot{\omega}_2 = n\omega_1 \end{cases} \tag{5.8.10}$$

对(5.8.10)式时间求导，再整理得

$$\ddot{\omega}_1 = -n\dot{\omega}_2 = -n^2\omega_1 \quad \Rightarrow \quad \omega_1 = \omega_\perp \cos|n|t \tag{5.8.11}$$

为简便起见，(5.8.11)式的推导中选择合适的初始时间使得初相为零。代回(5.8.10)式得

$$\omega_2 = \begin{cases} \omega_\perp \sin nt, & n>0 \quad \text{或} \quad I_3 > I_1, \text{扁椭球} \\ -\omega_\perp \sin|n|t, & n<0 \quad \text{或} \quad I_3 < I_1, \text{长椭球} \end{cases} \tag{5.8.12}$$

显然有 $\omega_1^2+\omega_2^2=\omega_\perp^2$。由于动能是守恒量，因此

$$T = \frac{1}{2}I_1\omega_\perp^2 + \frac{1}{2}I_3\Omega^2$$

$$\omega_\perp = \sqrt{(2T - I_3\Omega^2)/I_1} = \text{const.} \tag{5.8.13}$$

角速度

$$\omega = \sqrt{\omega_1^2+\omega_2^2+\omega_3^2} = \sqrt{\omega_\perp^2+\Omega^2} = \sqrt{\frac{2T}{I_1} - n\Omega} = \text{const.} \tag{5.8.14}$$

设$\boldsymbol{\omega}$ 与对称轴 $\hat{k}$ 夹角为 β，则

$$\tan\beta = \frac{\omega_\perp}{\Omega} = \text{const.} \tag{5.8.15}$$

以$\boldsymbol{\omega}$ 绕对称轴转动且以角速度$|n|$进动。惯量椭球为一旋转椭球

$$\frac{\omega_1^2+\omega_2^2}{2T/I_1} + \frac{\omega_3^2}{2T/I_3} = 1 \tag{5.8.16}$$

由于 $\omega_1^2+\omega_2^2=\omega_\perp^2=\text{const.}$，本体瞬心迹为绕对称轴的圆。另一方面，由于$\boldsymbol{\omega}$大小不变，又$\boldsymbol{\omega}\cdot\dfrac{\boldsymbol{J}}{J}=\dfrac{2T}{J}=\text{const.}$，即$\boldsymbol{\omega}$ 在 $\boldsymbol{J}$ 方向投影不变，意味着角速度在切面投影值亦不变，所以，空间瞬心迹为潘索面上的圆。另外有

$$\boldsymbol{J} \cdot (\boldsymbol{\omega} \times \hat{k}) = (I_1\omega_1\hat{i} + I_1\omega_2\hat{j} + I_3\omega_3\hat{k}) \cdot (-\omega_1\hat{j} + \omega_2\hat{i}) = 0 \tag{5.8.17}$$

所以 $\boldsymbol{J}$,$\boldsymbol{\omega}$,$\hat{k}$ 共面。另外,在垂直于 $\boldsymbol{k}$ 方向 $J_\perp = I_1\boldsymbol{\omega}_\perp$,而沿着 $\boldsymbol{k}$ 方向 $J_{/\!/} = I_3\boldsymbol{\omega}_{/\!/}$,所以,$\boldsymbol{J}$,$\boldsymbol{\omega}$ 一定在 $\boldsymbol{k}$ 的同一侧。

(1) $I_1 < I_3$,如图 5.3 所示,$\boldsymbol{J}$ 与 $\boldsymbol{k}$ 夹角为 α,则

$$\tan\alpha = \frac{J_\perp}{J_{/\!/}} = \frac{\sqrt{J_1^2 + J_3^2}}{J_3} = \frac{I_1\omega_\perp}{I_3\Omega} = \frac{I_1}{I_3}\tan\beta, \quad \alpha < \beta \tag{5.8.18}$$

例如,地球可看作是旋转扁椭球 $\frac{I_3}{I_1} - 1 = 0.00327 \Rightarrow n \approx \frac{\Omega}{306}$,$\boldsymbol{\omega}$ 沿天文地轴方向,$\boldsymbol{k}$ 是地理地轴方向,即在北极。天文地极绕地理地极的进动周期大约是 306 天或 10 个月。但因为地球不是理想刚体,实际这个周期要更长,大约是 14 个月。

(2) $I_1 > I_3$,同样地,$\alpha > \beta$,如图 5.4 所示。

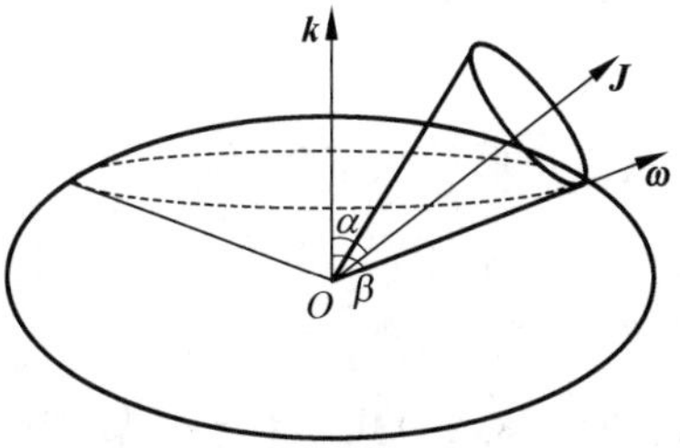

图 5.3　轴对称扁椭球的运动

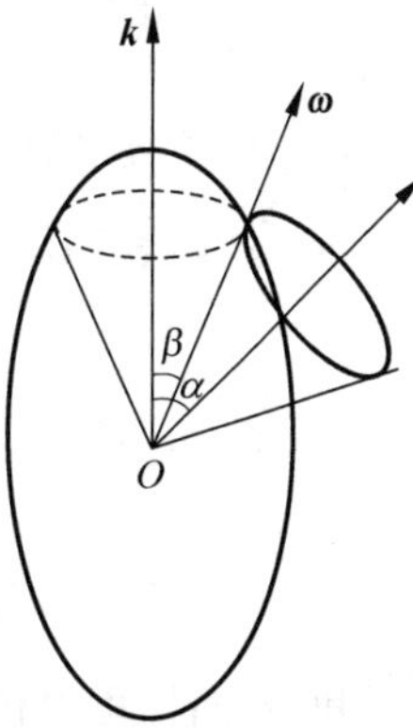

图 5.4　轴对称长椭球的运动

5. 轴对称刚体的欧拉角的角速度

刚体角速度 $\boldsymbol{\omega}$ 和欧拉角的角速度之间由欧拉运动学方程(5.4.3)式或(5.4.4)式相联系。作为例子,考查惯量椭球为扁椭球情形($n>0$ 或 $I_3 > I_1 = I_2$)。由于角动量守恒,可以假设角动量方向沿实验室系 z 轴方向,这样可以简化问题。在本体坐标系,角速度 $\boldsymbol{\omega}$ 的 3 个分量由(5.8.8)式、(5.8.11)式和(5.8.12)式给出,此时 $\theta = \alpha$,由(5.8.18)式给定。将这些结果与(5.4.4)式联系起来,则可以得到

$$\begin{cases}\dot{\phi}\sin\psi\sin\alpha=\omega_{\perp}\ \cos nt\\ \dot{\phi}\cos\psi\sin\alpha=\omega_{\perp}\ \sin nt\\ \dot{\phi}\cos\alpha+\dot{\psi}=\Omega\end{cases}\tag{5.8.19}$$

(5.8.19)式前两个式子相除，得到 $\tan\psi=\cot nt$，取最简单结果有

$$\psi=\frac{\pi}{2}-nt\tag{5.8.20}$$

即

$$\dot{\psi}=-n=-\left(\frac{I_3}{I_1}-1\right)\Omega\tag{5.8.21}$$

将(5.8.21)式代入(5.8.19)式最后一个式子，得到 $\dot{\phi}\cos\alpha=\frac{I_3}{I_1}\Omega$，利用(5.8.18)式得到

$$\dot{\phi}=\frac{I_3\Omega}{I_1\cos\alpha}=\frac{J}{I_1}=\sqrt{\omega^2+\left(\frac{I_3^2}{I_1^2}-1\right)\Omega^2}\tag{5.8.22}$$

也可以从另一个角度考虑。根据图 5.1，此时 $\dot{\phi}$ 是刚体绕实验室系 z 轴的进动角速度，而 $\dot{\psi}$ 是绕本体坐标系 z 轴的自转角速度，因此有

$$\boldsymbol{\omega}=\dot{\phi}\boldsymbol{k}'+\dot{\psi}\boldsymbol{k}\tag{5.8.23}$$

矢量合成几何图如图 5.5(a)所示。简单从三角形正弦定理可得

$$\frac{\dot{\phi}}{\sin\beta}=\frac{-\dot{\psi}}{\sin(\beta-\alpha)}=\frac{\omega}{\sin\alpha}\tag{5.8.24}$$

由此求 $\dot{\phi}$ 和 $\dot{\psi}$，同样可以得到(5.8.21)式和(5.8.22)式。对于长旋转椭球情形，如图 5.5(b)所示，此时(5.8.24)式仍成立。

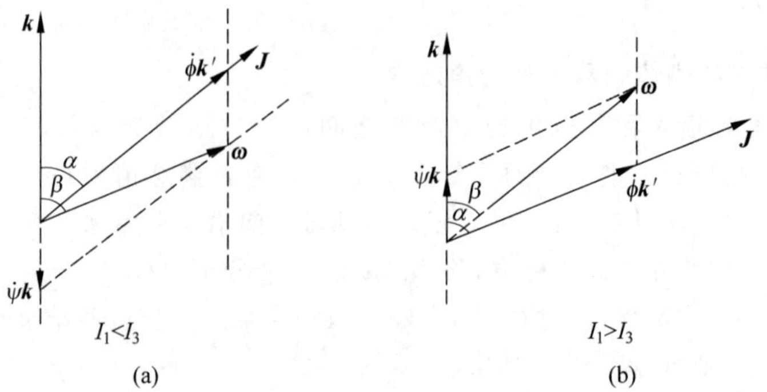

图 5.5 轴对称扁(长)椭球的运动与欧拉角速度

例 5.1 有一匀质的薄圆盘，质量 m，半径 r，绕竖直轴以恒角速度 Ω 转动，圆盘对称轴与竖直方向角度 α 不变，竖直轴穿过圆盘中心 O 点。选择 O 点作为原点，本体坐标系 z 轴与圆盘对称轴重合，x-y 轴选在圆盘面内，选竖直方向做实验室坐标系 z' 轴，且在 y-z 平面内，如图 5.6 所示。求：

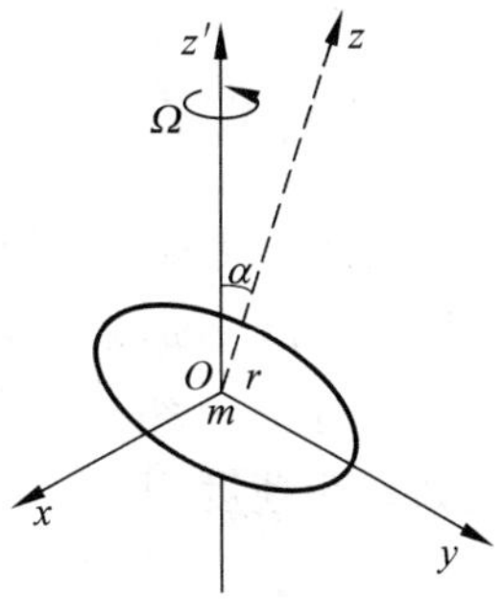

图 5.6 例 5.1 用图

(1) 动能和在本体坐标系对 O 点角动量；

(2) 在本体坐标系对 O 点力矩；

(3) 实验室系对 O 点角动量和力矩；

(4) 突然撤去力矩(撤去轴，但仍绕 O 点自由转动)后的角速度及其进动角速度。

解：显然本体坐标轴是惯量主轴。

(1) 主转动惯量 $I_1=I_2=\frac{1}{4}mr^2, I_3=\frac{1}{2}mr^2$

角速度 $\boldsymbol{\omega}=-\boldsymbol{j}\Omega\sin\alpha+\boldsymbol{k}\Omega\cos\alpha$

动能，由(5.6.4)式给出 $T=\frac{1}{2}I_1\Omega^2(1+\cos^2\alpha)$

角动量，由(5.6.3)式给出 $\boldsymbol{J}=I_1\Omega(-\boldsymbol{j}\sin\alpha+2\boldsymbol{k}\cos\alpha)$

(2) 力矩由(5.7.2)式给出，$\boldsymbol{M}=-\boldsymbol{i}I_1\Omega^2\sin\alpha\cos\alpha$

(3) 由欧拉运动学方程(5.4.4)式，得本体坐标系分量为

$$\begin{bmatrix}0\\-\Omega\sin\alpha\\\Omega\cos\alpha\end{bmatrix}=\begin{bmatrix}\dot\theta\cos\psi+\dot\phi\sin\psi\sin\theta\\-\dot\theta\sin\psi+\dot\phi\cos\psi\sin\theta\\\dot\phi\cos\theta+\dot\psi\end{bmatrix}$$

已知 $\theta=\alpha, \dot\phi=\Omega$，可选 $\psi=\pi$，选择适当的时间零点，则 $\phi=\Omega t$，这样由(5.3.1)式～(5.3.3)式可得

$$U_1=\begin{bmatrix}\cos\Omega t&\sin\Omega t&0\\-\sin\Omega t&\cos\Omega t&0\\0&0&1\end{bmatrix},\quad U_2=\begin{bmatrix}1&0&0\\0&\cos\alpha&\sin\alpha\\0&-\sin\alpha&\cos\alpha\end{bmatrix},\quad U_3=\begin{bmatrix}-1&0&0\\0&-1&0\\0&0&1\end{bmatrix}$$

在实验室系分量

$$J'=\widetilde{U}_1\widetilde{U}_2\widetilde{U}_3J=\widetilde{U}_1\widetilde{U}_2\widetilde{U}_3I_1\Omega\begin{pmatrix}0\\-\sin\alpha\\2\cos\alpha\end{pmatrix}=I_1\Omega\begin{pmatrix}\cos\alpha\sin\alpha\sin\Omega t\\-\cos\alpha\sin\alpha\cos\Omega t\\1+\cos^2\alpha\end{pmatrix}$$

$$M' = \widetilde{U}_1\widetilde{U}_2\widetilde{U}_3 M = \widetilde{U}_1\widetilde{U}_2\widetilde{U}_3 I_1 \Omega^2 \begin{pmatrix} -\sin\alpha\cos\alpha \\ 0 \\ 0 \end{pmatrix} = I_1 \Omega^2 \sin\alpha\cos\alpha \begin{pmatrix} \cos\Omega t \\ \sin\Omega t \\ 0 \end{pmatrix}$$

(4) 因为角动量守恒，$I_1 = I_2$，所以 $\boldsymbol{k},\boldsymbol{\omega},\boldsymbol{J}$ 共面。假设 $t=0$ 时刻撤去力矩，此后，角速度 ω，以及本体坐标系 ω_3 都是常量。$t=0$ 时刻，$\boldsymbol{\omega} = -\Omega\sin\alpha\boldsymbol{j} + \Omega\cos\alpha\boldsymbol{k}$。故 $\omega_3 = \Omega\cos\alpha$，$\omega = \Omega$。将实验室系坐标 z' 轴转到 $\boldsymbol{J}$ 方向，由(5.8.22)式得进动角速度

$$\dot{\phi} = \sqrt{\Omega^2 + \left(\frac{I_3^2}{I_1^2} - 1\right)\Omega^2\cos^2\alpha} = \Omega\sqrt{1+3\cos^2\alpha}\text{。}$$

5.9 有一固定点的对称陀螺

陀螺的运动不同于自由刚体运动，因受到重力矩的作用，它也叫重刚体问题。考虑陀螺的定点转动，假设陀螺质量 m，重心离定点距离 l，选惯量主轴为本体坐标轴，如图 5.7 所示，则轴对称质量分布的陀螺的势能和动能可表示为

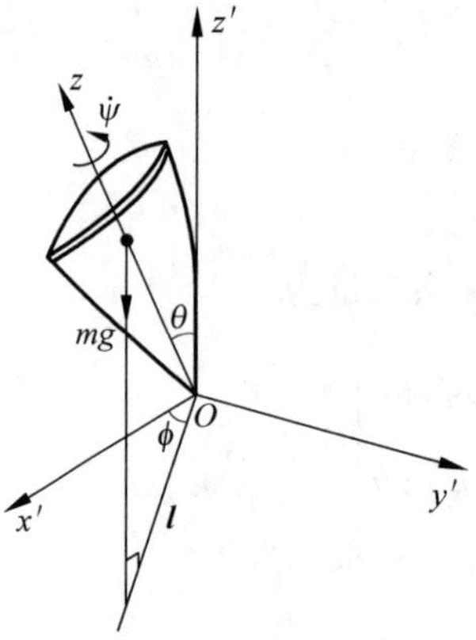

图 5.7　轴对称重刚体定点转动

$$V = mgl\cos\theta \tag{5.9.1}$$

$$T = \frac{1}{2}I_1(\omega_1^2 + \omega_2^2) + \frac{1}{2}I_3\omega_3^2 \tag{5.9.2}$$

其中对称陀螺的主转动惯量 $I_1 = I_2 \neq I_3$。为了方便讨论，选择欧拉角作为描述刚体运动的广义坐标。将(5.4.4)式代入(5.9.2)式，则

$$T = \frac{1}{2}I_1(\dot{\theta}^2 + \dot{\phi}^2\sin^2\theta) + \frac{1}{2}I_3(\dot{\psi} + \dot{\phi}\cos\theta)^2 \tag{5.9.3}$$

拉格朗日量为 $L = T - V$，ψ,ϕ 是循环坐标，可以得到对应的广义动量守恒

$$p_\psi = \frac{\partial L}{\partial \dot{\psi}} = I_3(\dot{\psi} + \dot{\phi}\cos\theta) = I_3\omega_3 = J_3 = \text{const.}$$

$$a = \frac{J_3}{I_1} \tag{5.9.4}$$

$$p_\phi = \frac{\partial L}{\partial \dot{\phi}} = I_1\dot{\phi}\sin^2\theta + I_3(\dot{\psi} + \dot{\phi}\cos\theta)\cos\theta = \text{const.}$$

$$b=\frac{p_{\phi}}{I_1} \tag{5.9.5}$$

T 是广义速度的齐二次式且 L 不显含 t，因此机械能守恒

$$E=T+V=\frac{1}{2}I_1(\dot{\theta}^2+\dot{\phi}^2\sin^2\theta)+\frac{1}{2}I_3\omega_3^2+mgl\cos\theta \tag{5.9.6}$$

由于有 3 个守恒量，足够求得积分形式的解。由(5.9.4)式和(5.9.5)式可以解出

$$\dot{\phi}=\frac{b-a\cos\theta}{\sin^2\theta} \tag{5.9.7}$$

$$\dot{\psi}=\frac{J_3}{I_3}-\dot{\phi}\cos\theta=\frac{I_1}{I_3}a-\frac{b-a\cos\theta}{\sin^2\theta}\cos\theta \tag{5.9.8}$$

为简便起见，令 $E'=E-\frac{1}{2}I_3\omega_3^2$，将(5.9.7)式代入(5.9.6)式，则

$$E'=\frac{1}{2}I_1\dot{\theta}^2+\frac{1}{2}I_1\frac{(b-a\cos\theta)^2}{\sin^2\theta}+mgl\cos\theta=\frac{1}{2}I_1\dot{\theta}^2+V_{\text{eff}}(\theta) \tag{5.9.9}$$

其中等效势能为

$$V_{\text{eff}}(\theta)=\frac{1}{2}I_1\frac{(b-a\cos\theta)^2}{\sin^2\theta}+mgl\cos\theta \tag{5.9.10}$$

$\theta=0$ 时，由(5.9.4)式和(5.9.5)式知，(5.9.10)式的第一项为零，并非为奇点。由(5.9.9)式可求得

$$\dot{\theta}=\sqrt{\frac{2}{I_1}[E'-V_{\text{eff}}(\theta)]} \tag{5.9.11}$$

积分得

$$t=\int\frac{\mathrm{d}\theta}{\sqrt{\frac{2}{I_1}[E'-V_{\text{eff}}(\theta)]}} \tag{5.9.12}$$

(5.9.7)式与(5.9.11)式相除得

$$\frac{\mathrm{d}\phi}{\mathrm{d}\theta}=\frac{\dot{\phi}}{\dot{\theta}}=\frac{b-a\cos\theta}{\sin^2\theta}\frac{1}{\sqrt{\frac{2}{I_1}[E'-V_{\text{eff}}(\theta)]}} \tag{5.9.13}$$

积分得

$$\phi=\int\frac{b-a\cos\theta}{\sin^2\theta}\frac{\mathrm{d}\theta}{\sqrt{\frac{2}{I_1}[E'-V_{\text{eff}}(\theta)]}} \tag{5.9.14}$$

(5.9.8)式与(5.9.11)式相除后，作类似处理，容易得到关于 ψ 的积分表示解。所以对称陀螺问题是可积的。

也可以不具体计算，只是根据 3 个守恒量，分析 3 个欧拉角随时间变化的情况，就可定性地得到刚体的运动形式。为了讨论方便，令 $u=\cos\theta$，$\alpha=\dfrac{2E'}{I_1}$，$\beta=\dfrac{2mgl}{I_1}$，则(5.9.9)式通过简单运算可改写为

$$\dot{u}^2=(1-u^2)(\alpha-\beta u)-(b-au)^2\equiv f(u) \tag{5.9.15}$$

方程右边是关于 u 的三次函数 $f(u)$。因(5.9.15)式左边 $\dot{u}^2\geqslant 0$，须在 $|u|\leqslant 1$ 的区间使得 $f(u)\geqslant 0$ 才有解。由于在定义域的端点

$$\begin{gathered} u=\pm 1 \\ f(u)=-(b\pm a)^2\leqslant 0 \end{gathered} \tag{5.9.16}$$

而 $f(u)$ 的 u^3 系数 $\beta>0$，$f(\pm\infty)\to\pm\infty$，所以(5.9.15)式有解的条件是：$f(u)$ 在区间 $[-1,+1]$ 有根。下面分几种情形讨论。

(1) $f(u)$ 在区间 $[-1,+1]$ 有一个根 u_1 且有解的可能情形，有以下几种，如图 5.8 所示。

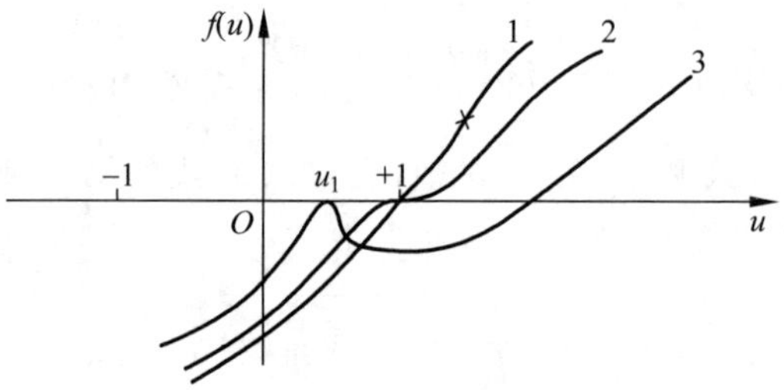

图 5.8　$f(u)$ 在区间 $[-1,+1]$ 有一个根

曲线 1：$u_1=1$，即 $\theta=0$，从(5.9.4)式和(5.9.5)式看出 $a=b$。另一方面，由(5.9.9)式容易看出，此时 $E'=mgl$，即 $\alpha=\beta$。由(5.9.15)式有

$$\dot{u}^2=(1-u^2)\beta(1-u)-a^2(1-u)^2=(1-u)^2[\beta(1+u)-a^2]=0 \tag{5.9.17}$$

显然 $u_1=+1$ 只能是重根，因此这个情形不合理。

曲线 2：$u_1=1$ 是 $f(u)$ 的根又是拐点，因此 $f(1)=0$，$f'(1)=0$ 和 $f''(1)=0$，即这个根是三重根。这要求 $a=b$ 和 $\alpha=\beta$，另外由(5.9.17)式计算知，需满足 $\dfrac{a^2}{\beta}=2$。此时 $\theta=0$，$\dot{\theta}|_{\theta=0}=0$，$\ddot{\theta}|_{\theta=0}=0$，因此陀螺将保持直立转动。

曲线 3：$u_1=\cos\theta_1$ 是切点，因此是重根。此时 $f(u)=\beta(u-u_1)^2(u-$

u_2)，容易得到 $\theta=\theta_1$，$\dot{\theta}|_{\theta=\theta_1}=0$，$\ddot{\theta}|_{\theta=\theta_1}=0$，因此陀螺作无章动的进动，进动角速度由(5.9.7)式给定。

(2) $f(u)$在区间$[-1,+1]$有两个根且有解的可能情形，如图 5.9 所示。

曲线 1：根 $u_2=+1$ 情况，类似(1)情形曲线 1，同样不合理。

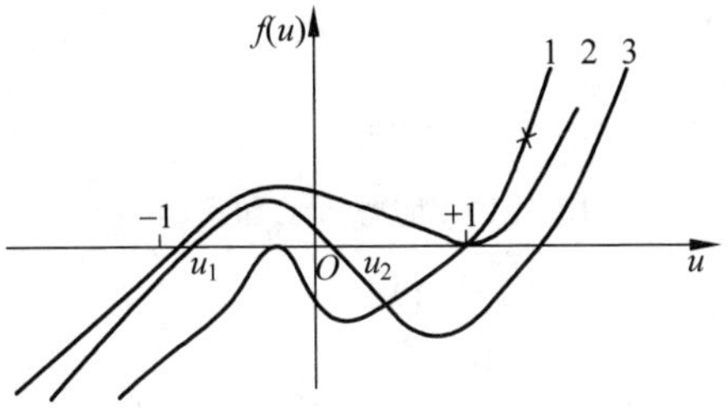

图 5.9　$f(u)$在区间$[-1,+1]$有两个根满足解的要求

曲线 2：此时 $u_2=+1$ 是重根，$a=b$，$\alpha=\beta$，满足 $f'(+1)=0$，$u_1=\dfrac{a^2}{\beta}-1$，代入(5.9.7)式和(5.9.8)式得，$\dot{\phi}=\dfrac{\beta}{a}$，$\dot{\psi}=\dfrac{\beta}{a}+\left(\dfrac{I_1}{I_3}-1\right)a$。另一方面，由于 $-1<u_1<1$，要求 $0<\dfrac{a^2}{\alpha}<2$，且在 $u_1\neq-1$ 和 $u_2=+1$ 之间满足 $\dot{u}^2=f(u)>0$，因此 θ 在 0 和 $\arccos u_1$ 之间摆动，即陀螺作章动(nutation)。

曲线 3：分下面三种情况。

① 设初始条件保证 $b/a>u_2$，则总有 $b-a\cos\theta>0$，由(5.9.7)式 $\dot{\phi}>0$，即进动；而且在 $\theta_1=\arccos u_1$，$\theta_2=\arccos u_2$ 处 $\dot{\theta}=0$，在 θ_1 和 θ_2 之间章动。如图 5.10(a)所示。

② 设 $u_1<b/a<u_2$，此时 $\dot{\phi}$ 不总是大于零。若平均起来，$\dot{\phi}$ 大于零，则有平均净进动，如图 5.10(b)所示。

③ 设 $b/a=u_2$，这时 $\dot{\phi}$ 在 θ_2 处为零，如图 5.10(c)所示。

(3) $f(u)$在区间$[-1,+1]$有三个根满足解的要求的情形不可能存在。假想有曲线如图 5.11 所示，虽然满足(5.9.16)式，但在此情形$+1$不是重根，与(1)情形曲线 1 类似，不合理。

综合以上讨论，重刚体只有(1)情形中的曲线 2、曲线 3 及(2)情形中的曲线 2、曲线 3 对应的运动形式。

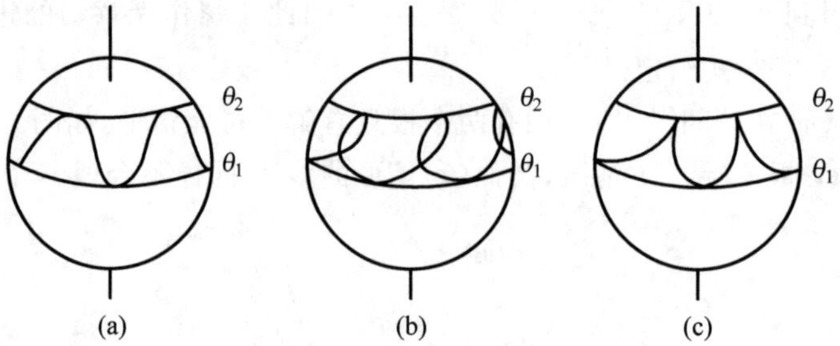

图 5.10　陀螺进动和章动

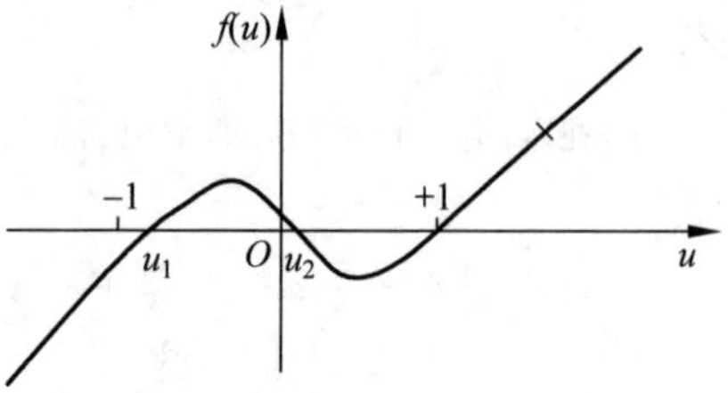

图 5.11　$f(u)$在区间[−1,+1]有三个根满足解的要求

练习题

5.1　长为 L 的匀质杆 AB 在一固定平面(纸面)运动，其 A 端在半径为 $R<L/2$ 的半圆周里滑动，而杆本身则于任何时刻均通过此圆的 M 点。如图 5.12 所示。

(1) 给出瞬时转轴的轨迹；

(2) 假设开始时 A 在最底端，从静止开始自由运动，不考虑摩擦，求杆的角速度。

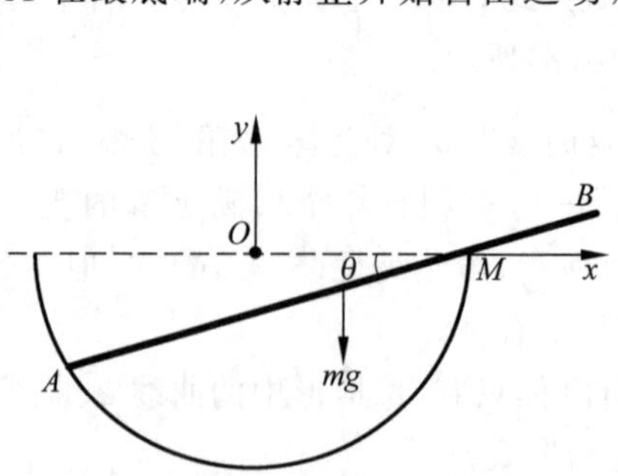

图 5.12　练习题 5.1 用图

5.2　一匀质杆质量 m，长 l，竖直在光滑地面上。由于扰动使杆开始倾斜倒地，求杆完全着地时的角速度及角加速度。

5.3　杆 AB 长 L 绕 OC 以 ω 转动，D 是其中心，$OD=a$，而 OC 绕竖直轴以 Ω 转动，如图 5.13 所示。假设初始时刻 B 点刚好在最低点，求角速度在实验室系和本体坐标系的表示，以及 B 点在最低点时的速率。

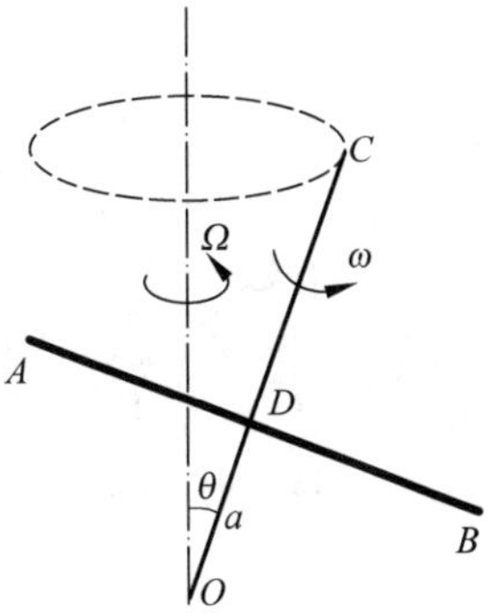

图 5.13　练习题 5.3 用图

5.4　例 5.1 撤去外力矩前后情形，求角速度在实验室系的各分量。

5.5　如图 5.14 所示，有一匀质长方形薄板，求其对某一轴 $\hat{n}$ 的转动惯量。

5.6　一匀质薄圆盘，质量 m，半径 R，以圆心为原点，x，y 轴在盘面建立直角坐标系，求惯量张量；如果一轴通过圆盘边缘但与 z 轴成 θ 角，如图 5.15 所示。求对该轴的转动惯量。

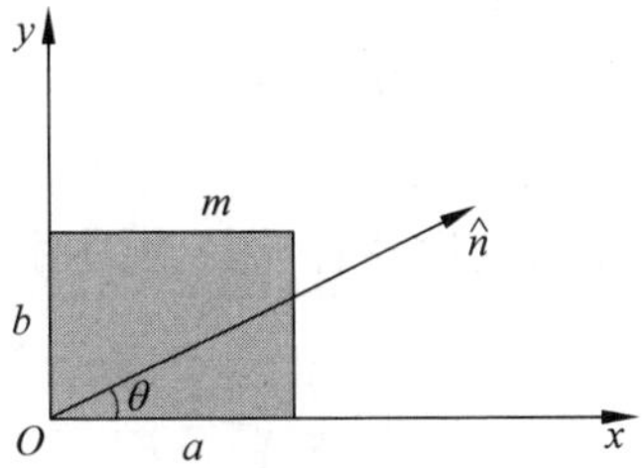

图 5.14　练习题 5.5 用图

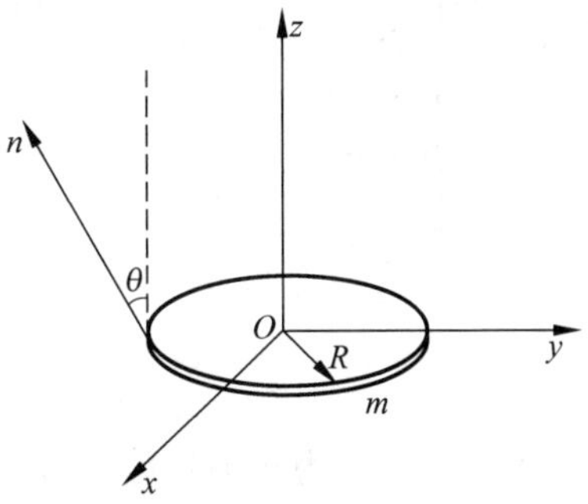

图 5.15　练习题 5.6 用图

5.7　氨分子中三个氢原子成一等边三角形(边长 a)，而氮原子与每个氢原子等间距(距离 b)，如图 5.16 所示。以三角形中心为原点，竖直轴为 z 轴，计算氨分子的转动惯量张量并给出惯量椭球方程。

5.8　质量为 m 的两质点连接于长度 l 的刚性轻杆上，绕通过质心 O 的轴 OA 以角速度 Ω 转动，OA 与两质点的连线夹角为 α，如图 5.17 所示。求：

(1) 系统对质心的角动量；

(2) 系统所受力矩；

(3) 系统转动动能。

5.9　有一均匀的薄圆盘，质量 m，半径 r，垂直于圆盘的对称轴与竖直方向成 α 角交于圆盘中心 O 点。假设圆盘绕对称轴以匀角速度 ω 转动，同时该

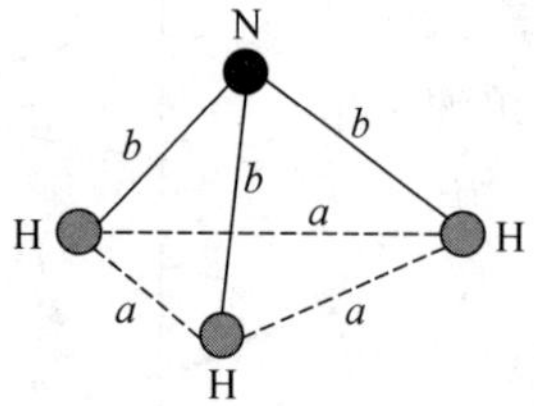

图 5.16　练习题 5.7 用图

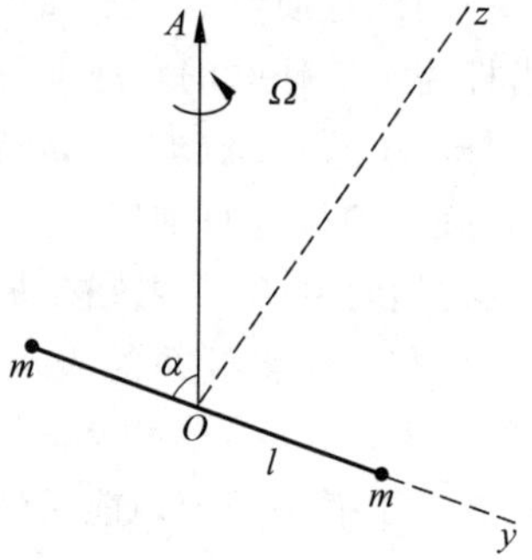

图 5.17　练习题 5.8 用图

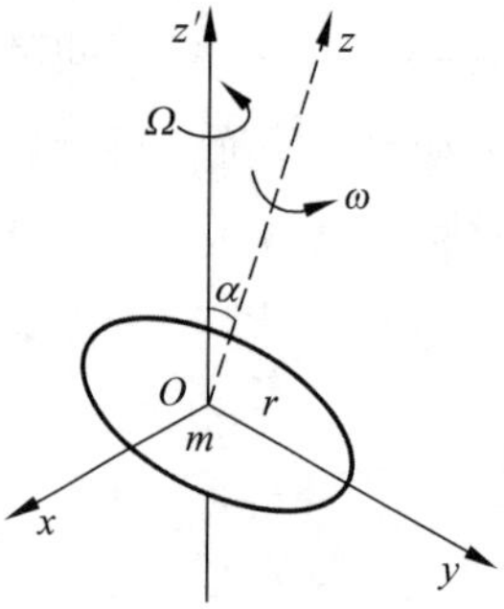

图 5.18　练习题 5.9 用图

对称轴绕竖直轴以匀角速度 Ω 进动。选择圆盘为本体坐标系 x-y 面，O 点为原点，对称轴为 z 轴，竖直方向为实验室坐标系 z' 轴，如图 5.18 所示。求：

(1) 各欧拉角的时间变化率；

(2) 圆盘的动能和角动量；

(3) 圆盘受到的力矩。

5.10　5.8 题力矩突然撤除，求：

(1) 系统对 O 点的角动量；

(2) 系统转动的角速度及各欧拉角的时间变化率。

5.11　5.9 题力矩突然撤除，求：

(1) 系统对 O 点的角动量；

(2) 系统转动的角速度及各欧拉角的时间变化率。

5.12　一陀螺由一质量 m、半径为 R 的匀质圆盘和长为 L 的轻杆组成，轻杆一端固定在圆盘中心且垂直于盘面，另一端固定在地面一点，可绕该点自由转动。现陀螺放倒在地面，圆盘边缘与地面接触并作纯滚动，如图 5.19 所示。假设绕竖直轴的转动角速度为 Ω，求地面对圆盘的支持力。

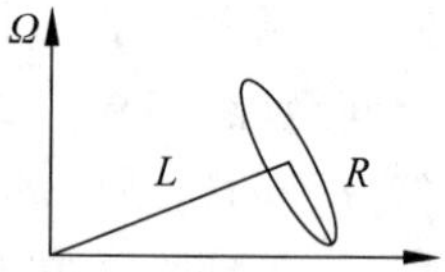

图 5.19　练习题 5.12 用图

5.13　一匀质薄圆盘绕质心作定点转动，角速度大小为 ω_0，方向沿对称轴 Oz，圆盘沿此对称轴的转动惯量为 I_3。现有一冲量 $\boldsymbol{p}$ 平行于 Oz 轴，大小为 $p=I_3\omega_0/b$，作用点离圆盘质心的距离为 b，如图 5.20 所示。求圆盘受此冲量后的自转角速度 $\dot{\psi}$ 和进动角速度 $\dot{\phi}$。

5.14　对称陀螺的主转动惯量分别为 I_1, I_2 和 I_3 且 $I_1=I_2$，以角速度 ω 绕其竖直的对称轴稳定地高速自转。突然在距离定点 d 处横向给予冲量 p，求陀螺之后最大章动角。

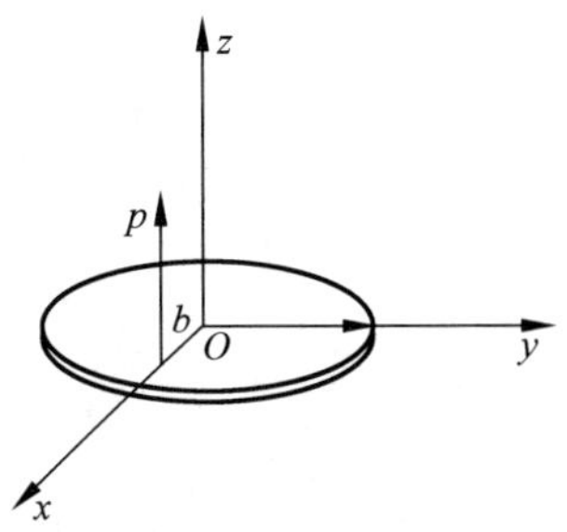

图 5.20　练习题 5.13 用图

5.15　假设地球是接近球的旋转扁椭球且不受力矩，其角速度方向偏离其对称轴方向，北极(地理极点)与天文极点(北极附近瞬时轴与地表交点)之间的平均距离为 4.5m，求：

(1) 地球自转轴的进动角速度；

(2) 地球角速度垂直于自转轴方向分量。

5.16　假设地球自转轴沿着对称轴方向，而与黄道面夹角 φ(白道面与黄道面的倾角 5°多一点，可以近似认为在同一个面内)。由于地球是扁椭球，所受太阳引力与此倾角有关，从而产生力矩。假设地球与太阳距离为 R，相互作用势能为

$$V(\theta)=-G\frac{M_{\text{sun}}M_{\text{earth}}}{R}+G\frac{M_{\text{sun}}}{2R^3}(I_3-I_1)\left(\frac{1-3\cos^2\theta}{2}\right)$$

其中 $\theta=\frac{\pi}{2}-\varphi$，而 I_1, I_3 分别为椭球(地球)的长短轴主转动惯量。求地球自转轴进动角速度(所需参数可以从网络查得)。

5.17　通常刚体的主转动惯量各不相同，假设 $I_1<I_2<I_3$。求证：自由转动时，若开始沿主轴 1 或 3，则转动是稳定的，而开始沿主轴 2，则转动不稳定。(提示：为了证明这个命题，可以假设刚体开始角速度沿某个主轴方向，但附加了一个小扰动 $\boldsymbol{\delta}$，看这个扰动在以后的运动中是线性振动还是指数发散。)

5.18　对称重陀螺质量 M，在冰面上以角速度 ω 绕其对称轴高速自转，对称轴竖直，陀螺主转动惯量关系为 $I_1=I_2\neq I_3$，重心距离转动支点 l。求需要满足的条件。

5.19　对称陀螺质量 M，在冰面上以角速度 ω 绕其对称轴高速自转，对称轴与竖直方向成 θ 角，并沿竖直方向以角速度 Ω 进动。陀螺主转动惯量关系为 $I_1=I_2\neq I_3$，重心距离转动支点 l，求陀螺作稳定进动(无章动)的条件。

第 6 章 哈密顿动力学

第 1 章介绍了拉格朗日力学，建立了拉格朗日方程，讨论了它的一些解法。拉格朗日方程也可以利用哈密顿原理推得。在后续章节中利用拉格朗日方程处理了一些具体问题。本章讨论分析力学的另一重要组成部分：哈密顿动力学(又称哈密顿力学)。

力学的发展和坐标概念的拓展紧密相连，哈密顿正则方程的建立也是和坐标概念的拓展紧密相连的。我们已经经历了坐标概念的拓展的过程：直角坐标系⇒曲线坐标⇒广义坐标。在拉格朗日力学中，用广义坐标和广义速度描述质点，适当选择的广义坐标往往有助于力学问题的顺利解决。

对于广义坐标 q_i，可以引入广义动量 $p_i=\dfrac{\partial L}{\partial \dot{q}_i}$。广义动量可能是动量，角动量等，总之，广义动量不是坐标。但是如果把位形空间的概念推广为相空间，使广义坐标和广义动量处于平等(但并不相同)的地位，它们都是相空间的“坐标”，称为正则变量(或正则共轭坐标)。这样的“坐标”不仅能描述质点的位置，而且能描述质点的运动状态。于是 s 维广义坐标的空间就被代之以 $2s$ 维的正则变量的相空间。以广义坐标为未知函数的拉格朗日方程就被以正则变量为未知函数的正则方程所代替。而且我们还注意到：两个拉格朗日量如果满足一定的关系，例如只相差一个完全导数 $L_1(q,\dot{q},t)-L_2(q,\dot{q},t)=\dfrac{\mathrm{d}f(q,t)}{\mathrm{d}t}$，它们将给出同样的拉格朗日方程，但给出不同的广义动量。由于 f 是完全任意的，所以广义动量的选择可以完全独立于广义坐标的选择，而具有比广义速度更加深刻的含义。

由广义坐标到正则变量(正则共轭坐标)，是坐标概念的又一次重要的飞跃，对力学以致对整个物理学的发展产生了深刻的影响。随着正则变量(正则共轭坐标)的引入而建立起来的哈密顿正则方程和由此发展起来的内容极为丰富的哈密顿力学，不仅为求解拉格朗日方程提供了又一有效方法和途径，而且对理论物理的发展产生了深刻的影响，特别是对量子力学的建立与发展起了积极的推动作用。仅从数学求解的角度看，引入广义动量，也就是用降阶法(高阶常微分方程,可以化为未知函数个数更多,方程数更多的一阶常微分方程组)来解拉格朗日方程。

本章先介绍勒让德变换,然后介绍推导正则方程的方法,以及正则方程的基本解法。最后对相空间和刘维尔定理作简单介绍。

6.1 勒让德变换

拉格朗日方程是含 s 个未知函数 $q_i(t)$ 的 s 个方程组成的二阶常微分方程组,高阶微分方程可以借助降阶法化为一阶微分方程来求解。只要令 $\dot{q}_i \equiv y_i$ 就可以把拉格朗日方程

$$\frac{\mathrm{d}}{\mathrm{d}t}\frac{\partial L}{\partial \dot{q}_i}-\frac{\partial L}{\partial q_i}=0, \quad i=1,2,\cdots,s \tag{6.1.1}$$

化为含 $2s$ 个未知函数 q_i, y_i 的 $2s$ 个一阶常微分方程组成的方程组

$$\begin{cases}\dfrac{\mathrm{d}}{\mathrm{d}t}\dfrac{\partial L}{\partial y_i}-\dfrac{\partial L}{\partial q_i}=0, & L=L(q_i,y_i,t)\equiv L(q_i,\dot{q}_i,t)\\ y_i=\dot{q}_i, & i=1,2,\cdots,s\end{cases} \tag{6.1.2}$$

换一种方法,$2s$ 个未知函数取为 $q_i, p_i \equiv \dfrac{\partial L}{\partial \dot{q}_i}$,则(6.1.1)式又可化成如下的一阶常微分方程组

$$\begin{cases}\dfrac{\partial L}{\partial \dot{q}_i}=p_i\\ \dfrac{\partial L}{\partial q_i}=\dot{p}_i\end{cases}, \quad i=1,2,\cdots,s \tag{6.1.3}$$

虽取未知函数为 q_i, p_i,但 L 还是 $q_\alpha, \dot{q}_\alpha, t$ 的函数,这对求解很不方便。

最好的办法是利用勒让德(Legendre)变换。一般地,考虑一个函数 $f=f(x,y)$,x,y 是独立变量,其偏导数设为 $u=\dfrac{\partial f}{\partial x}, v=\dfrac{\partial f}{\partial y}$。若想换元表示函数,有如下可能的变换。

(1) 若以 u,y 作为独立变量,则可以引入新函数 $g=xu-f(x,y)$,可以证明 $g=g(u,y)$。事实上,利用微分定义式得

$$\mathrm{d}g=u\mathrm{d}x+x\mathrm{d}u-u\mathrm{d}x-v\mathrm{d}y=x\mathrm{d}u-v\mathrm{d}y \tag{6.1.4}$$

即 $x=\dfrac{\partial g}{\partial u}, -v=\dfrac{\partial g}{\partial y}$,$g$ 只是 u,y 的函数。

(2) 若以 v,x 作为独立变量,则令 $h=yv-f(x,y)$,对新函数 h 微分得

$$\mathrm{d}h = v\mathrm{d}y + y\mathrm{d}v - u\mathrm{d}x - v\mathrm{d}y = y\mathrm{d}v - u\mathrm{d}x \tag{6.1.5}$$

即 $y=\dfrac{\partial h}{\partial v}, -u=\dfrac{\partial h}{\partial x}, h=h(v,x)$。

(3) 也可以 u,v 作为独立变量，令 $k=xu+yv-f(x,y)$，微分得

$$\mathrm{d}k = x\mathrm{d}u + u\mathrm{d}x + v\mathrm{d}y + y\mathrm{d}v - u\mathrm{d}x - v\mathrm{d}y = x\mathrm{d}u + y\mathrm{d}v \tag{6.1.6}$$

即 $x=\dfrac{\partial k}{\partial u}, y=\dfrac{\partial k}{\partial v}, k=k(u,v)$。

以上这种独立变量的变换(同时函数也作相应变换)叫作勒让德变换。勒让德变换在物理学中应用很广，例如在热力学中，对可逆过程，热力学第一定律为

$$\mathrm{d}E = T\mathrm{d}S - p\mathrm{d}V \tag{6.1.7}$$

这个结果可以认为内能 E 是熵 S 和体积 V 的函数，即 $E=E(S,V)$。经过一个勒让德变换，得到焓 H 为

$$H = E + pV$$

$$\mathrm{d}H = T\mathrm{d}S + V\mathrm{d}p \tag{6.1.8}$$

于是 $H=H(S,p)$，焓是熵 S 和压强 p 的函数。也可得到亥姆霍兹自由能 F 为

$$F = E - TS \quad \Rightarrow \quad \mathrm{d}F = -S\mathrm{d}T - p\mathrm{d}V \tag{6.1.9}$$

容易看出亥姆霍兹自由能 $F=F(T,V)$是温度 T 和体积 V 的函数。吉布斯自由能 G 则是

$$G = E - TS + pV$$

$$\mathrm{d}G = -S\mathrm{d}T + V\mathrm{d}p \tag{6.1.10}$$

因此吉布斯自由能 $G=G(T,p)$是温度 T 和压强 p 的函数。

6.2　正则方程(哈密顿方程)

利用勒让德变换，对于一个自由度体系，与 6.1 节(2)情形类比：

$$x \to q,\quad y \to \dot{q},\quad f \to L,\quad u \to \frac{\partial L}{\partial q},\quad v \to \frac{\partial L}{\partial \dot{q}} = p,\quad h \to H$$

即可得到新的量

$$H = \dot{q}p - L(q,\dot{q}) \tag{6.2.1}$$

类比(6.1.5)式，$H=H(q,p)$，$\dot{q}=\dfrac{\partial H}{\partial p}$，$-\dfrac{\partial L}{\partial q}=\dfrac{\partial H}{\partial q}$，其中 H 称为哈密顿函数或哈密顿量。由于$\dfrac{\partial L}{\partial q}=\dfrac{\mathrm{d}}{\mathrm{d}t}\left(\dfrac{\partial L}{\partial \dot{q}}\right)=\dot{p}$，所以有 $\dot{p}=-\dfrac{\partial H}{\partial q}$。其中 q 和 p 两个变

量是正则变量，它们随时间的变化率

$$\dot{q}=\frac{\partial H}{\partial p},\quad \dot{p}=-\frac{\partial H}{\partial q} \tag{6.2.2}$$

称为正则方程或哈密顿方程。这里要注意，求偏微商时哪些是保持不变的变量，如求$\frac{\partial L}{\partial q}$时，表示 $\dot{q}$ 不变，因 $L=L(q,\dot{q})$，而求$\frac{\partial H}{\partial q}$时则是要求 p 不变。若系统拉格朗日量显含时间，即 $L=L(q,\dot{q},t)$，则(6.2.1)式仍成立，相应的哈密顿量也将显含时间。

对于 s 自由度体系，可以把勒让德变换加以推广。假设力学体系的拉格朗日量 $L(q_1,\dot{q}_1,\cdots,q_s,\dot{q}_s,t)$，因 $p_i=\frac{\partial L}{\partial \dot{q}_i}$，由拉格朗日方程 $\dot{p}_i=\frac{\partial L}{\partial q_i}$。选 q_i,p_i 为独立坐标，进行勒让德变换得

$$H(q_1,p_1,\cdots,q_s,p_s,t)=\sum_{i=1}^{s}\dot{q}_i p_i-L(q_1,\dot{q}_1,\cdots,q_s,\dot{q}_s,t) \tag{6.2.3}$$

其中，$q_i,p_i,i=1,2,\cdots,s$ 是s 自由度体系的正则变量，而函数 H 就是哈密顿函数或哈密顿量。从(6.2.3)式出发计算 H 的全微分为

$$\begin{aligned}
\mathrm{d}H&=\mathrm{d}\left[\sum_{i=1}^{s}\dot{q}_i p_i-L(q_1,\dot{q}_1,\cdots,q_s,\dot{q}_s,t)\right]\\
&=\sum_{i=1}^{s}(\dot{q}_i\mathrm{d}p_i+p_i\mathrm{d}\dot{q}_i)-\sum_{i=1}^{s}\left(\frac{\partial L}{\partial q_i}\mathrm{d}q_i+\frac{\partial L}{\partial \dot{q}_i}\mathrm{d}\dot{q}_i\right)-\frac{\partial L}{\partial t}\mathrm{d}t\\
&=\sum_{i=1}^{s}(-\dot{p}_i\mathrm{d}q_i+\dot{q}_i\mathrm{d}p_i)-\frac{\partial L}{\partial t}\mathrm{d}t
\end{aligned} \tag{6.2.4}$$

另一方面，又有

$$\mathrm{d}H=\mathrm{d}H(q_1,p_1,\cdots,q_s,p_s,t)=\sum_{i=1}^{s}\frac{\partial H}{\partial q_i}\mathrm{d}q_i+\sum_{i=1}^{s}\frac{\partial H}{\partial p_i}\mathrm{d}p_i+\frac{\partial H}{\partial t}\mathrm{d}t \tag{6.2.5}$$

比较以上两式的系数，得正则方程

$$\begin{cases}\dot{q}_i=\dfrac{\partial H}{\partial p_i}\\[2ex] \dot{p}_i=-\dfrac{\partial H}{\partial q_i}\end{cases} \tag{6.2.6}$$

以及

$$\frac{\partial H}{\partial t}=-\frac{\partial L}{\partial t} \tag{6.2.7}$$

(6.2.7)式表明如果拉格朗日量不显含时间，哈密顿量就不显含时间，反之亦

然。第1章中能量积分(1.5.2)式,其实就是若拉格朗日量不显含时间,哈密顿量守恒,从这个意义上可以认为哈密顿量就是时间的共轭量。对于稳定约束体系,哈密顿量就是能量。另一方面,(6.2.5)式两边除 dt,再利用(6.2.6)式容易得到

$$\frac{\mathrm{d}H}{\mathrm{d}t}=\frac{\partial H}{\partial t} \tag{6.2.8}$$

从这个式子直接可以看到,如果哈密顿量不显含时间,则哈密顿量是守恒量。

类似于拉格朗日方程中有关循环坐标的讨论,正则方程中也有与循环坐标对应的运动积分或守恒量。如果哈密顿量不显含某个正则变量,由正则方程容易看出与该正则变量对应的共轭量就是守恒量。例如,若 H 中不显含某一广义坐标 q_i(称为循环坐标),则

$$\dot{p}_i=-\frac{\partial H}{\partial q_i}=0,\quad p_i=\text{const.},\quad i=1,2,\cdots,s \tag{6.2.9}$$

又因为

$$\begin{aligned}\left(\frac{\partial H}{\partial q_i}\right)_{\{q,p\}}&=\frac{\partial}{\partial q_i}\Big(\sum_{j=1}^{s}\dot{q}_j p_j\Big)_{\{q,p\}}-\left(\frac{\partial L}{\partial q_i}\right)_{\{q,p\}}\\&=\sum_{j=1}^{s}p_j\left(\frac{\partial \dot{q}_j}{\partial q_i}\right)_{\{q,p\}}-\left(\frac{\partial L}{\partial q_i}\right)_{\{q,\dot{q}\}}-\sum_{j=1}^{s}\left(\frac{\partial L}{\partial \dot{q}_j}\right)_{\{q,\dot{q}\}}\left(\frac{\partial \dot{q}_j}{\partial q_i}\right)_{\{q,p\}}\\&=-\left(\frac{\partial L}{\partial q_i}\right)_{\{q,\dot{q}\}}\end{aligned}$$

所以,这里所讲的循环积分与拉格朗日方程的循环积分一致;若 H 中不显含某一广义动量 p_i,则有积分

$$\dot{q}_i=\frac{\partial H}{\partial p_i}=0,\quad q_i=\text{const.} \tag{6.2.10}$$

注意:(1) 一个或若干个广义坐标为常数并不意味着体系静止。

(2) 前面已经提到,广义坐标和广义动量处于平等的地位,它们之间并无不可逾越的界限,因此 $q_i=\text{const.}$ 也可称为循环积分。在第7章学了正则变换,对这一点可以有更深刻的认识。

哈密顿量是正则变量 q,p 的函数,利用变分原理时更方便。原来对拉格朗日量而言,$q,\dot{q}$ 是独立变量,但变分量 $\delta\dot{q}$ 却不独立。采用正则变量 q,p,变分量 $\delta q,\delta p$ 都可以看作是独立的,这一点从作用量的变分过程容易得知。作用量变分极小,为

$$\delta S=\int\delta L\,\mathrm{d}t=0 \tag{6.2.11}$$

由(6.2.3)式,求得拉格朗日量的等时变分为

$$\delta L=\sum_i(\dot{q}_i\delta p_i+p_i\delta\dot{q}_i)-\delta H \tag{6.2.12}$$

另一方面,哈密顿量的变分又可表示为

$$\delta H=\sum_i\left(\frac{\partial H}{\partial q_i}\delta q_i+\frac{\partial H}{\partial p_i}\delta p_i\right) \tag{6.2.13}$$

将(6.2.13)式代入(6.2.12)式,并作简单归整,得

$$\delta L=\sum_i\left[\left(\dot{q}_i-\frac{\partial H}{\partial p_i}\right)\delta p_i+\left(-\dot{p}_i-\frac{\partial H}{\partial q_i}\right)\delta q_i+\frac{\mathrm{d}}{\mathrm{d}t}(p_i\delta q_i)\right] \tag{6.2.14}$$

代入(6.2.11)式可计算积分。由于 δq_i 在端点为零,(6.2.14)式的第三项的积分自然为零。只要 $\delta q,\delta p$ 可看作是独立的变分量,根据哈密顿原理,(6.2.14)式的前两项将导致正则方程(6.2.6)式。即,正则方程与哈密顿原理(变分原理)等价,也就与拉格朗日方程等价。所以,修正的哈密顿原理是要求作用量在正则变量的相空间取极值,而两个端点固定,意味着独立的变分量 $\delta q,\delta p$ 在端点都是零。

正则方程与拉格朗日方程等价这一点也可以从推导正则方程的过程看出来,因为推导过程要用到拉格朗日方程。尽管它们等价,但正则方程与拉格朗日方程相比,它有其优点：其解不但有广义坐标表达式,而且有共轭动量表达式,内容比较丰富；一阶方程在有些情况下更容易求解；方程形式对称比较易于研究,因而对正则方程的研究比较深入,已经有了一系列求解的方法,将在以后的章节中讨论。

例 6.1 一维谐振子。

由拉格朗日量

$$L=T-V=\frac{1}{2}m\dot{x}^2-\frac{1}{2}kx^2$$

得拉格朗日方程

$$m\ddot{x}+kx=0$$

由拉格朗日量还可得共轭正则动量

$$p=\frac{\partial L}{\partial\dot{x}}=m\dot{x}$$

进一步得哈密顿函数或哈密顿量

$$H=p\dot{x}-L=\frac{p^2}{2m}+\frac{1}{2}kx^2$$

由此得正则方程

$$\dot{x}=\frac{\partial H}{\partial p}=\frac{p}{m},\quad \dot{p}=-\frac{\partial H}{\partial x}=-kx$$

正则方程的第一式实际给出广义动量的定义,第二式给出动力学方程,消去 p

即得拉格朗日方程。由于哈密顿量不显含时间，有能量积分：$H=p\dot{x}-L=\frac{p^2}{2m}+\frac{1}{2}kx^2=E$。

例 6.2　单摆。

由拉格朗日量

$$L=\frac{1}{2}ml^2\dot{\theta}^2+mgl\cos\theta$$

得

$$ml^2\ddot{\theta}+mgl\sin\theta=0$$

由拉格朗日量还可得共轭正则动量

$$p_\theta=\frac{\partial L}{\partial\dot{\theta}}=ml^2\dot{\theta}$$

进一步得哈密顿量

$$H=p_\theta\dot{\theta}-L\Big|_{\dot{\theta}=\frac{p_\theta}{ml^2}}=\frac{p_\theta^2}{2ml^2}-mgl\cos\theta$$

由哈密顿量得正则方程

$$\begin{cases}\dot{\theta}=\dfrac{\partial H}{\partial p_\theta}=\dfrac{p_\theta}{ml^2}\\[2ex]\dot{p}_\theta=-\dfrac{\partial H}{\partial\theta}=-mgl\sin\theta\end{cases}$$

上式的第一式实际给出的广义动量与通过拉格朗日量得到的完全相同，第二式给出动力学方程，消去 p_θ 即得到拉格朗日方程。哈密顿量不显含时间，所以有能量积分

$$\frac{p_\theta^2}{2ml^2}-mgl\cos\theta=E$$

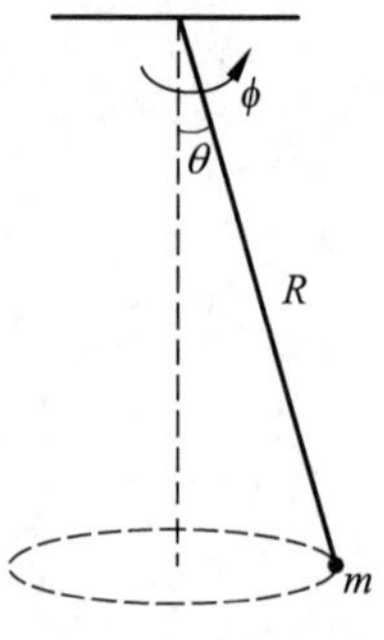

图 6.1　球面摆

例 6.3　球面摆，如图 6.1 所示。

动能

$$T=\frac{1}{2}mR^2\dot{\theta}^2+\frac{1}{2}mR^2\sin^2\theta\dot{\phi}^2$$

势能

$$V=mgR(1-\cos\theta)$$

拉格朗日量

$$L=T-V$$

（1）共轭动量实际为角动量分量

$$p_\theta = \frac{\partial L}{\partial \dot{\theta}} = mR^2\dot{\theta} = l_\theta$$

$$p_\phi = \frac{\partial L}{\partial \dot{\phi}} = mR^2\sin^2\theta\dot{\phi} = l_\phi$$

ϕ 是循环坐标，因而有共轭动量守恒

$$p_\phi = \frac{\partial L}{\partial \dot{\phi}} = \text{const.}$$

（2）哈密顿量

完整系稳定约束，L 不显含时间，哈密顿量为守恒量

$$H = T + V = E = \frac{l_\theta^2}{2mR^2} + \frac{l_\phi^2}{2mR^2\sin^2\theta} + mgR(1-\cos\theta)$$

（3）正则方程

$$\dot{\theta} = \frac{\partial H}{\partial l_\theta} = \frac{l_\theta}{mR^2}, \quad \dot{\phi} = \frac{\partial H}{\partial l_\phi} = \frac{l_\phi}{mR^2\sin^2\theta}$$

$$\dot{l}_\theta = -\frac{\partial H}{\partial \theta} = \frac{l_\phi^2\cos\theta}{mR^2\sin^3\theta} - mgR\sin\theta, \quad \dot{l}_\phi = 0$$

例 6.4　用正则方程解椭圆摆（质点 A 可水平自由移动），如图 6.2 所示。

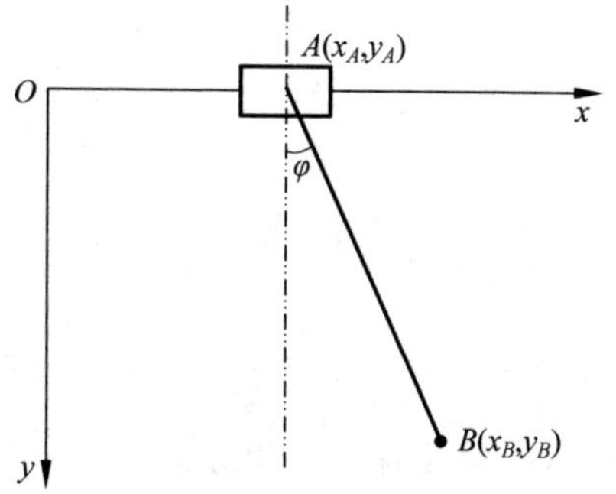

图 6.2　椭圆摆

解：摆长 l，在如图坐标系下，$y_A = 0$，$x_B = x_A + l\sin\varphi$，$y_B = l\cos\varphi$

因此只有 2 个自由度，选择 $x = x_A$ 和 φ 作为独立的广义坐标。此时拉格朗日量为

$$\begin{aligned} L &= \frac{1}{2}m_A\dot{x}_A^2 + \frac{1}{2}m_B(\dot{x}_B^2 + \dot{y}_B^2) + m_Bgy_B \\ &= \frac{1}{2}(m_A + m_B)\dot{x}^2 + \frac{1}{2}m_Bl^2\dot{\varphi}^2 + m_Bl\dot{x}\dot{\varphi}\cos\varphi + m_Bgl\cos\varphi \end{aligned}$$

相应的广义动量分别为

$$p_x=(m_A+m_B)\dot{x}+m_B l\dot{\varphi}\cos\varphi$$

$$p_\varphi=m_B l(l\dot{\varphi}+\dot{x}\cos\varphi)$$

可解得

$$\dot{x}=\frac{lp_x-p_\varphi\varphi}{l(m_A+m_B\sin^2\phi)}$$

$$\dot{\varphi}=\frac{(m_A+m_B)p_\varphi-m_B lp_x\cos\varphi}{l^2 m_B(m_A+m_B\sin^2\varphi)}$$

$$H=p_x\dot{x}+p_\varphi\dot{\varphi}-L\Big|_{\dot{x},\dot{\varphi}\Rightarrow p_x,p_\varphi,x,\varphi}$$

$$=\frac{1}{2(m_A+m_B\sin^2\varphi)}\left[p_x^2+\frac{m_A+m_B}{m_B l^2}p_\varphi^2-\frac{2\cos\varphi}{l}p_x p_\varphi\right]-m_B gl\cos\varphi$$

求得正则方程

$$\dot{x}=\frac{\partial H}{\partial p_x}=\frac{1}{m_A+m_B\sin^2\varphi}\left[p_x-\frac{p_\varphi}{l}\cos\varphi\right]$$

$$\dot{\varphi}=\frac{\partial H}{\partial p_\varphi}=\frac{1}{l(m_A+m_B\sin^2\varphi)}\left[\left(1+\frac{m_A}{m_B}\right)\frac{p_\varphi}{l}-p_x\cos\varphi\right]$$

$$\dot{p}_x=-\frac{\partial H}{\partial x}=0$$

$$\dot{p}_\varphi=-\frac{\partial H}{\partial \varphi}$$

$$=\frac{\sin\varphi}{(m_A+m_B\sin^2\varphi)^2}\left\{m_B p_x^2\cos\varphi+(m_A+m_B)\frac{p_\varphi^2}{l^2}\cos\varphi-\right.$$

$$\left.[m_A+m_B(1+\cos^2\varphi)]\frac{p_\varphi}{l}p_x\right\}-m_B gl\sin\varphi$$

H 不显含 x，x 是循环坐标，因此有循环积分 $p_x=(m_1+m_2)\dot{x}+m_2 l\dot{\varphi}\cos\varphi$，这与上面第三个正则方程一致。另外 H 不显含时间，有能量积分：

$$H=\frac{1}{2(m_A+m_B\sin^2\varphi)}\left[p_x^2+\frac{m_A+m_B}{m_B l^2}p_\varphi^2-\frac{2\cos\varphi}{l}p_x p_\varphi\right]-m_B gl\cos\varphi=E$$

例 6.5　电磁场中的粒子的运动。

$L=\frac{1}{2}mv^2-e\varphi+e\boldsymbol{A}\cdot\boldsymbol{v}$，求得广义动量 $\boldsymbol{p}=m\boldsymbol{v}+e\boldsymbol{A}$

哈密顿量为 $H=\boldsymbol{v}\cdot\boldsymbol{p}-L=\frac{1}{2m}(\boldsymbol{p}-e\boldsymbol{A})^2+e\varphi$

正则方程分量式为

$$\begin{cases}\dot{q}_i=\dfrac{\partial H}{\partial p_i}, & q_i=x,y,z\\ \dot{p}_i=-\dfrac{\partial H}{\partial q_i}, & p_i=p_x,p_y,p_z\end{cases}$$

把分量式合在一起，则有 $\begin{cases}\dfrac{1}{m}(\boldsymbol{p}-e\boldsymbol{A})=\boldsymbol{v}\\ \nabla H=-\dot{\boldsymbol{p}}\end{cases}$

例 6.6 系统拉格朗日量为(见例 1.8，q 是广义坐标，α 是常量)

$$L=T-V=\frac{1}{2}m(\dot{q}^2+\omega^2q^2\sin^2\alpha)-mgq\cos\alpha$$

广义动量 $p=\dfrac{\partial L}{\partial\dot{q}}=m\dot{q}$

哈密顿量 $H=p\dot{q}-L=\dfrac{p^2}{2m}-\dfrac{1}{2}mq^2\omega^2\sin^2\alpha+mgq\cos\alpha$

可得正则方程 $\dot{q}=\dfrac{\partial H}{\partial p}=\dfrac{p}{m}$，$\dot{p}=-\dfrac{\partial H}{\partial q}=m\omega^2q\sin^2\alpha-mg\cos\alpha$

$H\neq E=T+V$，但 $\dfrac{\mathrm{d}H}{\mathrm{d}t}=-\dfrac{\partial L}{\partial t}=\dfrac{\partial H}{\partial t}=0$，所以 H 是守恒量，但能量不守恒，只能说广义能量守恒。

例 6.7 系统拉格朗日量 L，若变为 $L'=L+\dfrac{\mathrm{d}\Lambda(q,t)}{\mathrm{d}t}$，根据 1.6 节(2)，$L'$ 与 L 等价，即导致同一运动方程(拉格朗日方程)。求：

(1) p' 与 p 的联系；

(2) H' 与 H 的联系；

(3) 哈密顿方程是否等价？

解：(1) 按定义 $p'_k=\dfrac{\partial L'}{\partial\dot{q}_k}$，

因为 $\dfrac{\mathrm{d}\Lambda}{\mathrm{d}t}=\sum\limits_i\left(\dfrac{\partial\Lambda}{\partial q_i}\dot{q}_i\right)+\dfrac{\partial\Lambda}{\partial t}$

所以 $p'_k=p_k+\dfrac{\partial\Lambda}{\partial q_k}$

(2) 根据定义

$$H'=\sum_k p'_k\dot{q}_k-L'=\sum_k\left(p'_k-\frac{\partial\Lambda}{\partial q_k}\right)\dot{q}_k-L-\frac{\partial\Lambda}{\partial t}=H\left(q,p'-\frac{\partial\Lambda}{\partial q}\right)-\frac{\partial\Lambda}{\partial t}$$

(3) $\dfrac{\partial H'}{\partial p'_k}=\dfrac{\partial H}{\partial p_k}=\dot{q}_k\Rightarrow\dot{q}_k=\dfrac{\partial H'}{\partial p'_k}$

$$\frac{\partial H'}{\partial q_k}=\frac{\partial H}{\partial q_k}+\sum_i \frac{\partial H}{\partial p_i}\left(-\frac{\partial^2 \Lambda}{\partial q_k \partial q_i}\right)-\frac{\partial^2 \Lambda}{\partial q_k \partial t}$$

$$=\frac{\partial H}{\partial q_k}-\sum_i \dot{q}_i \frac{\partial^2 \Lambda}{\partial q_k \partial q_i}-\frac{\partial^2 \Lambda}{\partial q_k \partial t}$$

另一方面$\dot{p}'_k=\dot{p}_k+\sum_i \frac{\partial^2 \Lambda}{\partial q_i \partial q_k}\dot{q}_i+\frac{\partial^2 \Lambda}{\partial t \partial q_k}$

两式相加 $\dot{p}'_k+\frac{\partial H'}{\partial q_k}=\dot{p}_k+\frac{\partial H}{\partial q_k}=0 \Rightarrow \dot{p}'_k=-\frac{\partial H'}{\partial q_k}$

哈密顿方程等价。

6.3　相空间和刘维尔定理

求解动力学方程有时候是非常困难的。但有时你只需要了解系统的某些特性,这时如果在相空间分析,不用求解方程也能定性得到许多信息。

对于 s 自由度的系统,哈密顿方程为

$$\dot{q}_k=\frac{\partial H}{\partial p_k},\quad \dot{p}_k=-\frac{\partial H}{\partial q_k},\quad k=1,2,\cdots,s \tag{6.3.1}$$

令$\{q_k\},\{p_k\}\Rightarrow\{x_k\},k=1,2,\cdots,2s$

则(6.3.1)式可统一表达为

$$\dot{x}_k=X_k(x_1,x_2,\cdots,x_k,t),\quad k=1,2,\cdots,2s \tag{6.3.2}$$

$\{x_k\}$张开的空间就是相空间。相点在相空间的位置代表系统的状态,相点随时间移动就形成相轨迹,即,沿相轨迹系统随时间演化。

给定系统,在相空间根据初始条件的不同有许多可能的相轨迹,或者说在给定时刻可以有许多可能的相点,每个相点都满足(6.3.2)式,每个相点只沿着一个轨迹。某个实际过程当然只能是由其中某个相点的轨迹描述系统实际状态的变化。由于有无数个这样的相点,它们只是初始条件有差异,可以把这些相点集合看作是相流体,这些相点随时间的移动可看作是相流体的流动。

1. 保守系统

哈密顿量不显含时间

$$\dot{x}_k=X_k(x_1,x_2,\cdots,x_{2s}),\quad k=1,2,\cdots,2s \tag{6.3.3}$$

这时在相空间,某个相轨迹上给定相点的速度(在切线方向)是由位置决定的,且唯一,所以每个相点只有一个轨迹通过,即那些相轨迹相互不相交。

保守系哈密顿量守恒

$$H=H(x_1,x_2,\cdots,x_{2s})=\text{const.} \tag{6.3.4}$$

这是相空间内的曲面方程，所有相轨迹只能在该曲面上，不然系统哈密顿量不会守恒。

若所有 $\dot{x}_k=0$，称为平衡点或奇异点，这点上切线斜率$\frac{\dot{x}_i}{\dot{x}_j}$不定。然而，在这个奇异点附近$\dot{x}_k\approx\sum_i\frac{\partial X_k}{\partial x_i}\Delta x_i$，越接近这个点，速度 $\dot{x}_k$ 越小，所以从其他相点移动到这个点需要无限长时间（注意 $\dot{x}_k$ 包括广义坐标和广义动量的时间导数），反之亦然。由此可知，相轨迹不经过这个点。亦即哈密顿量为常量的曲面没有奇异点。对于局域运动系统，哈密顿量为常量的曲面是 $2s$ 维相空间中的 $2s-1$ 维闭合面，该闭合面与球面拓扑等价。比如，$s=2$ 情形，哈密顿量为常量的曲面是四维中的三维体，其与球体拓扑等价。

2. 可积系统(integrable)与不变环

有些系统，除了哈密顿量，可能还有其他守恒量。其他守恒量也代表 $2s$ 维相空间中的 $2s-1$ 维闭合面。这些守恒量若相容，简单理解就是这些守恒量对应的曲面有交集，即有共同的低维数的子曲面，此时系统运动轨迹将限制在这个低维数的子曲面上。如果 s 个自由度系统有 s 个守恒量(运动常数)，这些守恒量不必有解析表示，只要求存在，而且相容，这时候系统在相空间轨迹就可约化到 s 维子相空间，此时系统是可积系统。简单地讲，可积就是可以用积分表示解。可积系统的解是稳定的(对初值不敏感)，经典系统混沌只发生在不可积系统。对于自由度为 1 的系统，若哈密顿量不显含时间，总是可积系统。

对于周期运动，相轨迹一般限制在有限的相空间内。s 自由度的哈密顿系统(哈密顿量不显含时间)如果是可积的，意味着除了哈密顿量还有 $s-1$ 个守恒量，它们都相容。此时相轨迹就限制在 $2s$ 维相空间中 s 维子相空间内，这个子相空间一定是在一个中空的 s 维环(s-torus)上，这个环面称为不变环。相流体只能限制在不变环上流动。以 $s=2$ 为例，相轨迹上切线方向矢量构成的矢量场是在二维曲面上，如果这个曲面是球面，必定有一奇点，该点上矢量无定义，如同头旋一样，如图 6.3(a)所示。这个在数学上有一个定理，叫梳子定理(comb theorem)。如果这个曲面是像面包圈一样的环，如图 6.3(b)所示，就不会存在奇点的困难。球面和环面的拓扑结构是不同的，环面有中空不连通区域。另外应注意的是，图 6.3(b)所示的环不是四维相空间中的二维环，而是三维中的二维环，但它们拓扑结构相同。

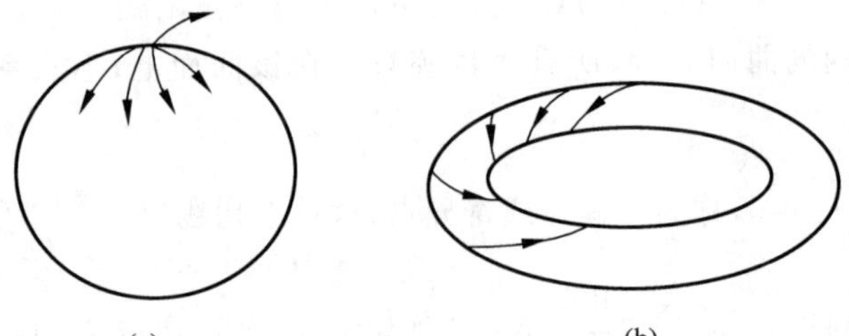

图 6.3　(a) 球面上奇点；(b) 环面上相轨迹

例 6.8　一维谐振子。

哈密顿量：$H=\frac{p^2}{2m}+\frac{1}{2}kx^2$

系统相空间是(x,p)为变量的二维平面，由于哈密顿量不显含时间，所以哈密顿量是守恒量，容易得知相轨迹是椭圆。相空间里相点随时间演化过程，实际是沿椭圆运动。

非保守的完整系统

$$\dot{x}_k=X_k(x_1,x_2,\cdots,x_{2s},t),\quad k=1,2,\cdots,2s \tag{6.3.5}$$

因为切线斜率$\frac{\dot{x}_i}{\dot{x}_j}=\frac{X_i(x_1,x_2,\cdots,x_{2s},t)}{X_j(x_1,x_2,\cdots,x_{2s},t)}$一般随时间变化，相轨迹可以相交，问题变得更复杂。但我们可以把时间 t 作为新的自由度正则变量扩充相空间，则系统哈密顿量的负值为其正则共轭动量，组成 $2(s+1)$维扩充相空间，在该相空间内就像保守系一样，这里不作更多的讨论。

3. 刘维尔定理

刘维尔定理指出，如果系统的运动可以用哈密顿方程描述，则在相空间中的相流体就是不可压缩流体。下面证明这个结论。

系统状态沿相轨迹随时间演化，因此相点不会消失。相点在相空间中的速度为 $2s$ 维矢量

$$\boldsymbol{v}=(\dot{q}_1,\dot{q}_2,\cdots,\dot{q}_s,\dot{p}_1,\dot{p}_2,\cdots,\dot{p}_s) \tag{6.3.6}$$

现假定 $2s$ 维相空间有一体积 V，其表面 S，相点数密度 n，则在单位时间里该体积内相点数的增量等于在单位时间里从外面净流入的相点个数。假设相点的速度$\boldsymbol{v}$，则

$$\frac{\mathrm{d}}{\mathrm{d}t}\int_V n\,\mathrm{d}V=-\int_S n\boldsymbol{v}\cdot\mathrm{d}\boldsymbol{S} \tag{6.3.7}$$

负号是因为取表面外法线方向为正向。表面 S 固定，根据高斯定理，(6.3.7)式变为

$$\int_V \frac{\partial n}{\partial t}\mathrm{d}V = -\int_V \nabla\cdot(n\boldsymbol{v})\mathrm{d}V \tag{6.3.8}$$

这里梯度算符∇是 $2s$ 维相空间的。因 V 是任取的，所以一定有

$$\frac{\partial n}{\partial t} = -\nabla\cdot(n\boldsymbol{v}) \tag{6.3.9}$$

或

$$\frac{\partial n}{\partial t} + \boldsymbol{v}\cdot\nabla n + n\,\nabla\cdot\boldsymbol{v} = 0 \tag{6.3.10}$$

相点数密度 n 应为正则坐标及时间的函数，所以

$$\frac{\mathrm{d}n}{\mathrm{d}t} = \frac{\partial n}{\partial t} + \sum_{i=1}^{s}\left(\frac{\partial n}{\partial q_i}\dot{q}_i + \frac{\partial n}{\partial p_i}\dot{p}_i\right) = \frac{\partial n}{\partial t} + \boldsymbol{v}\cdot\nabla n \tag{6.3.11}$$

利用(6.3.10)式，有

$$\frac{\mathrm{d}n}{\mathrm{d}t} = -n\,\nabla\cdot\boldsymbol{v} \tag{6.3.12}$$

由于

$$\nabla\cdot\boldsymbol{v} = \sum_i^s\left(\frac{\partial\dot{q}_i}{\partial q_i} + \frac{\partial\dot{p}_i}{\partial p_i}\right) = \sum_i^s\left(\frac{\partial^2 H}{\partial q_i\partial p_i} - \frac{\partial^2 H}{\partial p_i\partial q_i}\right) = 0$$

代入(6.3.12)式得到

$$\frac{\mathrm{d}n}{\mathrm{d}t} = 0 \tag{6.3.13}$$

考查一组相点，相点个数一定，随时间在相空间演化，由于相点数密度不随时间变化，所以这组相点对应的相体积保持一定，即相流体不可压缩。

推论 1：相体积元 $\mathrm{d}V = \mathrm{d}q_1\cdots\mathrm{d}q_s\mathrm{d}p_1\cdots\mathrm{d}p_s$，对于无限小过程 $t\to t+\mathrm{d}t$，相点随哈密顿方程演化，因此体积元不变，即

$$\begin{aligned}&\mathrm{d}V_{t+\mathrm{d}t} = \det[J]\mathrm{d}V_t = \mathrm{d}V_t\\&\det[J] = 1\end{aligned} \tag{6.3.14}$$

这里雅可比矩阵为

$$J = \frac{\partial(q_1,q_2,\cdots,q_s,p_1,p_2,\cdots,p_s)_{t+\mathrm{d}t}}{\partial(q_1,q_2,\cdots,q_s,p_1,p_2,\cdots,p_s)_t} \tag{6.3.15}$$

例 6.9　一维阻尼振动。

构造一个拉格朗日量：

$$L(x,\dot{x},t) = \mathrm{e}^{2\beta t}\left(\frac{1}{2}m\dot{x}^2 - \frac{1}{2}kx^2\right) \tag{6.3.16}$$

拉格朗日方程 $\ddot{x} + 2\beta\dot{x} + \dfrac{k}{m}x = 0$，广义动量：$p = \dfrac{\partial L}{\partial\dot{x}} = m\dot{x}\,\mathrm{e}^{2\beta t}$

哈密顿量：

$$H=\dot{x}p-L=\frac{p^2}{2m}\mathrm{e}^{-2\beta t}+\frac{1}{2}kx^2\mathrm{e}^{2\beta t} \tag{6.3.17}$$

哈密顿量不守恒。

哈密顿方程

$$\dot{x}=\frac{\partial H}{\partial p}=\frac{p\mathrm{e}^{-2\beta t}}{m};\quad \dot{p}=-\frac{\partial H}{\partial x}=-kx\mathrm{e}^{2\beta t}$$

由(4.1.8)式～(4.1.13)式可知，对于不同初始条件的相点，当时间很长以后，所有相点都有 $x\to 0, p\to\pm\infty$，但这些相点覆盖的面积不变。

推论 2：(庞加莱复原定理)对于哈密顿系统，如果系统限制在有限的相空间内，则由于给定相流体的体积不变，时间足够长时，这个相流体在相空间流动时必然回到初始相空间的区域。这个定理是准确的，曾经是马赫反对玻耳兹曼统计理论的重要理由。但由于定理中所讲的时间足够长实际上过于长，在现实中完全无法等到，因此玻耳兹曼统计理论(准确地讲是熵增原理)与庞加莱复原定理并不矛盾。

推论 3：如果系统相点数不变，但不遵守哈密顿方程，则由(6.3.12)式积分得

$$\begin{aligned}n(p(t),q(t))&=n(p(0),q(0))\exp\left(-\int_0^t \nabla\cdot\boldsymbol{v}\,\mathrm{d}t\right)\\&=n(p(0),q(0))\exp\left(-\int_0^t\sum_i\left[\frac{\partial\dot{q}_i}{\partial q_i}+\frac{\partial\dot{p}_i}{\partial p_i}\right]\mathrm{d}t\right)\end{aligned} \tag{6.3.18}$$

或

$$\mathrm{d}V(t)=\mathrm{d}V(0)\exp\left(\int_0^t\sum_i\left[\frac{\partial\dot{q}_i}{\partial q_i}+\frac{\partial\dot{p}_i}{\partial p_i}\right]\mathrm{d}t\right) \tag{6.3.19}$$

此时相点数密度随时间演化，相流体体积同样随时间变化。

例 6.10　一维阻尼振动。

一维阻尼振动方程为

$$\ddot{x}+2\beta\dot{x}+\frac{k}{m}x=0$$

假如只是对微分方程作降阶处理，则可以简单假设

$$\begin{cases}\dot{x}=p\\ \dot{p}=-2\beta p-\dfrac{k}{m}x\end{cases}$$

尽管同样是描述阻尼振动，但与例 6.9 不同，此时 x, p 不再是正则坐标和正

则动量，系统也不再是哈密顿系统，因此在(x, p)相空间，相点密度随时间变化。体积元由(6.3.19)式容易计算得到

$$\mathrm{d}V(t)=\mathrm{d}V(0)\exp(-2\beta t)$$

显然，相点体积元最终趋于零，即 $\mathrm{d}V(t)\to 0$，这与阻尼振动最终有 $x\to 0, p\to 0$ 符合。

练习题

6.1 1.5 题，利用哈密顿方程求解。

6.2 1.6 题，利用哈密顿方程求解。

6.3 1.7 题，给出哈密顿量及循环积分，并导出哈密顿方程。

6.4 1.8 题，给出哈密顿量及循环积分，并导出哈密顿方程。

6.5 1.9 题，给出哈密顿量及哈密顿方程，并求解。

6.6 1.10 题，给出哈密顿量及哈密顿方程。

6.7 1.14 题，给出哈密顿量及哈密顿方程。

6.8 1.16 题，给出哈密顿量及循环积分，并导出哈密顿方程。

6.9 1.18 题，给出哈密顿量及哈密顿方程。

6.10 1.19 题，给出哈密顿量及循环积分，并导出哈密顿方程。

6.11 1.20 题，给出哈密顿量及循环积分，并导出哈密顿方程。

6.12 2.16 题，给出哈密顿量及哈密顿方程。

6.13 有一质点质量 m，沿螺旋轨道 $z=\alpha\theta, r=\text{const.}$ 运动，其中 α 是常量，重力加速度沿 z 轴垂直向下。给出哈密顿量 $H=H(z, p)$及正则方程，并求解。

6.14 假设一维系统哈密顿量为

$$H=\frac{p^2}{2m}+f(q)p+U(q)$$

给出对应的拉格朗日量，并给出拉格朗日方程，并比较哈密顿方程。

6.15 有一质点质量 m，在中心力场 $V(r)$中运动，其在球坐标中的拉格朗日量为

$$L=\frac{1}{2}m(\dot{r}^2+r^2\dot{\theta}^2+r^2\sin^2\theta\dot{\varphi}^2)-V(r)$$

(1) 给出(r, θ, φ)对应的共轭正则动量；

(2) 给出哈密顿量及循环积分；

(3) 给出正则方程。

6.16 引入正则变量的好处是,坐标变量和共轭动量地位相同。对于一维谐振动系统,哈密顿量为

$$H=\frac{p^2}{2m}+\frac{1}{2}m\omega^2q^2$$

(1) 若引入动量空间的拉格朗日量 $K(\dot{p},p,t)=L(q,\dot{q},t)-\dot{p}q-q\dot{p}$,求证其形式与 $L=L(\dot{q},q)$ 相同;

(2) 证明动量空间的拉格朗日方程与坐标空间的形式相同。

6.17 1.16题,做小角度近似,给出哈密顿量及循环积分。此时相轨迹在四维相空间的二维环上,如果时间足够长,相轨迹是否会遍历二维环?逐渐增加振幅,小角度近似慢慢失效,简单描述这个过程。

6.18 求证:若流体的速度散度处处为零,则流体不可压缩。

第 7 章　正则变换与参考系变换

在一组正则变量下，哈密顿方程可能很难求解，如果变换到另一组正则变量，而且哈密顿方程仍然成立，称这种变换为正则变换（canonical transformation）。正则变换以后，新的正则方程可能变得容易求解，这就是引入正则变换的最初动机。

7.1　正则变换

1. 点变换

点变换是通常的坐标变换。设 s 自由度的系统拉格朗日量为 $L(q_1,\dot{q}_1,\cdots,q_s,\dot{q}_s,t)$，进行坐标变换

$$Q_i=Q_i(q_1,\cdots,q_s,t),\quad i=1,2,\cdots,s \tag{7.1.1}$$

其逆变换为

$$q_i=q_i(Q_1,\cdots,Q_s,t),\quad i=1,2,\cdots,s \tag{7.1.2}$$

而广义速度显而易见

$$\dot{q}_i=\dot{q}_i(Q_1,\cdots,Q_s,\dot{Q}_1,\cdots,\dot{Q}_s,t),\quad i=1,2,\cdots,s \tag{7.1.3}$$

新坐标下的拉格朗日量为

$$L(q_1,\dot{q}_1,\cdots,q_s,\dot{q}_s,t)=\widetilde{L}(Q_1,\dot{Q}_1,\cdots,Q_s,\dot{Q}_s,t) \tag{7.1.4}$$

在 1.6 节(1)讨论过，在点变换下拉格朗日方程仍成立。不仅如此，在新的广义坐标下，引入广义动量

$$P_i=\frac{\partial\widetilde{L}}{\partial\dot{Q}_i} \tag{7.1.5}$$

进行勒让德变换，得到新的哈密顿量

$$\widetilde{H}(Q_1,P_1,\cdots,Q_s,P_s,t)=\sum_i P_i\dot{Q}_i-\widetilde{L} \tag{7.1.6}$$

$\widetilde{H}$ 一般与旧的哈密顿量 H 不相同，然而，由(7.1.6)式得

$$\frac{\partial \widetilde{H}}{\partial P_i}=\dot{Q}_i+\sum_j P_j\left(\frac{\partial \dot{Q}_j}{\partial P_i}\right)_{Q,P}-\left(\frac{\partial \widetilde{L}}{\partial P_i}\right)_{Q,P}$$

因为

$$\left(\frac{\partial \widetilde{L}}{\partial P_i}\right)_{Q,P}=\sum_j\left(\frac{\partial \widetilde{L}}{\partial \dot{Q}_j}\right)_{Q,\dot{Q}}\left(\frac{\partial \dot{Q}_j}{\partial P_i}\right)_{Q,P}$$

所以

$$\frac{\partial \widetilde{H}}{\partial P_i}=\dot{Q}_i$$

同样由(7.1.6)式,得

$$\frac{\partial \widetilde{H}}{\partial Q_i}=\sum_j P_j\left(\frac{\partial \dot{Q}_j}{\partial Q_i}\right)_{Q,P}-\left(\frac{\partial \widetilde{L}}{\partial Q_i}\right)_{Q,P}$$

因为

$$\begin{aligned}\left(\frac{\partial \widetilde{L}}{\partial Q_i}\right)_{Q,P}&=\left(\frac{\partial \widetilde{L}}{\partial Q_i}\right)_{Q,\dot{Q}}+\sum_j\left(\frac{\partial \widetilde{L}}{\partial \dot{Q}_j}\right)_{Q,\dot{Q}}\left(\frac{\partial \dot{Q}_j}{\partial Q_i}\right)_{Q,P}\\&=\frac{\mathrm{d}}{\mathrm{d}t}\left(\frac{\partial \widetilde{L}}{\partial \dot{Q}_i}\right)_{Q,\dot{Q}}+\sum_j P_j\left(\frac{\partial \dot{Q}_j}{\partial Q_i}\right)_{Q,P}\end{aligned}$$

所以

$$\frac{\partial \widetilde{H}}{\partial Q_i}=-\frac{\mathrm{d}}{\mathrm{d}t}\left(\frac{\partial \widetilde{L}}{\partial \dot{Q}_i}\right)_{Q,\dot{Q}}=-\dot{P}_i$$

得到的运动微分方程仍然为正则方程,因此,点变换是正则变换。

2. 动量变换

在 1.6 节(2)讨论过,拉格朗日量加上坐标变量和时间变量的任意函数的时间全导数项,与原来的拉格朗日量等价。实际上,更一般地

$$\widetilde{L}(Q_1,\dot{Q}_1,\cdots,Q_s,\dot{Q}_s,t)=\lambda L(q_1,\dot{q}_1,\cdots,q_s,\dot{q}_s,t)-\frac{\mathrm{d}f(q_1,\cdots,q_s,t)}{\mathrm{d}t} \tag{7.1.7}$$

其中,$f(q_1,\cdots,q_s,t)$是任意函数,λ 是任意常数。新旧拉格朗日量仍然等价,新的拉格朗日量的新的广义坐标仍取原来的广义坐标,为

$$Q_i=q_i,\quad i=1,2,\cdots,s \tag{7.1.8}$$

而广义动量则为

$$P_i=\frac{\partial \widetilde{L}}{\partial \dot{Q}_i}=\frac{\partial \widetilde{L}}{\partial \dot{q}_i}=\lambda\frac{\partial L}{\partial \dot{q}_i}-\frac{\partial \dot{f}}{\partial \dot{q}_i}=\lambda p_i-\frac{\partial f}{\partial q_i},\quad i=1,2,\cdots,s \tag{7.1.9}$$

新坐标下哈密顿量为

$$\widetilde{H}=\sum_i P_i\dot{Q}_i-\widetilde{L}=\lambda\left(\sum_i p_i\dot{q}_i-L\right)+\frac{\partial f}{\partial t}=\lambda H+\frac{\partial f}{\partial t} \quad (7.1.10)$$

由(7.1.10)式，有

$$\left(\frac{\partial\widetilde{H}}{\partial P_i}\right)_{Q,P}=\lambda\left(\frac{\partial H}{\partial P_i}\right)_{q,P}=\lambda\sum_j\left(\frac{\partial H}{\partial p_j}\right)_{q,p}\left(\frac{\partial p_j}{\partial P_i}\right)_{q,P} \quad (7.1.11)$$

由(7.1.9)式

$$\left(\frac{\partial P_j}{\partial P_i}\right)_{q,P}=\lambda\left(\frac{\partial p_j}{\partial P_i}\right)_{q,P}\rightarrow\left(\frac{\partial p_j}{\partial P_i}\right)_{q,P}=\frac{1}{\lambda}\delta_{i,j}$$

代入(7.1.11)式得

$$\left(\frac{\partial\widetilde{H}}{\partial P_i}\right)_{Q,P}=\left(\frac{\partial H}{\partial p_i}\right)_{q,p}=\dot{q}_i=\dot{Q}_i$$

同样由(7.1.10)式，有

$$\left(\frac{\partial\widetilde{H}}{\partial Q_i}\right)_{Q,P}=\left(\frac{\partial\widetilde{H}}{\partial q_i}\right)_{q,P}=\lambda\left(\frac{\partial H}{\partial q_i}\right)_{q,P}+\left(\frac{\partial}{\partial q_i}\left(\frac{\partial f}{\partial t}\right)\right)_{q,P} \quad (7.1.12)$$

其中

$$\left(\frac{\partial H}{\partial q_i}\right)_{q,P}=\left(\frac{\partial H}{\partial q_i}\right)_{q,p}+\sum_j\left(\frac{\partial H}{\partial p_j}\right)_{q,p}\left(\frac{\partial p_j}{\partial q_i}\right)_{q,P}=-\dot{p}_i+\sum_j\dot{q}_j\left(\frac{\partial p_j}{\partial q_i}\right)_{q,P}$$

代回(7.1.12)式得

$$\left(\frac{\partial\widetilde{H}}{\partial Q_i}\right)_{Q,P}=\lambda\left[-\dot{p}_i+\sum_j\dot{q}_j\left(\frac{\partial p_j}{\partial q_i}\right)_{q,P}\right]+\left[\frac{\partial}{\partial q_i}\left(\frac{\partial f}{\partial t}\right)\right]_{q,P} \quad (7.1.13)$$

又由(7.1.9)式得

$$\left(\frac{\partial P_j}{\partial q_i}\right)_{q,P}=\lambda\left(\frac{\partial p_j}{\partial q_i}\right)_{q,P}-\frac{\partial^2 f}{\partial q_j\partial q_i}=0\rightarrow\left(\frac{\partial p_j}{\partial q_i}\right)_{q,P}=\frac{1}{\lambda}\frac{\partial^2 f}{\partial q_j\partial q_i}$$

代入(7.1.13)式得

$$\begin{aligned}\left(\frac{\partial\widetilde{H}}{\partial Q_i}\right)_{Q,P}&=-\lambda\dot{p}_i+\sum_j\dot{q}_j\left(\frac{\partial^2 f}{\partial q_i\partial q_j}\right)_q+\left[\frac{\partial}{\partial q_i}\left(\frac{\partial f}{\partial t}\right)\right]_q\\&=-\lambda\dot{p}_i+\frac{\partial}{\partial q_i}\left(\sum_j\dot{q}_j\frac{\partial f}{\partial q_j}+\frac{\partial f}{\partial t}\right)_q\\&=-\lambda\dot{p}_i+\frac{\partial}{\partial q_i}\frac{\mathrm{d}f}{\mathrm{d}t}=-\frac{\mathrm{d}}{\mathrm{d}t}\left(\lambda q_i-\frac{\partial f}{\partial q_i}\right)=-\dot{P}_i\end{aligned}$$

正则方程仍成立。因此，坐标不变而形如(7.1.9)式的动量变换是正则变换。

3. 接触变换

更一般地，把一组正则变量 q_i，p_i 变换为另一组变量 Q_j，P_j，称为接触变换(contact transformation)。

$$\begin{cases} Q_i = Q_i(q_1, \cdots, q_s, p_1, \cdots, p_s, t) \\ P_i = P_i(q_1, \cdots, q_s, p_1, \cdots, p_s, t) \end{cases}, \quad i = 1, 2, \cdots, s \tag{7.1.14}$$

逆变换为

$$\begin{cases} q_i = q_i(Q_1, \cdots, Q_s, P_1, \cdots, P_s, t) \\ p_i = p_i(Q_1, \cdots, Q_s, P_1, \cdots, P_s, t) \end{cases}, \quad i = 1, 2, \cdots, s \tag{7.1.15}$$

这当然比起(7.1.1)式和(7.1.2)式的点变换或(7.1.8)式和(7.1.9)式的广义动量变换要普遍得多。此时,新的变量空间下正则方程不一定满足。若要求新的变量满足哈密顿方程,即新一组变量是新的正则变量,就必须有一定的条件加以限制。

4. 正则变换

从一组正则变量到另一组正则变量的非奇异变换,叫作正则变换。对于接触变换(7.1.14)式,若满足

$$\left| \frac{\partial(Q_1, \cdots, Q_s, P_1, \cdots, P_s)}{\partial(q_1, \cdots, q_s, p_1, \cdots, p_s)} \right| \neq 0 \tag{7.1.16}$$

且原正则方程

$$\dot{q}_i = \frac{\partial H}{\partial p_i}, \quad \dot{p}_i = -\frac{\partial H}{\partial q_i}, \quad i = 1, 2, \cdots, s \tag{7.1.17}$$

变换到新的正则方程

$$\dot{Q}_i = \frac{\partial H^*}{\partial P_i}, \quad \dot{P}_i = -\frac{\partial H^*}{\partial Q_i}, \quad i = 1, 2, \cdots, s \tag{7.1.18}$$

其中,$H^* = H^*(Q_1, \cdots, Q_s, P_1, \cdots, P_s, t)$是另一个适当的以新的正则变量为自变量的哈密顿量,那么(7.1.14)式这种变换就叫作正则变换。这个定义比较复杂,在此作些说明。

(1) $2s$ 个变量$\{q_i, p_i\}$成为正则变量,就要求用它们来描述的力学体系的动力学方程为正则方程,其中哈密顿量为

$$\begin{aligned} H &= H(q_1, \cdots, q_s, p_1, \cdots, p_s, t) \\ &= \sum_{i=1}^{s} \dot{q}_i p_i - L(q_1, \dot{q}_1, \cdots, q_s, \dot{q}_s, t) \Big|_{\dot{q}_i = \dot{q}_i(q, p, t)} \end{aligned} \tag{7.1.19}$$

而新的 $2s$ 个变量$\{Q_i, P_i\}$也成为正则变量,就要求用它们来描述的同一力学体系的动力学方程也是正则方程,但其中的 H^* 可以是另一个哈密顿量

$$\begin{aligned} H^* &= H^*(Q_1, \cdots, Q_s, P_1, \cdots, P_s, t) \\ &= \sum_{i=1}^{s} \dot{Q}_i P_i - L^*(Q_1, \dot{Q}_1, \cdots, Q_s, \dot{Q}_s, t) \Big|_{\dot{Q}_i = \dot{Q}_i(Q, P, t)} \end{aligned} \tag{7.1.20}$$

一般说，$H^* \neq H$，并且 $\sum_{i=1}^{s}\dot{Q}_i P_i \neq \sum_{i=1}^{s}\dot{q}_i p_i$ 及 $L^* \neq L$。

(2) 考虑了正则变换，广义坐标和广义动量间已经没有不可逾越的界限。新的哈密顿量与正则变量的变换方式相关（但必定对新的正则变量给出新的正则方程），L^* 可能不再等于 $T-V$（但对于新的广义坐标和广义速度给出新的拉格朗日方程）。

例 7.1　$Q_i=\alpha q_i, P_i=\beta p_i\ (i=1,2,\cdots,s)$，$\alpha,\beta$ 是常数且都不为零。

由于正则变量只是伸缩变化，只是标度变换，因此也称为相似变换。此时，新的哈密顿量为 $H^*=\alpha\beta H$，是正则变换，很容易验算对新变量正则方程成立。

例 7.2　$Q_i=\mu p_i, P_i=\nu q_i\ (i=1,2,\cdots,s)$，$\mu,\nu$ 是不为零的常数。

$H^*=-\mu\nu H$，是正则变换，很容易验算对新变量正则方程成立。

例 7.3　$\begin{cases} Q_i=p_i\tan\omega t \\ P_i=q_i\cot\omega t \end{cases}\ (i=1,2,\cdots,s)$。

$H^*=-H+\dfrac{\omega}{\sin\omega t\cos\omega t}\sum_{i=1}^{s}Q_iP_i$，是正则变换。

事实上

$$\frac{\partial H^*}{\partial P_i}=-\sum_{j=1}^{s}\frac{\partial H}{\partial q_j}\frac{\partial q_j}{\partial P_i}+\frac{\omega}{\sin\omega t\cos\omega t}\frac{\partial}{\partial P_i}\sum_{j=1}^{s}Q_jP_j=\dot{p}_i\tan\omega t+\frac{\omega}{\sin\omega t\cos\omega t}Q_i$$

$$=\dot{Q}_i-p_i\frac{\omega}{\cos^2\omega t}+\frac{\omega}{\sin\omega t\cos\omega t}p_i\tan\omega t=\dot{Q}_i$$

$$\frac{\partial H^*}{\partial Q_i}=-\sum_{j=1}^{s}\frac{\partial H}{\partial p_j}\frac{\partial p_j}{\partial Q_i}+\frac{\omega}{\sin\omega t\cos\omega t}\frac{\partial}{\partial Q_i}\sum_{j=1}^{s}Q_jP_j=-\dot{q}_i\cot\omega t+\frac{\omega}{\sin\omega t\cos\omega t}P_i$$

$$=-\dot{P}_i-q_i\frac{\omega}{\sin^2\omega t}+\frac{\omega}{\sin\omega t\cos\omega t}q_i\cot\omega t=-\dot{P}_i$$

对新变量正则方程成立，满足正则变换的定义。

5. 正则变换的充分必要条件

判定一个接触变换是不是正则变换的基本方法，当然是利用正则变换的定义。如，一系统哈密顿量为 $H(q_1,\cdots,q_s,p_1,\cdots,p_s,t)$，现在有形式为(7.1.14)式和(7.1.15)式的接触变换，这时总可以得到新的哈密顿量

$$H^*(Q_1,\cdots,Q_s,P_1,\cdots,P_s,t)=H(q_1,\cdots,q_s,p_1,\cdots,p_s,t)\qquad(7.1.21)$$

然后直接检验是否这个新的哈密顿量满足正则方程。但是，这样做未必总是一个最方便的方法。另外，(7.1.21)式不是确定新的哈密顿量的唯一方法，也可以有许多其他等价的形式，因此还可以有其他方法。

实际上，利用哈密顿原理，这个问题变得比较容易。对于旧的坐标有

$$\delta S=\delta\int_{t_1}^{t_2}\left[\sum_i \dot{q}_i p_i - H(q_1,\cdots,q_s,p_1,\cdots,p_s,t)\right]\mathrm{d}t=0 \quad (7.1.22)$$

对于(7.1.14)式的正则变换，在新的坐标下也要求满足哈密顿原理，即

$$\delta\int_{t_1}^{t_2}\left[\sum_i \dot{Q}_i P_i - H^*(Q_1,\cdots,Q_s,P_1,\cdots,P_s,t)\right]\mathrm{d}t=0 \quad (7.1.23)$$

这样就会自然满足正则方程(7.1.18)式。问题是(7.1.23)式中新的哈密顿量 H^* 不能是任意的，要与原来的哈密顿量有合适的关联，否则新的正则方程描述的将不是同一体系。换句话说，利用(7.1.23)式可以得到新的正则方程，但它描述的$\{Q_i,P_i\}$变化规律与通过(7.1.22)式得到的变化规律应该一致。一种简单的关联是，比较(7.1.22)式和(7.1.23)式，由于在两个积分端点坐标变量的变分为零，所以很容易看出有如下关系成立：

$$\lambda\left(\sum_i \dot{q}_i p_i - H\right)=\sum_i \dot{Q}_i P_i - H^* + \frac{\mathrm{d}F(q_1,\cdots,q_s,Q_1,\cdots,Q_s,t)}{\mathrm{d}t} \quad (7.1.24)$$

其中，F 是适当的新的和旧的广义坐标的函数。实际上，这就是判断正则变换的充要条件。它的严格证明超出了本课程的范围，我们不在这里给出。只给出以下几点说明。

(1) 根据(7.1.24)式，对于拉格朗日量一般正则变换使得

$$\begin{aligned} &L^*(Q_1,\dot{Q}_1,\cdots,Q_s,\dot{Q}_s,t)\\ &=\lambda L(q_1,\dot{q}_1,\cdots,q_s,\dot{q}_s,t)-\frac{\mathrm{d}F(q_1,\cdots,q_s,Q_1,\cdots,Q_s,t)}{\mathrm{d}t} \end{aligned} \quad (7.1.25)$$

(2) (7.1.25)式中 λ 是任意常数，$\lambda=1$ 的正则变换称为单价正则变换，$\lambda\neq 1$ 的正则变换实际上是单价正则变换和相似变换的合成。由于相似变换只是一个简单的标度变换，因此只需着重研究单价正则变换。以后如果没有特别说明，正则变换就指单价正则变换。

更普遍地，假设哈密顿原理可以推广到正则变量的相空间，即，作用量在正则变量的相空间取极值，而在两个端点所有正则变量的变分为零，则(7.1.25)式中 F 可以为任何正则变量的适当的函数，例如

$$\lambda\left(\sum_i \dot{q}_i p_i - H\right)=\sum_i \dot{Q}_i P_i - H^* + \frac{\mathrm{d}F(q_1,\cdots,q_s,p_1,\cdots,p_s,t)}{\mathrm{d}t} \quad (7.1.26)$$

6. 正则变换的四种表述方式

正则变换的充要条件(7.1.24)式中，F 是部分旧的和部分新的正则变量的函数，通过这个函数，新旧变量产生联系，这时 F 称为生成函数(generating function)或母函数。令(7.1.24)式中 $F=F_1$,且 $\lambda=1$,则简单整理后得

$$dF_1(q_1,\cdots,q_s,Q_1,\cdots,Q_s,t)=\sum_i p_i dq_i-\sum_i P_i dQ_i+(H^*-H)dt \tag{7.1.27}$$

容易看出

$$P_i=-\frac{\partial F_1}{\partial Q_i},\quad p_i=\frac{\partial F_1}{\partial q_i},\quad i=1,2,\cdots,s,\quad H^*=H+\frac{\partial F_1}{\partial t} \tag{7.1.28}$$

即 p_i,P_i 可由 F_1 求得,这就是生成函数的意义。(7.1.28)式是第一种形式的变换。如果取

$$F_2(q_1,\cdots,q_s,P_1,\cdots,P_s,t)=\sum_i P_iQ_i+F_1(q_1,\cdots,q_s,Q_1,\cdots,Q_s,t)$$

这是 $F_1\to F_2$ 的勒让德变换,是第二种形式的变换,代入(7.1.27)式得

$$dF_2(q_1,\cdots,q_s,P_1,\cdots,P_s,t)=\sum_{i=1}^{s}(p_i dq_i+Q_i dP_i)+(H^*-H)dt \tag{7.1.29}$$

$$p_i=\frac{\partial F_2}{\partial q_i},\quad Q_i=\frac{\partial F_2}{\partial P_i},\quad i=1,2,\cdots,s,\quad H^*=H+\frac{\partial F_2}{\partial t} \tag{7.1.30}$$

取

$$F_3(p_1,\cdots,p_s,Q_1,\cdots,Q_s,t)=-\sum_i p_iq_i+F_1(q_1,\cdots,q_s,Q_1,\cdots,Q_s,t)$$

是 $F_1\to F_3$ 的勒让德变换,是第三种形式的变换。容易得

$$dF_3=\sum_{i=1}^{s}[-q_i dp_i-P_i dQ_i]+(H^*-H)dt \tag{7.1.31}$$

$$q_i=-\frac{\partial F_3}{\partial p_i},\quad P_i=-\frac{\partial F_3}{\partial Q_i},\quad i=1,2,\cdots,s,\quad H^*=H+\frac{\partial F_3}{\partial t} \tag{7.1.32}$$

取

$$\begin{aligned}&F_4(p_1,\cdots,p_s,P_1,\cdots,P_s,t)\\&=-\sum_i p_iq_i+\sum_i P_iQ_i+F_1(q_1,\cdots,q_s,Q_1,\cdots,Q_s,t)\end{aligned}$$

是 $F_1\to F_4$ 的勒让德变换,是第四种形式的变换,为

$$dF_4=\sum_{i=1}^{s}[-q_i dp_i+Q_i dP_i]+(H^*-H)dt \tag{7.1.33}$$

$$q_i=-\frac{\partial F_4}{\partial p_i},\quad Q_i=\frac{\partial F_4}{\partial P_i},\quad i=1,2,\cdots,s,\quad H^*=H+\frac{\partial F_4}{\partial t} \tag{7.1.34}$$

四种不同表述方式，由于采用不同的独立变量，因而生成函数不同，它们之间的关系是勒让德变换。另外，在这里应该对每个偏导数的含义要弄清楚，例如，$\frac{\partial F_1}{\partial t}=\frac{\partial F_2}{\partial t}=\frac{\partial F_3}{\partial t}=\frac{\partial F_4}{\partial t}=H^*-H$，看起来相似，但细节不同，$\frac{\partial F_1}{\partial t}=\left(\frac{\partial F_1}{\partial t}\right)_{qQ}$，$\frac{\partial F_2}{\partial t}=\left(\frac{\partial F_2}{\partial t}\right)_{qP}$，$\frac{\partial F_3}{\partial t}=\left(\frac{\partial F_3}{\partial t}\right)_{pQ}$，$\frac{\partial F_4}{\partial t}=\left(\frac{\partial F_4}{\partial t}\right)_{pP}$。可以验证它们相同，如

$$\begin{aligned}\left(\frac{\partial F_3}{\partial t}\right)_{pQ}&=\left(\frac{\partial F_1}{\partial t}\right)_{pQ}-\left[\frac{\partial}{\partial t}\sum_i p_i q_i\right]_{pQ}\\&=\left(\frac{\partial F_1}{\partial t}\right)_{qQ}+\sum_{i=1}^{s}\left(\frac{\partial F_1}{\partial q_i}\right)_{Qt}\left(\frac{\partial q_i}{\partial t}\right)_{pQ}-\sum_{i=1}^{s}p_i\left(\frac{\partial q_i}{\partial t}\right)_{pQ}\\&=\left(\frac{\partial F_1}{\partial t}\right)_{qQ}\end{aligned}$$

利用上述四种形式的变换不仅能用来判定正则变换，而且能用生成函数简洁地给定一个正则变换。但是上述四种形式并非囊括所有正则变换的情况，还有其他形式的正则变换，这里不再列举。有些情况，生成函数是存在的，且不恒等于零，只是难以表为显函数。

例 7.4 证明下述变换为正则变换，并讨论其生成函数

$$P=q+\mathrm{e}^{-q}+\ln p,\quad Q=p\mathrm{e}^{q}$$

证明：由于 $p\mathrm{d}q-P\mathrm{d}Q=Q\mathrm{e}^{-q}\mathrm{d}q-(\mathrm{e}^{-q}+\ln Q)\mathrm{d}Q=\mathrm{d}(Q-Q\mathrm{e}^{-q}-Q\ln Q)$

直接得到

$$F_1(q,Q)=Q(1-\mathrm{e}^{-q}-\ln Q)$$

利用勒让德变换式子，经过化简得

$$F_2(q,P)=QP+F_1(q,Q)=Q=\exp(P-\mathrm{e}^{-q})$$

$$F_3(p,Q)=-qp+F_1(q,Q)=-p+p\ln p-(p+Q)\ln Q+Q$$

但 $F_4(p,P)=-qp+QP+F_1(q,Q)=p[\ln p-P+2ch(q)]$

这里 $q=q(p,P)$，由隐函数 $P=q+\mathrm{e}^{-q}+\ln p$ 给出，无法用显函数的解析式来表示。

例 7.5 任何点变换 $Q_i=f_i(q_1,\cdots,q_s,t)$，$i=1,2,\cdots,s$(坐标变换)都是正则变换。

构造最简单的第二类变换生成函数

$$F_2(q_1,\cdots,q_s,P_1,\cdots,P_s,t)=\sum_i f_i(q_1,\cdots,q_s,t)P_i$$

此时 $F_1=0$，则

$$Q_i=\frac{\partial F_2}{\partial P_i}=f_i(q_1,\cdots,q_s,t),\quad p_i=\frac{\partial F_2}{\partial q_i}=\sum_j\frac{\partial f_j}{\partial q_i}P_j,\quad i=1,2,\cdots,s$$

特别地，如果取 $F_2=\sum_i q_iP_i$，则 $p_i=\frac{\partial F_2}{\partial q_i}=P_i$，$Q_i=\frac{\partial F_2}{\partial P_i}=q_i$，新旧正则变量完全相同，这是恒等变换(identity transformation)。

在点变换 $Q_i=f_i(q_1,\cdots,q_s,t)$，$i=1,2,\cdots,s$ 的情况下，不能利用第一种形式的生成函数 $F=F_1(q_1,\cdots,q_s,Q_1,\cdots,Q_s,t)$ 给出正则变换，因为此时 $\{q_i\}$ 与 $\{Q_i\}$ 直接关联，相互不独立。

7. 无穷小正则变换

无穷小正则变换非常有用。利用例 7.5 的恒等变换构造无穷小变换，令

$$F_2(q_1,\cdots,q_s,P_1,\cdots,P_s,t)=\sum_i q_iP_i+\varepsilon G(q_1,\cdots,q_s,P_1,\cdots,P_s,t)\tag{7.1.35}$$

其中，ε 是无穷小量。由(7.1.30)式得

$$\begin{cases}p_i=\dfrac{\partial F_2}{\partial q_i}=P_i+\varepsilon\dfrac{\partial G}{\partial q_i}\\[2ex]Q_i=\dfrac{\partial F_2}{\partial P_i}=q_i+\varepsilon\dfrac{\partial G}{\partial P_i}\end{cases}\tag{7.1.36}$$

作为无穷小近似，只保留 ε 的一阶小量，则

$$F_2(q_1,\cdots,q_s,P_1,\cdots,P_s,t)\approx\sum_i q_iP_i+\varepsilon G(q_1,\cdots,q_s,p_1,\cdots,p_s,t)\tag{7.1.37}$$

(7.1.36)式变为

$$\begin{cases}P_i=p_i-\varepsilon\dfrac{\partial G}{\partial q_i}\\[2ex]Q_i=q_i-\varepsilon\dfrac{\partial G}{\partial p_i}\end{cases}\tag{7.1.38}$$

G 称为无穷小正则变换生成函数。令 $G=H$，$\varepsilon=\mathrm{d}t$，由正则方程有

$$\frac{\partial G}{\partial q_i}=-\dot{p}_i,\quad \frac{\partial G}{\partial p_i}=\dot{q}_i$$

代入(7.1.38)式有

$$\begin{cases}P_i=p_i+\dot{p}_i\mathrm{d}t=p_i+\mathrm{d}p_i\\[1ex]Q_i=q_i+\dot{q}_i\mathrm{d}t=q_i+\mathrm{d}q_i\end{cases}\tag{7.1.39}$$

(7.1.39)式表明正则变量随时间的演化,实际就是相继进行无穷小正则变换的过程。

8. 正则变换的关键

作为正则方程的一种解法,正则变换的关键在于出现尽可能多的循环坐标,这样就可以很快地得到尽可能多的运动积分。但由以下例子可见,实际应用过程往往很繁杂,在实用意义上正则变换没有什么优势。事实上,正则变换能帮助我们深入认识力学的理论架构,其重要性体现在理论意义上,而不是在实用性上。

例 7.6 求谐振子的正则变换和哈密顿方程。

解:先考虑一维谐振子哈密顿量

$$H=\frac{p^2}{2m}+\frac{1}{2}m\omega^2q^2$$

作不含时间的变换 $\begin{cases} p=f(P)\cos Q \\ q=\dfrac{f(P)}{m\omega}\sin Q \end{cases}$

这样选择是因为能导致 $H=\dfrac{f^2(P)}{2m}$,如果这个变换是正则变换,Q 将成为循环坐标,P 则是运动积分。注意到 $\dfrac{p}{q}=m\omega\cot Q$,即 $p=m\omega q\cot Q$,显然运用第一类生成函数是最方便的。

$$p=m\omega q\cot Q=\frac{\partial F_1(q,Q)}{\partial q}$$

考虑最简单情况,取

$$F_1(q,Q)=\frac{1}{2}m\omega q^2\cot Q \tag{7.1.40}$$

于是

$$P=-\frac{\partial F_1(q,Q)}{\partial Q}=\frac{m\omega q^2}{2\sin^2 Q} \quad \Rightarrow \quad q=\pm\sqrt{\frac{2P}{m\omega}}\sin Q$$

简单地取正号,则 $f(P)=\sqrt{2m\omega P}$,这样我们就找到了正则变换

$$\begin{cases} p=\sqrt{2m\omega P}\cos Q \\ q=\sqrt{\dfrac{2P}{m\omega}}\sin Q \end{cases} \tag{7.1.41}$$

以及新的哈密顿量

$$H^*=H=\omega P$$

H^* 不显含时间，有能量守恒定律

$$H^* = H = \omega P = E \tag{7.1.42}$$

哈密顿方程为

$$\dot{Q} = \frac{\partial H^*}{\partial P} = \omega \quad \Rightarrow \quad Q = \omega t + \varphi$$

$$\dot{P} = -\frac{\partial H^*}{\partial Q} = 0 \quad \Rightarrow \quad P = C = \frac{E}{\omega}$$

$$q = \frac{1}{\omega}\sqrt{\frac{2E}{m}}\cos(\omega t + \varphi), \quad p = \sqrt{2mE}\sin(\omega t + \varphi)$$

进一步考虑 2 个自由度谐振子

$$H = \frac{p_1^2}{2m} + \frac{1}{2}m\omega_1^2 q_1^2 + \frac{p_2^2}{2m} + \frac{1}{2}m\omega_2^2 q_2^2$$

由一维谐振子情形得到的启发，取

$$F_1(q, Q) = \frac{1}{2}m\omega_1 q_1^2 \cot Q_1 + \frac{1}{2}m\omega_2 q_2^2 \cot Q_2 \tag{7.1.43}$$

由此得到正则变换

$$p_1 = \frac{\partial F_1}{\partial q_1} = m\omega_1 q_1 \cot Q_1, \quad p_2 = \frac{\partial F_1}{\partial q_2} = m\omega_2 q_2 \cot Q_2$$

$$P_1 = -\frac{\partial F_1}{\partial Q_1} = \frac{m\omega_1 q_1^2}{2\sin^2 Q_1}, \quad P_2 = -\frac{\partial F_1}{\partial Q_2} = \frac{m\omega_2 q_2^2}{2\sin^2 Q_2}$$

$$H^* = H = \omega_1 P_1 + \omega_2 P_2 \tag{7.1.44}$$

H^* 不显含时间，有能量守恒定律 $H^* = H = E$。

哈密顿方程为 $\dot{Q}_1 = \frac{\partial H^*}{\partial P_1} = \omega_1 \quad \Rightarrow \quad Q_1 = \omega_1 t + \varphi_1$

$$\dot{Q}_2 = \frac{\partial H^*}{\partial P_2} = \omega_2 \quad \Rightarrow \quad Q_2 = \omega_2 t + \varphi_2$$

$$\dot{P}_1 = -\frac{\partial H^*}{\partial Q_1} = 0 \quad \Rightarrow \quad P_1 = \text{const.}$$

$$\dot{P}_2 = -\frac{\partial H^*}{\partial Q_2} = 0 \quad \Rightarrow \quad P_2 = \text{const.}$$

$$q_1 = \sqrt{\frac{2P_1}{m\omega_1}}\sin(\omega_1 t + \varphi_1), \quad q_2 = \sqrt{\frac{2P_2}{m\omega_2}}\sin(\omega_2 t + \varphi_2)$$

$$p_1 = \sqrt{2m\omega_1 P_1}\cos(\omega_1 t + \phi_1), \quad p_2 = \sqrt{2m\omega_2 P_2}\cos(\omega_2 t + \phi_2)$$

其中 $E = \omega_1 P_1 + \omega_2 P_2$。

7.2 参考系变换

假设有两个参考系 S 和 S'，两个参考系上分别固定两个坐标系。若质量为 m 的质点坐标分别为 $\boldsymbol{r}$ 和 $\boldsymbol{r}'$，则正则变换与参考系变换有何联系？

1. 惯性系与平动加速系

假设 S 系是惯性系，而 S' 系相对于 S 系作直线加速运动，加速度为 $\boldsymbol{a}_0=\dot{\boldsymbol{v}}_0$。则 $\boldsymbol{v}'=\boldsymbol{v}-\boldsymbol{v}_0$，而

$$\boldsymbol{r}'=\boldsymbol{r}-\boldsymbol{r}_0(t) \tag{7.2.1}$$

其中，$\boldsymbol{r}_0(t)=\int\boldsymbol{v}_0\mathrm{d}t$ 或者 $\dot{\boldsymbol{r}}_0(t)=\boldsymbol{v}_0$。这是点变换，可选择生成函数的第二种形式

$$F_2=\sum_i[r_i-r_{i0}(t)]p'_i \tag{7.2.2}$$

其中 r_i，$i=1,2,3$ 分别代表 x,y,z，利用(7.1.30)式得到

$$p_i=\frac{\partial F_2}{\partial r_i}=p'_i \tag{7.2.3}$$

$$r'_i=\frac{\partial F_2}{\partial p'_i}=r_i-r_{i0}(t) \tag{7.2.4}$$

$$H^*=H+\frac{\partial F_2}{\partial t}=H-\sum_i p'_i v_{i0}=H-\boldsymbol{p}'\cdot\boldsymbol{v}_0 \tag{7.2.5}$$

正则方程为

$$\dot{r}'_i=\frac{\partial H^*}{\partial p'_i}=\frac{\partial H}{\partial p'_i}-v_{0i}=\dot{r}_i-v_{0i} \tag{7.2.6}$$

$$\dot{p}'_i=-\frac{\partial H^*}{\partial r'_i}=-\frac{\partial H}{\partial r'_i}=-\frac{\partial H}{\partial r_i}=\dot{p}_i \tag{7.2.7}$$

再看拉格朗日量，假设 S 系拉格朗日量 L，则正则变换后的拉格朗日量应为

$$L^*=\boldsymbol{p}'\cdot\dot{\boldsymbol{r}}'-H^*$$

将(7.2.3)式、(7.2.6)式和(7.2.7)式代入上式，即得到 $L^*=L$，这意味着正则变换后拉格朗日量还是变换前惯性系的量，只是其中坐标用了 S' 系的坐标而已。

例 7.7 对哈密顿量

$$H=\frac{\boldsymbol{p}^2}{2m}+V(x,y,z)$$

作(7.2.2)式正则变换。新的哈密顿量是否守恒？新的正则方程中惯性力形式为何？

解：变换前哈密顿量不显含时间，是守恒量。正则变换后，由(7.2.5)式容易推得，新的哈密顿量为

$$H^{*}=\frac{\boldsymbol{p}'^{2}}{2m}+V\left(x'+\int v_{x0}\mathrm{d}t,y'+\int v_{y0}\mathrm{d}t,z'+\int v_{z0}\mathrm{d}t\right)-\boldsymbol{p}'\cdot\boldsymbol{v}_0$$

哈密顿量显含时间，不再是守恒量了。原因很简单，因为

$$\frac{\mathrm{d}H^{*}}{\mathrm{d}t}=\frac{\partial H^{*}}{\partial t}=\nabla V\cdot\boldsymbol{v}_0-\boldsymbol{p}'\cdot\boldsymbol{a}_0=-\boldsymbol{F}\cdot\boldsymbol{v}_0-\boldsymbol{p}'\cdot\boldsymbol{a}_0$$

系统等效于有个功率输入量，即使 $\boldsymbol{a}_0=\dot{\boldsymbol{v}}_0=0$，这个结论仍不变。

正则方程

$$\dot{r}'_i=\frac{\partial H^{*}}{\partial p'_i}=\frac{p'_i}{m}-v_{0i}$$

$$\dot{p}'_i=-\frac{\partial H^{*}}{\partial r'_i}=-\frac{\partial V}{\partial r_i}$$

第一个式子代入第二个式子有

$$-\frac{\partial V}{\partial r_i}-ma_{0i}=m\ddot{r}'_i$$

分量式写成矢量形式

$$-\nabla V-m\boldsymbol{a}_0=m\ddot{\boldsymbol{r}}'$$

其中，$-m\boldsymbol{a}_0$ 就是惯性力。

2. 惯性系与转动系

假设 S 系是惯性系，而 S'系相对 S 系作转动，转动角速度为$\boldsymbol{\Omega}$。为了简单起见，假设转动系作定点转动，两个坐标系原点重合，且设置在定点，则质点的位置 $\boldsymbol{r}'=\boldsymbol{r}$，其中 $\boldsymbol{r}=x\boldsymbol{i}+y\boldsymbol{j}+z\boldsymbol{k}$，而 $\boldsymbol{r}'=x'\boldsymbol{i}'+y'\boldsymbol{j}'+z'\boldsymbol{k}'$。与上面两种相互平动的参考系不同，转动时坐标轴的方向随时间变化。

坐标变换关系为(3.1.15)式，或者类似于(5.2.2)式，可以用矩阵表示

$$\begin{bmatrix}x'\\y'\\z'\end{bmatrix}=\begin{bmatrix}\boldsymbol{i}'\cdot\boldsymbol{i} & \boldsymbol{i}'\cdot\boldsymbol{j} & \boldsymbol{i}'\cdot\boldsymbol{k}\\ \boldsymbol{j}'\cdot\boldsymbol{i} & \boldsymbol{j}'\cdot\boldsymbol{j} & \boldsymbol{j}'\cdot\boldsymbol{k}\\ \boldsymbol{k}'\cdot\boldsymbol{i} & \boldsymbol{k}'\cdot\boldsymbol{j} & \boldsymbol{k}'\cdot\boldsymbol{k}\end{bmatrix}\begin{bmatrix}x\\y\\z\end{bmatrix}\tag{7.2.8}$$

变换矩阵记作 U，在 5.2 节已经讨论过，U 是实正交矩阵，则

$$r'_i=\sum_j U_{ij}(t)r_j\tag{7.2.9}$$

显然这是点变换，是正则变换，可选择生成函数的第二种形式

$$F_2=\sum_{ij}U_{ij}p'_i r_j\tag{7.2.10}$$

由(7.1.30)式和(7.2.10)式得到

$$p_i=\frac{\partial F_2}{\partial r_i}=\sum_j U_{ji}p'_j=\sum_j \widetilde{U}_{ij}p'_j \tag{7.2.11}$$

$$r'_i=\frac{\partial F_2}{\partial p'_i}=\sum_j U_{ij}r_j \tag{7.2.12}$$

$$H^*=H+\sum_{ij}\dot{U}_{ij}p'_i r_j \tag{7.2.13}$$

由于U是实正交矩阵,(7.2.11)式动量分量变换方式与(7.2.9)式坐标分量变换方式实际上一致,说明动量矢量在正则变换前后没有改变,只是分量变化,而(7.2.12)式与(7.2.9)式一致,这是当然的。

(7.2.13)式中有U矩阵元对时间求导项,为了方便表述,用$\boldsymbol{e}'_i$,$i=1,2,3$分别代表$\boldsymbol{i}',\boldsymbol{j}',\boldsymbol{k}'$单位矢量(不带撇的依同样方式)。利用(5.1.2)式求时间导数规则,对(7.2.8)式U矩阵元对时间求导,容易得到

$$\dot{U}_{ij}=\dot{\boldsymbol{e}}'_i\cdot\boldsymbol{e}_j=(\boldsymbol{\Omega}\times\boldsymbol{e}'_i)\cdot\boldsymbol{e}_j \tag{7.2.14}$$

代入(7.2.13)式得到

$$H^*=H+\sum_{ij}(\boldsymbol{\Omega}\times\boldsymbol{e}'_i)\cdot\boldsymbol{e}_j p'_i r_j$$

因为$\sum\limits_i p'_i\boldsymbol{e}'_i=\boldsymbol{p}'$,$\sum\limits_j r_j\boldsymbol{e}_j=\boldsymbol{r}=\boldsymbol{r}'$,上式可以化简为

$$H^*=H-\boldsymbol{\Omega}\cdot\boldsymbol{J}' \tag{7.2.15}$$

其中,$\boldsymbol{J}'=\boldsymbol{r}'\times\boldsymbol{p}'$是角动量。

假设S系拉格朗日量L,则正则变换后的拉格朗日量应为

$$L^*=\boldsymbol{p}'\cdot\dot{\boldsymbol{r}}'-H^* \tag{7.2.16}$$

由(7.2.12)式

$$\dot{r}'_i=\sum_j U_{ij}\dot{r}_j+\sum_j \dot{U}_{ij}r_j \tag{7.2.17}$$

而(7.2.11)式逆运算得到$p'_i=\sum\limits_j U_{ij}p_j$,与(7.2.13)式和(7.2.17)式一起代入(7.2.16)式得到

$$\begin{aligned}L^*&=\sum_{ijk}U_{ij}U_{ik}\dot{r}_j p_k+\sum_{ij}p'_i\dot{U}_{ij}r_j-H-\sum_{ij}\dot{U}_{ij}p'_i r_j\\&=\sum_{ijk}\widetilde{U}_{ji}U_{ik}\dot{r}_j p_k-H=\sum_j\dot{r}_j p_j-H=L\end{aligned}$$

即,生成函数为(7.2.10)式的正则变换并没改变拉格朗日量,只是其中坐标用了S'系的坐标。

多粒子情形与一个粒子情形类似,方法没有什么本质差别,因此(7.2.15)

式适用于多粒子情形。原子核结构理论中有一个著名的推转模型，就是利用了这个式子。

7.3 泊松括号

1. 泊松括号的定义

设 φ,ψ 都是正则变量$\{q_i,p_i\}$和时间 t 的任意足够光滑的函数：

$$\varphi=\varphi(q,p,t),\quad \psi=\psi(q,p,t) \tag{7.3.1}$$

则 φ 和 ψ 的泊松括号定义为

$$[\varphi,\psi]=\sum_{i=1}^{s}\left(\frac{\partial\varphi}{\partial q_i}\frac{\partial\psi}{\partial p_i}-\frac{\partial\psi}{\partial q_i}\frac{\partial\varphi}{\partial p_i}\right) \tag{7.3.2}$$

(不同的定义可能相差一个符号。)

注意：求偏导数时，q_i,p_i,t 是相互独立的变量，但求全导数时 q_i,p_i 是时间 t 的函数，即

$$\frac{\partial p_i}{\partial q_j}=0,\quad \frac{\partial p_i}{\partial p_j}=\delta_{ij},\quad \frac{\partial p_i}{\partial t}=0,\quad \frac{\partial q_i}{\partial q_j}=\delta_{ij},\quad \frac{\partial q_i}{\partial p_j}=0,\quad \frac{\partial q_i}{\partial t}=0,$$

$$\dot{q}_i=\frac{\mathrm{d}q_i}{\mathrm{d}t},\quad \dot{p}_i=\frac{\mathrm{d}p_i}{\mathrm{d}t},\quad \frac{\mathrm{d}}{\mathrm{d}t}=\frac{\partial}{\partial t}+\sum_{i=1}^{s}\left(\dot{q}_i\frac{\partial}{\partial q_i}+\dot{p}_i\frac{\partial}{\partial p_i}\right)$$

下面列出比较常用的简单公式。

$$\begin{aligned}
&[u,u]=0\\
&[u,v]=-[v,u],\quad \text{反对称}\\
&[au+bv,w]=a[u,w]+b[v,w],\quad a\text{、}b\ \text{为常量，线性}\\
&[uv,w]=[u,w]v+u[v,w]\\
&[u,[v,w]]+[v,[w,u]]+[w,[u,v]]=0
\end{aligned} \tag{7.3.3}$$

特别是，当函数 φ,ψ 用正则变量$\{q_i,p_i\}$代替时，得到正则变量满足的泊松括号

$$\begin{cases}[q_j,q_k]_{q,p}=[p_j,p_k]_{q,p}=0\\ [q_j,p_k]_{q,p}=-[p_j,q_k]_{q,p}=\delta_{jk}\end{cases} \tag{7.3.4}$$

2. 泊松括号的意义

运用泊松括号能够把运动方程表达得更加简洁。设 s 自由度系统哈密顿量 H，任给力学量 $A=A(q_1,\cdots,q_s,p_1,\cdots,p_s,t)$，则

$$\frac{\mathrm{d}A}{\mathrm{d}t}=\sum_i\left(\frac{\partial A}{\partial q_i}\dot{q}_i+\frac{\partial A}{\partial p_i}\dot{p}_i\right)+\frac{\partial A}{\partial t}=\sum_i\left(\frac{\partial A}{\partial q_i}\frac{\partial H}{\partial p_i}-\frac{\partial H}{\partial q_i}\frac{\partial A}{\partial p_i}\right)+\frac{\partial A}{\partial t}$$

所以有

$$\frac{\mathrm{d}A}{\mathrm{d}t}=[A,H]+\frac{\partial A}{\partial t} \tag{7.3.5}$$

若 A 是守恒量,则要求

$$[A,H]+\frac{\partial A}{\partial t}=0 \tag{7.3.6}$$

A 不显含时间时,要求$[A,H]=0$。特别地,$A=H$ 时,利用(7.3.5)式得到熟知的结果$\frac{\mathrm{d}H}{\mathrm{d}t}=\frac{\partial H}{\partial t}$。

因为 q_i,p_i 是独立变量,不可能显含 t,所以对于力学量 q_i,p_i,利用(7.3.5)式容易得到

$$\dot{q}_i=[q_i,H],\quad \dot{p}_i=[p_i,H] \tag{7.3.7}$$

这就是哈密顿方程,其形式对称。

对于哈密顿系统,在相空间相点数密度不随时间改变,即刘维尔定理,其数学表示就是(6.3.13)式。利用(7.3.5)式,刘维尔定理也可表示为

$$[n,H]+\frac{\partial n}{\partial t}=0 \tag{7.3.8}$$

利用(7.3.3)式可以推得非常有价值的结论,其中之一就是泊松定理。泊松定理:如果 u,v 是守恒量,则它们的泊松括号也是守恒量。如果 u,v 都不显含时间,证明很简单,在(7.3.3)最后公式令 $w\to H$,由于 $[u,H]=[v,H]=0$,所以 $[H,[u,v]]=0$。如果 u,v 显含时间时,证明虽稍微复杂,但仍可以得到同一结论,请自行练习。

有了泊松定理,似乎只要有了两个运动积分,就能求出第三个,第四个……问题就解决了,其实不然。泊松定理只提供了求第三个运动积分的方法,但未保证得到的运动积分是独立于已知运动积分的,是非平庸的,因此问题远未解决。

例 7.8 证明$\frac{\partial H}{\partial t}=0$ 时,正则方程有运动积分 $H=h$。

证明:如果已知另一个运动积分 $\varphi(q,p,t)=C$,那么$[\varphi,H]$也是一个运动积分,事实上这个运动积分就是$-\frac{\partial\varphi}{\partial t}=C_1$。进一步可得,$\frac{\partial^2\varphi}{\partial^2 t}=C_2$,… 也是积分。若$\frac{\partial^k\varphi}{\partial t^k}\equiv 0$ 或常数,则新的运动积分是平庸的(只是恒等式)。

例 7.9 说明椭圆摆(见例 6.4)有无新的运动积分。

解:$\frac{\partial H}{\partial t}=0$ 有能量积分

$$H=\frac{1}{2(m_A+m_B\sin^2\varphi)}\left[p_x^2+\frac{m_A+m_B}{m_Bl^2}p_\varphi^2-\frac{2\cos\varphi}{l}p_xp_\varphi\right]-m_Bgl\cos\varphi=E$$

$\frac{\partial H}{\partial x}=0$ 有循环积分(水平方向动量守恒)，$p_x=C$，$[p_x,H]=-\frac{\partial p_x}{\partial t}=0$，不能得到新的运动积分。

例 7.10　证明：若哈密顿量具有平移不变性，则 $\boldsymbol{p}$ 守恒。

证明：无穷小正则变换下，根据(7.1.38)式

$$\delta p_i=-\varepsilon\frac{\partial G}{\partial q_i},\quad \delta q_i=\varepsilon\frac{\partial G}{\partial p_i}$$

对于任意函数 $F=F(q_1,\cdots,q_s,p_1,\cdots,p_s,t)$

$$\delta F=\sum_i\left(\frac{\partial F}{\partial q_i}\delta q_i+\frac{\partial F}{\partial p_i}\delta p_i\right)=\varepsilon\sum_i\left(\frac{\partial F}{\partial q_i}\frac{\partial G}{\partial p_i}-\frac{\partial G}{\partial q_i}\frac{\partial F}{\partial p_i}\right)=\varepsilon[F,G]$$

$F\to H$，上式变为 $\delta H=\varepsilon[H,G]$。

根据题意 $x\to x+\delta x$，H 不变。选 p_x 为生成函数 G，此时无穷小正则变换的结果为

$$\delta p_x=\delta p_y=\delta p_z=0,\quad \delta y=\delta z=0,\quad \delta x=\varepsilon$$

即对应 x 方向无穷小平移，H 不变，即

$$0=\delta H=\varepsilon[H,p_x]$$

所以 p_x 守恒，同理可证，对 y，z 分量 p_y，p_z 守恒。

3. 泊松括号与可积系统

在 6.3 节 2 中讨论了 s 自由度可积系统，要求有 s 个相容的守恒量，即，在 $2s$ 维相空间有共同的 s 维子曲面。这个条件等价于所有守恒量之间的泊松括号为零。为了简单说明这一点，考虑两个自由度系统，假设两个守恒量 $F(q_1,p_1,q_2,p_2)=f$，$G(q_1,p_1,q_2,p_2)=g$，都不显含时间，其中 f 和 g 是常量。显然两个方程分别代表四维相空间中的三维曲面。假设两个守恒量代表的三维曲面有交集，这个交集一般构成二维曲面。假设这样的二维子曲面存在，则要求其上的某一任意矢量既在三维曲面 F 上，同时还在三维曲面 G 上。为了找到这个条件的数学表示，考虑四维相空间中的梯度算符

$$\text{grad}=\left(\frac{\partial}{\partial q_1},\frac{\partial}{\partial p_1},\frac{\partial}{\partial q_2},\frac{\partial}{\partial p_2}\right)\tag{7.3.9}$$

根据梯度的几何含义，grad(F)表示垂直于曲面 F 法线方向该守恒量的变化率，因此 grad(F)的方向沿 $F(q_1,p_1,q_2,p_2)=f$ 曲面的法向；同理对 grad(G)。再新定义一个与梯度正交的算符

$$\text{sgrad}=\left(-\frac{\partial}{\partial p_1},\frac{\partial}{\partial q_1},-\frac{\partial}{\partial p_2},\frac{\partial}{\partial q_2}\right)\tag{7.3.10}$$

很容易看出，$\mathrm{grad}(F)\cdot\mathrm{sgrad}(F)=0$，及 $\mathrm{grad}(G)\cdot\mathrm{sgrad}(G)=0$，即 $\mathrm{sgrad}(F)$ 与曲面 $F(q_1,p_1,q_2,p_2)=f$ 法向垂直，说明矢量 $\mathrm{sgrad}(F)$ 是沿着该曲面；同理，对 $\mathrm{sgrad}(G)$ 也一样。若用两个矢量 $\mathrm{sgrad}(F)$，$\mathrm{sgrad}(G)$ 构造一个二维曲面，并要求该二维曲面是两个守恒量的共同子曲面，该二维曲面则应该同时与法向 $\mathrm{grad}(F)$ 和 $\mathrm{grad}(G)$ 垂直，即要求

$$\mathrm{grad}(F)\cdot\mathrm{sgrad}(G)=\mathrm{grad}(G)\cdot\mathrm{sgrad}(F)=0$$

上式整理得

$$[F,G]=[G,F]=0 \tag{7.3.11}$$

这就是所谓两个守恒量是相容的条件。推广到 s 自由度可积系统，就是所有 s 个守恒量，它们的任意两个泊松括号都等于零。以后在量子力学有类似的结果，只不过那时不再是泊松括号，而是对易关系。

4. 泊松括号与正则变换

先考虑自由度 1 的系统，此时接触变换为

$$\begin{cases}Q=Q(q,p,t)\\P=P(q,p,t)\end{cases} \tag{7.3.12}$$

对应的正则坐标变换雅可比矩阵为

$$J=\begin{pmatrix}\dfrac{\partial Q}{\partial q} & \dfrac{\partial Q}{\partial p}\\ \dfrac{\partial P}{\partial q} & \dfrac{\partial P}{\partial p}\end{pmatrix} \tag{7.3.13}$$

对于任意两个函数，相应的变换为

$$\begin{cases}F(q,p,t)=F'(Q,P,t)\\G(q,p,t)=G'(Q,P,t)\end{cases} \tag{7.3.14}$$

它们的泊松括号对旧的正则坐标

$$[F,G]_{qp}=\frac{\partial F}{\partial q}\frac{\partial G}{\partial p}-\frac{\partial F}{\partial p}\frac{\partial G}{\partial q} \tag{7.3.15}$$

而对新的正则坐标

$$[F',G']_{QP}=\frac{\partial F'}{\partial Q}\frac{\partial G'}{\partial P}-\frac{\partial F'}{\partial Q}\frac{\partial G'}{\partial P} \tag{7.3.16}$$

若(7.3.12)式为正则变换，充要条件为 $[F,G]_{qp}=[F',G']_{QP}$。下面是简单证明。

(7.3.15)式也可以表示为矩阵乘积

$$[F,G]_{qp}=\left(\frac{\partial F}{\partial q},\frac{\partial F}{\partial p}\right)\begin{pmatrix}0 & 1\\ -1 & 0\end{pmatrix}\begin{pmatrix}\dfrac{\partial G}{\partial q}\\ \dfrac{\partial G}{\partial p}\end{pmatrix} \tag{7.3.17}$$

用符号表示为

$$\partial_{qp}F=\begin{pmatrix}\dfrac{\partial F}{\partial q}\\\dfrac{\partial F}{\partial p}\end{pmatrix}\tag{7.3.18}$$

$$\Gamma=\begin{pmatrix}0&1\\-1&0\end{pmatrix}\tag{7.3.19}$$

则(7.3.15)式改写为

$$[F,G]_{qp}=\tilde{\partial}_{qp}F\Gamma\partial_{qp}G\tag{7.3.20}$$

利用雅可比矩阵变换到新坐标，则(7.3.18)式为

$$\partial_{qp}F=\begin{pmatrix}\dfrac{\partial Q}{\partial q}&\dfrac{\partial P}{\partial q}\\\dfrac{\partial Q}{\partial p}&\dfrac{\partial P}{\partial p}\end{pmatrix}\begin{pmatrix}\dfrac{\partial F'}{\partial Q}\\\dfrac{\partial F'}{\partial P}\end{pmatrix}=\tilde{J}\partial_{QP}F'\tag{7.3.21}$$

利用(7.3.21)式可以把(7.3.20)式表示为

$$[F,G]_{qp}=\tilde{\partial}_{QP}F'J\Gamma\tilde{J}\partial_{QP}G'\tag{7.3.22}$$

根据(7.3.13)式和(7.3.19)式

$$J\Gamma\tilde{J}=\begin{pmatrix}\dfrac{\partial Q}{\partial q}&\dfrac{\partial Q}{\partial p}\\\dfrac{\partial P}{\partial q}&\dfrac{\partial P}{\partial p}\end{pmatrix}\begin{pmatrix}0&1\\-1&0\end{pmatrix}\begin{pmatrix}\dfrac{\partial Q}{\partial q}&\dfrac{\partial P}{\partial q}\\\dfrac{\partial Q}{\partial p}&\dfrac{\partial P}{\partial p}\end{pmatrix}=\begin{pmatrix}0&\dfrac{\partial Q}{\partial q}\dfrac{\partial P}{\partial p}-\dfrac{\partial Q}{\partial q}\dfrac{\partial P}{\partial p}\\\dfrac{\partial P}{\partial q}\dfrac{\partial Q}{\partial p}-\dfrac{\partial Q}{\partial q}\dfrac{\partial P}{\partial p}&0\end{pmatrix}$$

简写为

$$J\Gamma\tilde{J}=[Q,P]_{qp}\Gamma\tag{7.3.23}$$

(7.3.22)式化为

$$[F,G]_{qp}=[Q,P]_{qp}\tilde{\partial}_{QP}F'\Gamma\partial_{QP}G'=[Q,P]_{qp}[F',G']_{QP}\tag{7.3.24}$$

由正则变换的充分条件(7.1.28)式，容易得到

$$\left(\frac{\partial P(q,Q,t)}{\partial q}\right)_Q=-\left(\frac{\partial p(q,Q,t)}{\partial Q}\right)_q\tag{7.3.25}$$

另一方面

$$\left(\frac{\partial P}{\partial p}\right)_q=\left(\frac{\partial P(q,Q(q,p,t),t)}{\partial p}\right)_q=\left(\frac{\partial P(q,Q(q,p,t),t)}{\partial Q}\right)_q\left(\frac{\partial Q}{\partial p}\right)_q$$

$$\begin{aligned}\left(\frac{\partial P}{\partial q}\right)_p&=\left(\frac{\partial P(q,Q(q,p,t),t)}{\partial q}\right)_p\\&=\left(\frac{\partial P(q,Q(q,p,t),t)}{\partial q}\right)_Q+\left(\frac{\partial P(q,Q(q,p,t),t)}{\partial Q}\right)_q\left(\frac{\partial Q}{\partial q}\right)_p\end{aligned}$$

由(7.3.25)式

$$\left(\frac{\partial P}{\partial q}\right)_p=-\left(\frac{\partial p(q,Q(q,p,t),t)}{\partial Q}\right)_q+\left(\frac{\partial P(q,Q(q,p,t),t)}{\partial Q}\right)_q\left(\frac{\partial Q}{\partial q}\right)_p$$

因此，利用上面式子

$$[Q,P]_{qp}=\frac{\partial Q}{\partial q}\frac{\partial P}{\partial p}-\frac{\partial Q}{\partial p}\frac{\partial P}{\partial q}=\left(\frac{\partial Q}{\partial p}\right)_q\left(\frac{\partial p}{\partial Q}\right)_q=\left(\frac{\partial Q}{\partial Q}\right)_q=1 \quad (7.3.26)$$

(7.3.24)式则为$[F,G]_{qp}=[F',G']_{QP}$或简写为

$$[F,G]_{qp}=[F,G]_{QP} \quad (7.3.27)$$

所以(7.3.26)式或者(7.3.27)式等价于(7.1.28)式，也是正则变换的充分条件(单价正则变换)。

对于多自由度系统，(7.3.18)式可以扩充到 s 自由度情形

$$\partial_{qp}F\equiv\begin{bmatrix}\dfrac{\partial F}{\partial q_1}\\ \dfrac{\partial F}{\partial p_1}\\ \vdots\\ \dfrac{\partial F}{\partial q_s}\\ \dfrac{\partial F}{\partial p_s}\end{bmatrix} \quad (7.3.28)$$

(7.3.19)式则为一个方阵 Γ

$$\Gamma=\begin{bmatrix}0&1&0&0&\cdots&\cdots&\cdots\\ -1&0&0&0&\cdots&\cdots&\cdots\\ 0&0&0&1&\cdots&\cdots&\cdots\\ 0&0&-1&0&\cdots&0&0\\ \vdots&\vdots&\vdots&\vdots&\ddots&0&0\\ \vdots&\vdots&\vdots&0&0&0&1\\ \vdots&\vdots&\vdots&0&0&-1&0\end{bmatrix} \quad (7.3.29)$$

这个矩阵对角线上的元素是由 2×2 阶 $\begin{bmatrix}0&1\\-1&0\end{bmatrix}$ 构成，其余都是零。显然 $\tilde{\Gamma}=-\Gamma,\tilde{\Gamma}\Gamma=I$，$I$ 是单位矩阵，$\det[\Gamma]=1$。对于新的正则变量 $\{Q_i\},\{P_i\}$，有

$$\begin{cases}P_i=P_i(q_1,\cdots,q_s,p_1,\cdots,p_s,t)\\ Q_i=Q_i(q_1,\cdots,q_s,p_1,\cdots,p_s,t)\end{cases},\quad i=1,2,\cdots,s \quad (7.3.30)$$

雅可比变换矩阵为

$$J \equiv \frac{\partial(Q_1, P_1, \cdots, Q_s, P_s)}{\partial(q_1, p_1, \cdots, q_s, p_s)} = \begin{bmatrix} \frac{\partial Q_1}{\partial q_1} & \frac{\partial Q_1}{\partial p_1} & \cdots & \frac{\partial Q_1}{\partial p_s} \\ \vdots & \vdots & & \vdots \\ \frac{\partial P_s}{\partial q_1} & \frac{\partial P_s}{\partial p_1} & \cdots & \frac{\partial P_s}{\partial p_s} \end{bmatrix} \tag{7.3.31}$$

与(7.3.21)式类似,有

$$\partial_{qp} F = \widetilde{J} \partial_{QP} F' \tag{7.3.32}$$

同样与(7.3.22)式类似,有

$$[F, G]_{qp} = \widetilde{\partial}_{qp} F \Gamma \partial_{qp} G = \widetilde{\partial}_{QP} F J \Gamma \widetilde{J} \partial_{QP} G \tag{7.3.33}$$

利用(7.1.28)式,容易得到

$$\left(\frac{\partial P_i(q_1, \cdots, q_s, Q_1, \cdots, Q_s, t)}{\partial q_i}\right)_{q,Q} = -\left(\frac{\partial p_i(q_1, \cdots, q_s, Q_1, \cdots, Q_s, t)}{\partial Q_i}\right)_{q,Q}$$

类似于(7.3.25)式和(7.3.26)式,同样可以得到

$$[Q_i, P_i]_{qp} = 1 \tag{7.3.34}$$

因此,类似(7.3.23)式的推导,利用(7.3.34)式容易得到

$$J \Gamma \widetilde{J} = \Gamma \tag{7.3.35}$$

于是对于任意两个函数

$$[F, G]_{qp} = \widetilde{\partial}_{QP} F J \Gamma \widetilde{J} \partial_{QP} G = \widetilde{\partial}_{QP} F \Gamma \partial_{QP} G = [F, G]_{QP} \tag{7.3.36}$$

因此,在正则变换下泊松括号下角标都可以忽略。那些在原来正则坐标下得到的泊松括号值,对正则变换后的新正则变量都成立。如

$$\begin{cases} [Q_j, Q_k]_{q,p} = [P_j, P_k]_{q,p} = 0 \\ [Q_j, P_k]_{q,p} = -[P_j, Q_k]_{q,p} = \delta_{jk} \end{cases} \tag{7.3.37}$$

反过来,对于某一变换,如果新的正则变量满足(7.3.37)式,则该变换为正则变换,这是正则变换的又一个判据。对于正则变换,由于泊松括号无论对原来正则变量还是新的正则变量结果相同,以后泊松括号右下变量角标可以缺省。

由(7.3.35)式还可得到:

$$\det[J \Gamma \widetilde{J}] = \det[J \widetilde{J}] \det[\Gamma] = \det[\Gamma] = 1 \quad \Rightarrow \quad \det[J \widetilde{J}] = 1$$

所以

$$\det[J] = \pm 1 \tag{7.3.38}$$

一个直接的推论是,下面的积分等式

$$\begin{aligned} I &= \int dq_1 dp_1, \cdots, dq_s dp_s = \int |\det[J]| dQ_1 dP_1, \cdots, dQ_s dP_s \\ &= \int dQ_1 dP_1, \cdots, dQ_s dP_s \end{aligned} \tag{7.3.39}$$

称为通用积分不变量。(7.3.39)式意味着相空间体积在正则变换下不变。考虑 $t \to t+\mathrm{d}t$ 的无穷小正则变换,积分 I 是常量,实际就是刘维尔定理。

对于自由度为1的系统,(7.3.39)式可化为

$$\int \mathrm{d}q\,\mathrm{d}p = \int \mathrm{d}Q\,\mathrm{d}P = \text{const.} \quad \to \quad \oint p\,\mathrm{d}q = \oint P\,\mathrm{d}Q = \text{const.} \tag{7.3.40}$$

其中用到格林公式

$$\oint_c (X\mathrm{d}x + Y\mathrm{d}y) = \iint_\Omega \left(\frac{\partial Y}{\partial x} - \frac{\partial X}{\partial y}\right)\mathrm{d}x\,\mathrm{d}y$$

7.4 哈密顿-雅可比方程

1. 正则变换的目的是使尽可能多的正则变量成为循环坐标,以得到尽可能多的循环积分,使正则方程变得比较容易求解。最极端的情况是使所有正则变量都成为循环坐标,即作一正则变换,使得新的哈密顿量为零,$H^* = 0$,于是 $\dot{Q}_i = 0$,$\dot{P}_i = 0$,所以 $Q_i = \xi_i =$ 常数,$P_i = \eta_i =$ 常数,这些常数由初始条件决定。

对于 s 自由度系统,利用第二种正则变换充分条件

$$\sum_{i=1}^{s}(p_i\mathrm{d}q_i + Q_i\mathrm{d}P_i) + (H^* - H)\,\mathrm{d}t = \mathrm{d}F_2(q_1, P_1, \cdots, q_s, P_s, t) \tag{7.4.1}$$

希望在经过正则变换以后,得到 $H^* = 0$,即所有正则变量都是循环坐标。这就要求生成函数 F_2 满足偏微分方程

$$H + \frac{\partial F_2}{\partial t} = H^* = 0 \tag{7.4.2}$$

因为 $Q_i = \dfrac{\partial F_2}{\partial P_i}$,$p_i = \dfrac{\partial F_2}{\partial q_i}$,$Q_i = \xi_i$,$P_i = \eta_i$,(7.4.2)式可表示为

$$H\left(q_1, \frac{\partial F_2}{\partial q_1}, \cdots, q_s, \frac{\partial F_2}{\partial q_s}, t\right) + \frac{\partial F_2(q_1, \eta_1, \cdots, q_s, \eta_s, t)}{\partial t} = 0 \tag{7.4.3}$$

由于方程中只含生成函数的偏导数,不含生成函数本身,所以,生成函数加减任意常数仍满足(7.4.3)式。可以用 S 表示生成函数

$$S(q_1, \eta_1, \cdots, q_s, \eta_s, t) = F_2(q_1, \eta_1, \cdots, q_s, \eta_s, t) + C \tag{7.4.4}$$

方程(7.4.3)式则可以改写为

$$H\left(q_1, \frac{\partial S}{\partial q_1}, \cdots, q_s, \frac{\partial S}{\partial q_s}, t\right) + \frac{\partial S}{\partial t} = 0 \tag{7.4.5}$$

方程(7.4.3)或(7.4.5)式称为哈密顿-雅可比(Hamilton-Jacobi)方程，S 称为哈密顿主函数。

一方面，哈密顿主函数是正则变换中的生成函数；另一方面，容易求得

$$\frac{\mathrm{d}S}{\mathrm{d}t}=\sum_i\left(\frac{\partial S}{\partial q_i}\dot{q}_i\right)+\frac{\partial S}{\partial t}=\sum_i p_i\dot{q}_i-H=L \tag{7.4.6}$$

或

$$S=\int L\,\mathrm{d}t \tag{7.4.7}$$

实际上，这就是积分限不确定的哈密顿作用量。

我们还可以利用其他的正则变换形式，得到类似于哈密顿-雅可比方程的方程，如，利用第一、三种和第四种正则变换形式推导。由第一种和第二种正则变换得到的哈密顿主函数同样都是积分限不确定的哈密顿作用量，但由第三种和第四种正则变换得到的哈密顿主函数，其含义不同。作为练习可以自行推导，并比较它们的不同。

2. 在求得哈密顿-雅可比方程的完全解 S 以后，我们可以直接求得

$$\begin{cases}\dfrac{\partial S(q_1,\eta_1,\cdots,q_s,\eta_s,t)}{\partial q_i}=p_i\\[2ex]\dfrac{\partial S(q_1,\eta_1,\cdots,q_s,\eta_s,t)}{\partial \eta_i}=\xi_i\end{cases},\quad i=1,2,\cdots,s \tag{7.4.8}$$

可以证明，(7.4.8)式就是正则方程 $\dot{q}_i=\dfrac{\partial H}{\partial p_i}$，$\dot{p}_i=-\dfrac{\partial H}{\partial q_i}$的全部 $2s$ 个积分。利用 $2s$ 个积分常数 $\{\xi_i\}$，$\{\eta_i\}$，从(7.4.8)式原则上可解出

$$\begin{cases}q_i=q_i(\xi_1,\cdots,\xi_s,\eta_1,\cdots,\eta_s,t)\\ p_i=p_i(\xi_1,\cdots,\xi_s,\eta_1,\cdots,\eta_s,t)\end{cases} \tag{7.4.9}$$

或者反过来表示为

$$\begin{cases}\xi_i=\xi_i(q_1,\cdots,q_s,p_1,\cdots,p_s,t)\\ \eta_i=\eta_i(q_1,\cdots,q_s,p_1,\cdots,p_s,t)\end{cases} \tag{7.4.10}$$

(7.4.9)式就是正则方程的积分显式，(7.4.10)式是其隐函数形式。(7.4.9)式和(7.4.10)式也是新旧正则变量间的正则变换关系式。这个结果称为哈密顿-雅可比定理。

对于某些问题，可设 S 具有分离变量的形式

$$S(q,\eta,t)=-Et+W+C \tag{7.4.11}$$

其中

$$W=\sum_i W_i(q_i) \tag{7.4.12}$$

例如，哈密顿量若有简单形式 $H=\sum_i H_i(q_i,p_i)$，此时利用(7.4.11)式和(7.4.12)式，哈密顿-雅可比方程容易简化为

$$H_i\left(q_i,\frac{\partial W_i}{\partial q_i}\right)=\alpha_i \tag{7.4.13}$$

其中，α_i 都是常量，满足

$$E=\sum_i \alpha_i \tag{7.4.14}$$

例 7.11　用哈密顿-雅可比方程解开普勒(Kepler)问题。

解：取平面极坐标，中心力场下的哈密顿量

$$H=\frac{1}{2m}\left(p_r^2+\frac{p_\theta^2}{r^2}\right)-\frac{\alpha}{r}$$

其中，p_θ 为角动量，是循环积分；同样，哈密顿量不显含时间，因此哈密顿量守恒，此时为能量守恒。于是哈密顿-雅可比方程为

$$\frac{1}{2m}\left[\left(\frac{\partial S}{\partial r}\right)^2+\frac{1}{r^2}\left(\frac{\partial S}{\partial \theta}\right)^2\right]-\frac{\alpha}{r}+\frac{\partial S}{\partial t}=0$$

这个方程可用分离变量法来求解，事实上，按(7.4.11)式和(7.4.12)式，设

$$S=-Et+W_1(r)+W_2(\theta)+C$$

由哈密顿-雅可比方程知，此时 E 就是能量，代入方程得

$$-\left[\left(\frac{\mathrm{d}W_1}{\mathrm{d}r}\right)^2+2m\left(E+\frac{\alpha}{r}\right)\right]r^2=\left(\frac{\mathrm{d}W_2}{\mathrm{d}\theta}\right)^2$$

等式左边与 θ 无关，右边与 r 无关，所以它们只能都等于常数。由右边式子不为负，常数可设为 J^2，则上式左右分别有

$$-\left[\left(\frac{\mathrm{d}W_1}{\mathrm{d}r}\right)^2+2m\left(E+\frac{\alpha}{r}\right)\right]r^2=J^2,$$

$$\left(\frac{\mathrm{d}W_2}{\mathrm{d}\theta}\right)^2=J^2$$

分别积分得

$$W_1(r)=\pm\int\sqrt{2m\left(E+\frac{\alpha}{r}\right)-\frac{J^2}{r^2}}\,\mathrm{d}r$$

$$W_2(\theta)=\pm J\theta+C$$

合在一起得

$$W(r,\theta)=\pm\int\sqrt{2m\left(E+\frac{\alpha}{r}\right)-\frac{J^2}{r^2}}\,\mathrm{d}r\pm J\theta$$

又

$$p_r=\frac{\partial S}{\partial r}=\frac{\mathrm{d}W_1}{\mathrm{d}r}=\pm\sqrt{2m\left(E+\frac{\alpha}{r}\right)-\frac{J^2}{r^2}}$$

$$p_\theta=\frac{\partial S}{\partial\theta}=\frac{\mathrm{d}W_2}{\mathrm{d}\theta}=\pm J$$

令 $P_1=E, P_2=J$，即 P_1, P_2 分别是能量 E 和角动量 J。根据生成函数的性质及上面结果

$$Q_1=\frac{\partial S}{\partial E}=-t+\frac{\partial W_1}{\partial E}=-t\pm\int\frac{m\,\mathrm{d}r}{\sqrt{2m\left(E+\frac{\alpha}{r}\right)-\frac{J^2}{r^2}}}$$

可设 $Q_1=-t_0$，t_0 是计算 t 的零点，则

$$t=t_0\pm\int\frac{m\,\mathrm{d}r}{\sqrt{2m\left(E+\frac{\alpha}{r}\right)-\frac{J^2}{r^2}}}$$

又

$$Q_2=\frac{\partial S}{\partial J}=\frac{\partial W_1}{\partial J}\pm\theta=\pm\int\frac{-J}{r^2\sqrt{2m\left(E+\frac{\alpha}{r}\right)-\frac{J^2}{r^2}}}\mathrm{d}r\pm\theta$$

因此可设 $Q_2=\pm\theta_0$，θ_0 是计算 θ 的零点，则进一步积分得

$$\theta-\theta_0=\pm\int\frac{-\mathrm{d}\left(\frac{J}{r}-\frac{m\alpha}{J}\right)}{\sqrt{2mE+\frac{m^2\alpha^2}{J^2}-\left(\frac{J}{r}-\frac{m\alpha}{J}\right)^2}}=\pm\arccos\frac{\frac{J}{r}-\frac{m\alpha}{J}}{\sqrt{2mE+\frac{m^2\alpha^2}{J^2}}}$$

令 $p=\dfrac{J^2}{m\alpha}, e=\sqrt{1+\dfrac{2EJ^2}{m\alpha^2}}$，得到 $r=\dfrac{p}{1+e\cos(\theta-\theta_0)}$。

3. 哈密顿量不显含时间的情况，即 $\dfrac{\partial H}{\partial t}=0$ 的情况下（这是相当常见的一大类情况），可对哈密顿主函数进行分离变量

$$S(q_1,\cdots,q_s,P_1,\cdots,P_s,t)=-\alpha_1 t+W(q_1,\cdots,q_s,P_1,\cdots,P_s)+C \tag{7.4.15}$$

方程(7.4.5)式化为

$$H\left(q_1,\frac{\partial S}{\partial q_1},\cdots,q_s,\frac{\partial S}{\partial q_s}\right)=\alpha_1 \tag{7.4.16}$$

α_1 就是哈密顿量，它有时对应系统能量。由于(7.4.16)式中 $\dfrac{\partial S}{\partial q_i}=\dfrac{\partial W}{\partial q_i}$，可重

新选择 $W=W(q_1,P_1,\cdots,q_s,P_s)$ 作为新的正则变换生成函数，则

$$p_i=\frac{\partial W}{\partial q_i},\quad Q_i=\frac{\partial W}{\partial P_i} \tag{7.4.17}$$

新的哈密顿量 $H^*=H\left(q_1,\frac{\partial W}{\partial q_1},\cdots,q_s,\frac{\partial W}{\partial q_s}\right)+\frac{\partial W}{\partial t}$。但新的生成函数 W 不显含时间，因此新旧哈密顿量相同，于是

$$H\left(q_1,\frac{\partial W}{\partial q_1},\cdots,q_s,\frac{\partial W}{\partial q_s}\right)=\alpha_1 \tag{7.4.18}$$

称为哈密顿-雅可比方程的第二种形式。此时生成函数 W 称为哈密顿特性函数。它的时间微分

$$\frac{\mathrm{d}W}{\mathrm{d}t}=\sum_i\frac{\partial W}{\partial q_i}\dot{q}_i=\sum_i p_i\dot{q}_i=L+H \tag{7.4.19}$$

不存在(7.4.7)式的主哈密顿函数与作用量之间的关联。其时间积分一方面

$$W=\int(L+H)\mathrm{d}t=\int L\,\mathrm{d}t+\alpha_1 t=S+\alpha_1 t \tag{7.4.20}$$

另一方面

$$W=\int\sum_i p_i\dot{q}_i\,\mathrm{d}t=\sum_i\int p_i\dot{q}_i\,\mathrm{d}t=\sum_i\int p_i\,\mathrm{d}q_i \tag{7.4.21}$$

求解方程(7.4.18)式比较简便的做法是假设

$$P_1=\alpha_1=\text{const.}$$

则 $H^*=H=P_1$。由哈密顿方程，

$$\dot{P}_i=-\frac{\partial H^*}{\partial Q_i}=0\quad\Rightarrow\quad P_i=\text{const.}=\alpha_i,\quad i=1,\cdots,s$$

$$\dot{Q}_i=\frac{\partial H^*}{\partial P_i}=\delta_{i,1}$$

$$Q_1=t+\text{const.}=t+\beta_1$$

$$Q_i=\text{const.}=\beta_i,\quad i=2,3,\cdots,s \tag{7.4.22}$$

由(7.4.17)式，有

$$\begin{cases}t+\beta_1=\dfrac{\partial W}{\partial\alpha_1}\\ \beta_i=\dfrac{\partial W}{\partial\alpha_i},\quad i=2,3,\cdots,s\end{cases} \tag{7.4.23}$$

例 7.12 用哈密顿-雅可比方程的第二种形式重解例 7.11。

解：哈密顿-雅可比方程的第二种形式可表为 $H\left(q_1,\frac{\partial W}{\partial q_1},\cdots,q_s,\frac{\partial W}{\partial q_s}\right)=\alpha_1=E$

$$\frac{1}{2m}\left[\left(\frac{\partial W}{\partial r}\right)^2+\frac{1}{r^2}\left(\frac{\partial W}{\partial \theta}\right)^2\right]-\frac{\alpha}{r}=E$$

这个方程可用分离变量法来求解，事实上，设 $W=W_1(r)+W_2(\theta)$，得

$$-\left[\left(\frac{\mathrm{d}W_1}{\mathrm{d}r}\right)^2+2m\left(E+\frac{\alpha}{r}\right)\right]r^2=\left(\frac{\mathrm{d}W_2}{\mathrm{d}\theta}\right)^2=J^2$$

积分得

$$W_1(r)=\pm\int\sqrt{2m\left(E+\frac{\alpha}{r}\right)-\frac{J^2}{r^2}}\,\mathrm{d}r$$

$$W_2(\theta)=\pm J\theta+C$$

合在一起有

$$W(r,\theta)=\pm\int\sqrt{2m\left(E+\frac{\alpha}{r}\right)-\frac{J^2}{r^2}}\,\mathrm{d}r\pm J\theta$$

由生成函数性质

$$p_r=\frac{\partial W}{\partial r}=\pm\sqrt{2m\left(E+\frac{\alpha}{r}\right)-\frac{J^2}{r^2}}$$

$$p_\theta=\frac{\partial W}{\partial \theta}=\pm J$$

令 $P_1=\alpha_1=E$，由(7.4.22)式 $Q_1=t+\beta_1$，再由(7.4.23)式

$$t+\beta_1=\frac{\partial W_1}{\partial E}=\pm\int\frac{m\,\mathrm{d}r}{\sqrt{2m\left(E+\frac{\alpha}{r}\right)-\frac{J^2}{r^2}}}$$

再令 $P_2=J$，则

$$\beta_2=\frac{\partial W}{\partial J}=\pm\int\frac{-J}{r^2\sqrt{2m\left(E+\frac{\alpha}{r}\right)-\frac{J^2}{r^2}}}\mathrm{d}r\pm\theta$$

只要令 $\beta_1=-t_0$，$\beta_2=\pm\theta_0$，结果与例 7.11 完全相同。

4. 哈密顿-雅可比方程的意义

(1) 给出了解正则方程和正则变换的又一种方法，可与其他方法互为补充。在处理简单问题时，看不出其优越性，但处理较复杂问题，例如三体问题，哈密顿-雅可比方程就有优势。

(2) 处理质点系力学问题，都会用到常微分方程(组)，例如，牛顿方程、拉格朗日方程、正则方程等，而哈密顿-雅可比方程是偏微分方程，可用来处理无限多个自由度的力学体系问题，例如，波、连续介质等。常微分方程(组)和偏

微分方程之间的联系，或许是一种启示：粒子和波之间可能有某种联系。事实上，哈密顿-雅可比方程在量子力学的建立过程中，起到重要的作用，薛定谔方程的发现与哈密顿-雅可比方程密切相关。

7.5 一维振动的作用量-角变量

7.5.1 作用量-角变量

自然界的多数运动形式是周期性的，如天体、微振动等。有一种坐标处理这类运动比较容易，就是作用量-角变量，这是一对共轭变量 I,Ψ。假设一维系统哈密顿量不显含时间，即 $H=H(q,p)$。利用正则变换使得 Ψ 在哈密顿量缺省，即

$$\widetilde{H}=\widetilde{H}(I) \tag{7.5.1}$$

这时 I 就是循环积分，而

$$\dot{\Psi}=\frac{\partial \widetilde{H}}{\partial I}=\omega(I)=\text{const.}$$

$$\Psi=\omega t+\varphi \tag{7.5.2}$$

I 和 Ψ 分别称为作用量(action variable)和角变量(angle variable)。假设是通过第一种形式的正则变换，此时生成函数也不应显含时间，即 $\widetilde{W}=\widetilde{W}(q,\Psi)$，则

$$I=-\frac{\partial \widetilde{W}}{\partial \Psi},\quad p=\frac{\partial \widetilde{W}}{\partial q} \tag{7.5.3}$$

即 q，p 可由作用量-角变量表示，因此有

$$\widetilde{H}(I)=H[q(I,\Psi),p(I,\Psi)] \tag{7.5.4}$$

从(7.5.2)式看出，角变量经过一个周期后并不回到原来的值，而是随时间线性增长。由于标度变换不影响对系统的描述，可以人为地归一化(7.5.2)式，使系统经历一个周期变化后，角变量增长 2π 值。利用正则变换的(7.3.40)式，有

$$\oint p\,\mathrm{d}q=\oint I\,\mathrm{d}\Psi \tag{7.5.5}$$

按上面的约定 $\Psi\to 0\sim 2\pi$，相当于在(q,p)相空间经历闭合路径，沿此闭合路径积分就是对一个周期运动进行积分。由于 I 是常数，由(7.5.5)式得到作用量

$$I=\frac{1}{2\pi}\oint p\,\mathrm{d}q=\frac{1}{2\pi}\iint_{\Omega}\mathrm{d}q\,\mathrm{d}p \tag{7.5.6}$$

例 7.13　计算摆长为 R 的单摆的作用量-角变量。

解：拉格朗日量为

$$L=\frac{1}{2}mR^2\dot{\theta}^2-mgR(1-\cos\theta)$$

广义动量为

$$p=\frac{\partial L}{\partial\dot{\theta}}=mR^2\dot{\theta}$$

哈密顿量为

$$H=\frac{p^2}{2mR^2}+mgR(1-\cos\theta)$$

因哈密顿量不显含时间，此时系统能量守恒

$$H=T+V=E=\text{const.}>0$$

又

$$E-mgR(1-\cos\theta)=\frac{p^2}{2mR^2}\geqslant 0$$

由此得到

$$\cos\theta\geqslant 1-\frac{E}{mgR}$$

当 $\frac{E}{mgR}\geqslant 2$，θ 可以取 $-\pi\sim\pi$ 的任意值，但如果 $0<\frac{E}{mgR}<2$，则 $-\theta_0\leqslant\theta\leqslant\theta_0$，其中 $\cos\theta_0=1-\frac{E}{mgR}$，如图 7.1 所示。

对于 $0<\frac{E}{mgR}<2$ 情形，相空间的闭合路径积分就是沿着闭合路径使 θ 完成一个周期的变化。对于 $\frac{E}{mgR}\geqslant 2$ 情形，相空间的闭合路径积分就是沿着上半段曲线然后再沿着下半段曲线积分，连接这两个曲线的路径是在曲线的端点垂直于横轴，这段路径积分由于角度没有变化贡献当然为零。对于以上任何情形，利用(7.5.6)式可以计算作用量

$$I=\frac{1}{2\pi}\oint p\,\mathrm{d}q=\pm\frac{1}{2\pi}\oint\sqrt{2mR^2\left[E-mgR(1-\cos\theta)\right]}\,\mathrm{d}\theta$$

由对称性

$$I=\frac{2mR\sqrt{2gR}}{\pi}\int_0^{\theta_0}\sqrt{\left(\cos\theta-1+\frac{E}{mgR}\right)}\,\mathrm{d}\theta$$

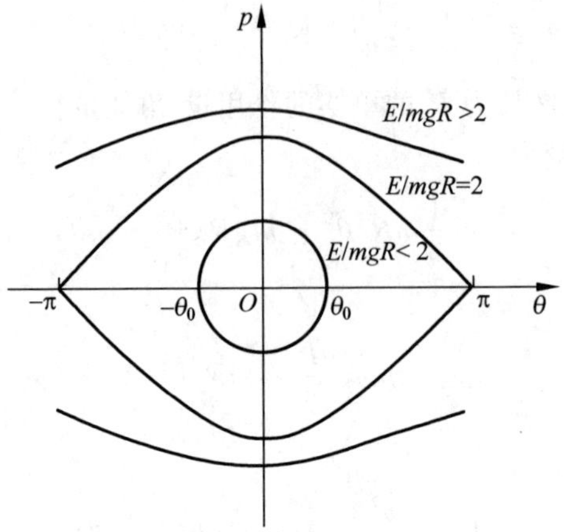

图 7.1 单摆运动相图

其中

$$\theta_0=\begin{cases}\arccos\left(1-\dfrac{E}{mgR}\right), & 0<\dfrac{E}{mgR}<2\\ \pi, & \dfrac{E}{mgR}\geqslant 2\end{cases}$$

由(7.5.2)式，$\dfrac{\partial E}{\partial I}=\omega$，上面积分式对 I 求导，求得

$$\omega=\pi\sqrt{\frac{g}{2R}}\frac{1}{\displaystyle\int_0^{\theta_0}\frac{d\theta}{\sqrt{\cos\theta-1+\dfrac{E}{mgR}}}}$$

小角度近似下，单摆是谐振子，此时不仅$\dfrac{E}{mgR}<2$，而且 $\theta_0\ll 1$。由上面 θ_0 表达式，得到 $\theta_0\approx\sqrt{\dfrac{2E}{mgR}}$

代入 I 的积分式

$$I\approx\frac{2mR\sqrt{2gR}}{\pi}\int_0^{\theta_0}\sqrt{\left(\frac{\theta_0^2}{2}-\frac{\theta^2}{2}\right)}\,d\theta=\frac{4E}{\pi}\sqrt{\frac{R}{g}}\int_0^1\sqrt{1-u^2}\,du=E\sqrt{\frac{R}{g}}$$

对 I 求导，得 $\omega=\sqrt{\dfrac{g}{R}}$，此即单摆振动角频率。代回上面结果，得到

$$E=I\omega \tag{7.5.7}$$

或者

$$I=\frac{E}{\omega}$$

由(7.5.2)式，角变量 $\Psi=\omega t+\varphi$，可以看出 Ψ 是相位。此时哈密顿量为

$$H=\frac{p^2}{2mR^2}+\frac{1}{2}mR^2\omega^2\theta^2=I\omega$$

与例 7.6 一维结果比较，相当于 $Q\leftrightarrow\Psi$，$P\leftrightarrow I$，而正则变换的生成函数为

$$F_1(\theta,\Psi)=\frac{1}{2}m\omega\theta^2\cot\Psi$$

7.5.2 绝热近似

爱因斯坦曾研究过摆线长度 $l=l(t)$ 随时间缓慢变化的单摆运动。根据摆长具体的变化形式，这个问题当然通过数值计算可以得到解答。若利用摆长缓慢变化这个前提，利用作用量-角变量也可以比较简单地近似求解。

一般地，如果系统哈密顿量通过一个参量 $\alpha(t)$ 随时间变化，而 $\alpha(t)$ 缓慢随时间变化，可以证明这时作用量是一个近似不变量。所谓缓慢变化，可以理解为时间变化率 $\dot{\alpha}(t)$ 是小量，因此有 $\dot{\alpha}^2(t)\sim 0$。假设哈密顿量为

$$H=H(q,p,\alpha) \tag{7.5.8}$$

这时生成函数也应通过参量 $\alpha(t)$ 显含时间，因此正则变换后的哈密顿量也是 $\alpha(t)$ 的函数。若是利用第一种形式的正则变换，作用量-角变量的哈密顿量为

$$\widetilde{H}(I,\alpha)=H(q,p,\alpha)+\frac{\partial\widetilde{W}(q,\Psi,\alpha)}{\partial t} \tag{7.5.9}$$

如果忽略 $\alpha(t)$ 随时间的变化，(7.5.9)式中第二项则应被忽略，因此第一项中不应含角变量，即

$$H(q,p,\alpha)=H[q(I,\Psi,\alpha),p(I,\Psi,\alpha),\alpha]=\overline{H}(I,\alpha) \tag{7.5.10}$$

因此

$$\frac{\partial H}{\partial\Psi}=\frac{\partial\overline{H}}{\partial\Psi}=0 \tag{7.5.11}$$

考虑 $\alpha(t)$ 随时间的变化，根据哈密顿方程以及(7.5.9)式、(7.5.10)式和(7.5.11)式，得到

$$\dot{I}=-\frac{\partial\widetilde{H}}{\partial\Psi}=-\frac{\partial^2\widetilde{W}}{\partial\Psi\partial t}=-\frac{\partial^2\widetilde{W}}{\partial\Psi\partial\alpha}\dot{\alpha} \tag{7.5.12}$$

计算一个准周期下的平均值

$$\langle\dot{I}\rangle=-\frac{1}{2\pi}\int_0^{2\pi}\frac{\partial^2\widetilde{W}}{\partial\Psi\partial\alpha}\dot{\alpha}\,\mathrm{d}\Psi$$

由于$\alpha(t)$缓慢随时间变化,因此可以近似地认为,一个周期T过后,其变化率基本不变,即$\dot{\alpha}(0)\approx\dot{\alpha}(T)$,于是

$$\langle\dot{I}\rangle=-\frac{1}{2\pi}\dot{\alpha}\frac{\partial\widetilde{W}}{\partial\alpha}\bigg|_0^{2\pi}\approx-\frac{\dot{\alpha}}{2\pi}\left[\frac{\partial\widetilde{W}(q,2\pi,\alpha(T))}{\partial\alpha}-\frac{\partial\widetilde{W}(q,0,\alpha(0))}{\partial\alpha}\right]$$

由于它是振动,$\widetilde{W}$对于Ψ是周期函数,因此上式可以简化为

$$\langle\dot{I}\rangle\approx-\frac{\dot{\alpha}}{2\pi}\left[\frac{\partial\widetilde{W}(q,0,\alpha(T))}{\partial\alpha}-\frac{\partial\widetilde{W}(q,0,\alpha(0))}{\partial\alpha}\right]\approx-\frac{\dot{\alpha}^2}{2\pi}\frac{\partial^2\widetilde{W}}{\partial\alpha^2}T\approx 0 \tag{7.5.13}$$

即作用量在一个准周期内的变化是$\alpha(t)$变化量的二阶小量。利用这个结果,就是所谓的绝热近似。

例 7.14 摆长l缓慢变化的单摆能量如何变化。

解:对单摆,拉格朗日量为

$$L=\frac{1}{2}m\dot{l}^2+\frac{1}{2}ml^2\dot{\theta}^2-mgl(1-\cos\theta)$$

利用摆长l缓慢变化的近似$\dot{l}^2\sim 0$,拉格朗日量近似为

$$L=\frac{1}{2}ml^2\dot{\theta}^2-mgl(1-\cos\theta)$$

此时哈密顿量

$$H=\frac{p_\theta^2}{2ml^2}+mgl(1-\cos\theta)$$

小角度近似下

$$H=\frac{p_\theta^2}{2ml^2}+\frac{1}{2}mgl\theta^2$$

根据绝热近似,作用量近似看作不变量,由例 7.13 小角度近似,有

$$H=E=I\omega=I\sqrt{\frac{g}{l}}$$

l缓慢变化时,作用量近似不变,得到

$$\frac{\dot{E}}{E}\approx-\frac{1}{2}\frac{\dot{l}}{l}$$

也可以讨论最大幅角变化规律,因

$$\theta_m=\sqrt{\frac{2E}{mgl}}\propto l^{-\frac{3}{4}}$$

所以有

$$\frac{\dot{\theta}_m}{\theta_m} \approx -\frac{3}{4}\frac{\dot{l}}{l}$$

例 7.15　电子(电荷 e)在匀强磁场中运动,磁场缓慢随时间变化时的哈密顿量。

解:若忽略场能,由(1.6.1)式此时拉格朗日量为

$$L = \frac{1}{2}mv^2 + e\boldsymbol{A}(\boldsymbol{r},t) \cdot \boldsymbol{v}$$

这里可以选 $\boldsymbol{A}(\boldsymbol{r},t) = xB_0(t)\boldsymbol{j}$,正则共轭动量

$$\boldsymbol{p} = m\boldsymbol{v} + e\boldsymbol{A}$$

哈密顿量为

$$H = \frac{1}{2m}(\boldsymbol{p} - e\boldsymbol{A})^2 = \frac{p_x^2 + (p_y - exB_0)^2 + p_z^2}{2m}$$

y 和 z 是循环坐标,因此

$$p_y = m\dot{y} + exB_0 = \text{const.}, \quad p_z = mv_z = \text{const.}$$

上面的哈密顿量改写为

$$H = \frac{p_z^2}{2m} + \frac{p_x^2}{2m} + \frac{1}{2}m\left(\frac{eB_0}{m}\right)^2\left(x - \frac{p_y}{eB_0}\right)^2$$

重新选择原点,使得 $x' = x - \dfrac{p_y}{eB_0}$,$p_{x'} = p_x$,再令 $\omega = \dfrac{eB_0}{m}$,则

$$H' = H - \frac{p_z^2}{2m} = \frac{p_{x'}^2}{2m} + \frac{1}{2}m\omega^2 x'^2$$

由于 B_0 缓慢变化,这是频率 ω 缓慢变化的谐振子,作用量 I 在绝热近似下不变

$$H' = I\omega$$

电子能量

$$E = \frac{p_z^2}{2m} + I\omega$$

显然有

$$\dot{E} \propto \dot{B}_0$$

容易计算最大振幅

$$x_{\mathrm{m}} = \sqrt{\frac{2I}{eB_0}}$$

这实际是电子回旋半径,其随时间的变化为

$$\frac{\dot{x}_{\mathrm{m}}}{x_{\mathrm{m}}} = -\frac{1}{2}\frac{\dot{B}_0}{B_0}$$

练习题

7.1　一粒子质量 m，以加速度 a 作匀加速直线运动，初始 $t=0$，位置和动量分别为 x_0,p_0，将位置和动量作为正则变量。

(1) 给出哈密顿量，并给出运动方程和守恒量；

(2) 求 t 时刻正则变量 x,p；

(3) 给出第二种形式的正则变换生成函数 $F_2(x_0,p,t)$，由此证明 x_0,p_0 到 x,p 是正则变换；

(4) 利用泊松括号 $[x,p]_{x_0,p_0}$，证明 x_0,p_0 到 x,p 是正则变换。

7.2　用两种方法证明以下变换是正则变换

$$Q=\ln\left(\frac{\sin p}{q}\right),\quad P=q\cot p$$

(1) 求得生成函数；

(2) 计算泊松括号。

7.3　用两种方法证明以下变换是正则变换

$$Q=-p,\quad P=q+\alpha p^2$$

其中，α 是适当的常量。

(1) 求得生成函数；

(2) 计算泊松括号。

7.4　用两种方法证明以下变换是正则变换

$$Q=\arctan\left(\frac{\alpha q}{p}\right),\quad P=\frac{\alpha q^2}{2}\left(1+\frac{p^2}{\alpha^2 q^2}\right)$$

其中 α 是适当的常量。

(1) 求得生成函数；

(2) 计算泊松括号。

7.5　用两种方法证明以下变换是正则变换

$$Q=\sqrt{2p}\sin q,\quad P=\sqrt{2p}\cos q$$

(1) 求得生成函数；

(2) 计算泊松括号。

7.6　用两种方法证明以下变换是正则变换

$$Q_1=q_1q_2,\quad P_1=1-\frac{p_1-p_2}{q_1-q_2}$$

$$Q_2=q_1+q_2,\quad P_2=-q_1-q_2+\frac{q_1p_1-q_2p_2}{q_1-q_2}$$

（1）求得生成函数；

（2）计算泊松括号。

7.7　用两种方法证明以下变换是正则变换

$$Q_i = q_i \cos\theta_i - p_i \sin\theta_i,\quad P_i = q_i \sin\theta_i + p_i \cos\theta_i,\quad i = 1,2,3,\cdots,s$$

其中 θ_i 是适当的常量，s 是系统自由度个数。

（1）求得生成函数；

（2）计算泊松括号。

7.8　1.21 题情形，选择第二种正则变换生成函数 $F_2 = \sum_{i=1}^{3} p_i' r_i'$ 形式，其中，r_i' 和 p_i' 分别为转动坐标系的广义坐标和广义动量分量。给出相应的哈密顿量及正则方程，并考查虚拟力的形式。

7.9　求证泊松括号的以下公式：

$$[uv, w] = [u, w]v + u[v, w]$$

$$\frac{\partial}{\partial t}[u, v] = \left[\frac{\partial u}{\partial t}, v\right] + \left[u, \frac{\partial v}{\partial t}\right]$$

$$[u, [v, w]] + [v, [w, u]] + [w, [u, v]] = 0$$

7.10　求证：角动量 $\boldsymbol{J} = (J_1, J_2, J_3)$ 分量之间满足 $[J_1, J_2] = J_3$。

7.11　对于一质点假设其角动量分量 $J_1 = C_1$，$J_2 = C_2$，两个都是运动积分，求证：$J_3 = C_3$ 也是一个运动积分。进一步，若是质点组情形，该结论是否仍成立？

7.12　在中心力场 $V(r) = -\dfrac{k}{r}$ 运动的质点，质量 m，动量 $\boldsymbol{p}$，角动量 $\boldsymbol{J}$，还有一个守恒量，拉普拉斯-龙格-楞次（Laplace-Runge-Lenz）矢量

$$\boldsymbol{A} = \boldsymbol{p} \times \boldsymbol{J} - \frac{mk\boldsymbol{r}}{r}$$

利用泊松括号证明该矢量是守恒量。

7.13　计算拉普拉斯-龙格-楞次矢量 $\boldsymbol{A}$ 各分量之间的泊松括号。

7.14　角动量 $\boldsymbol{J} = (J_1, J_2, J_3)$，矢量 $\boldsymbol{F} = (F_1, F_2, F_3)$，$\boldsymbol{F}$ 可能是坐标、动量或角动量（实际上拉普拉斯-龙格-楞次矢量也是可以的），求证

$$[F_i, J_j] = \sum_k \varepsilon_{ijk} F_k。$$

其中，$\varepsilon_{ijk} = \begin{cases} 0, & \text{任意两个角标相同} \\ 1, & ijk\ \text{按顺序排列} \end{cases}$，$\varepsilon_{ijk} = -\varepsilon_{jik} = -\varepsilon_{ikj}$

7.15　对于哈密顿量 H 的系统，假设相空间中相点密度 n，求证：刘维尔定理的表述形式为

$$\frac{\partial n}{\partial t}=[H,n]$$

7.16 (1) 假设使下面变换在一阶近似下是正则变换

$$q=Q+aQ^2+2bQP+cP^2$$

$$p=P+dQ^2+2eQP+fP^2$$

找到小量 a,b,c,d,e,f 应满足的条件。

(2) 含非谐振项从而稍微偏离谐振动的哈密顿量为

$$H=\frac{p^2}{2m}+\frac{1}{2}m\omega^2q^2+\alpha q^3$$

其中,α 是小量。通过(1)的正则变换,使新哈密顿量在二阶近似下不含非谐振项,即

$$H^*=\frac{P^2}{2m}+\frac{1}{2}m\omega^2Q^2+\text{二阶项}$$

(3) 利用新的正则变量求解,再通过正则变换,给出一阶近似下非谐振问题的解。

7.17 地面上作抛物线运动的质点的哈密顿量为

$$H=\frac{(p_x^2+p_y^2)}{2m}+mgy$$

其中 x 沿水平方向,y 是竖直方向。写出两种形式的哈密顿-雅可比方程,利用两种方法分别求解 $x(t)$和 $y(t)$。

7.18 一质量 m 的质点的势能为

$$V=\frac{1}{2}k(x^2+y^2+z^2)$$

在直角坐标系写出两种形式的哈密顿-雅可比方程,利用两种方法分别求解 $x(t)$、$y(t)$和 $z(t)$。

7.19 一质量 m 的质点在偶极场运动的势能为

$$V=\frac{k\cos\theta}{r^2}$$

其中 θ 是径矢与 z 轴的夹角。

(1) 在球坐标系写出哈密顿-雅可比方程;

(2) 通过分离变量求解,保留积分形式,各个分离变量时出现的常量用广义动量或能量表示;

(3) 利用 $t+\beta=\dfrac{\partial W}{\partial E}$ 给出 r 随时间 t 的变化关系。

7.20　一维运动的质量 m 的质点势能为

$$V = V_0 \tan^2 \frac{\pi q}{a}$$

其中 V_0,a 是大于零的常量。

（1）假设作用量和角变量分别为 I、Ψ,给出作用量 I 的积分表示；

（2）用能量 E 表示振动频率 ω；

（3）给出哈密顿-雅可比方程的第二种形式,并假设此时新的正则变量刚好为作用量和角变量 I、Ψ,给出生成函数的积分形式；

（4）给出角变量 Ψ 与 q 的关系；

（5）假设质点初始时刻在平衡位置,初速度 v_0,求解 $q(t)$。

第8章 混沌

混沌是普遍现象,这一伟大的发现几乎改变了我们的科学观。当时,我们认为掌握了物理方程,对于任何经典系统只要了解初值以及相关的边界条件,原则上可以计算出系统的运动状况,而且可以长期预测。混沌现象的研究表明,有许多系统的运动,是初值敏感的。而这种初值敏感性并不是方程解法带来的,而是方程本身所固有的一种特性。这一章利用典型例子,结合数值计算,介绍庞加莱(Poincaré)的分析方法。

1892年,在缺少像今天这样的数值计算能力的条件下,庞加莱在研究三体问题时,利用拓扑方法发现了混沌现象,但他的思想没有被广泛地理解。或许是因为当时出类拔萃的物理学家精力大多集中于量子论和相对论上,又或许是因为当时物理学家对拓扑理论不甚了解,总之,庞加莱的发现没有被普遍理解。过了半个多世纪以后,由于人类发明了计算机,美国气象学家洛伦茨在1963年通过数值计算直观了解到方程的初值敏感性(俗称"蝴蝶效应":墨西哥的蝴蝶扇动翅膀,可能引发洛杉矶的暴风雨),才使人们认识到许多物理现象的长期不可预测性,这称为确定性的混沌。现在学过经典力学之后仍对混沌现象不了解,那就意味着对经典力学的掌握不完整,因此作为理论力学教材有必要介绍混沌。目前,人们了解到的混沌现象非常丰富,内容引人入胜,而且由于对非线性微分方程已经有比较深刻的理解,有关混沌的理论也比较成熟,但因课时限制,理论力学课程只能通过典型的案例简要介绍混沌现象,更深入的理论需要在专门课程学习。数值计算对直观了解混沌现象有巨大的帮助,再结合庞加莱创立的方法,基本可以清楚地认识混沌现象。在这一章我们介绍庞加莱截面概念,结合数值计算介绍混沌动力学的一些主要的入门概念和普适特性。

8.1 受迫非线性振动

受迫阻尼非线性振动基本涵盖典型的耗散系统混沌的主要特性。然而并非任何非线性方程一定导致混沌，本章通过数值解杜芬方程，展现混沌现象。杜芬方程的参数选择可以有很大不同，这里研究如下参数形式的方程：

$$\ddot{q}+\frac{1}{Q}\dot{q}-\omega_0^2 q+\kappa^2 q^3=F_0\cos\omega t \tag{8.1.1}$$

(8.1.1)式称为杜芬方程，它与(4.3.18)式最显著的差异来自线性项的符号，而且非线性项不再是微扰，因此恢复力主要由非线性项提供。除了外来驱动力和阻尼力，(8.1.1)式中粒子受保守力 $f=m(\omega_0^2 q-\kappa^2 q^3)$ 作用。从另一个角度理解为，此时粒子的势能(原点选作势能零点)：

$$U=-\frac{1}{2}m\omega_0^2 q^2+\frac{1}{4}m\kappa^2 q^4 \tag{8.1.2}$$

势能有两个平衡位置，在远处四次方项起主要作用。图 8.1 是参数取值 $m=\omega_0=\kappa=1$ 时的势能曲线。

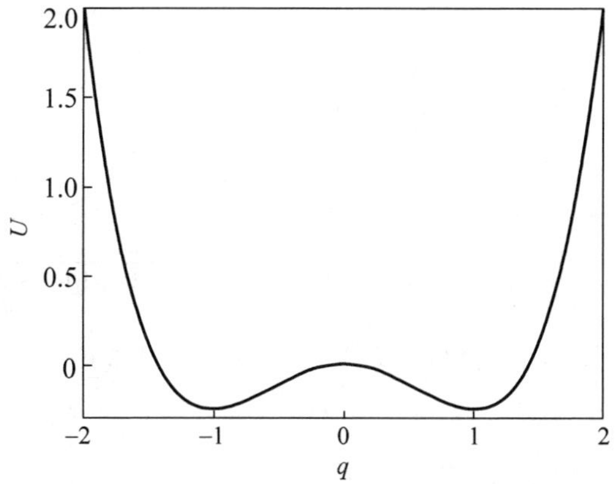

图 8.1　势能曲线

为了方便数值计算研究，方程(8.1.1)式中参量取 $\omega_0=\kappa=1$，$\frac{1}{Q}=\frac{1}{3}$，$\omega=\frac{4}{3}$，杜芬方程表示为

$$\ddot{q}+\frac{1}{3}\dot{q}-q+q^3=F_0\cos\frac{4}{3}t \tag{8.1.3}$$

或者将(8.1.3)式降维，化为一阶方程组

$$
\begin{cases}\dot{q}=p, \\ \dot{p}=q-\dfrac{p}{3}-q^{3}+F_{0}\cos\dfrac{4}{3}t\end{cases} \tag{8.1.4}
$$

此时 q、p 两个变量不是正则变量，这两个方程也不是正则方程。根据(6.3.19)式，在 q、p 相空间的相流体体积随时间趋向于零。

8.1.1 吸引子

对于外驱动力 F_0 比较小的情形，数值解方程(8.1.3)或(8.1.4)式，并把相轨迹在相图画出来，则发现对于某些初始值，经过长时间运动，相点最终落在 $q=1$ 附近某个确定的闭合轨道上(对于另一些初始值，相轨迹是 $q=-1$ 附近某个确定的闭合轨道)，好像是被吸引过去一样，所以这个闭合轨道就称为吸引子(the attractor)。取 $F_0=0.1$，从某些初始条件出发的相轨迹，经过长时间后最终都落在 $q=1$ 附近同一个闭合轨道上，如图 8.2 所示。另一些初始条件对应的相轨迹则在 $q=-1$ 附近，如图 8.3 所示。

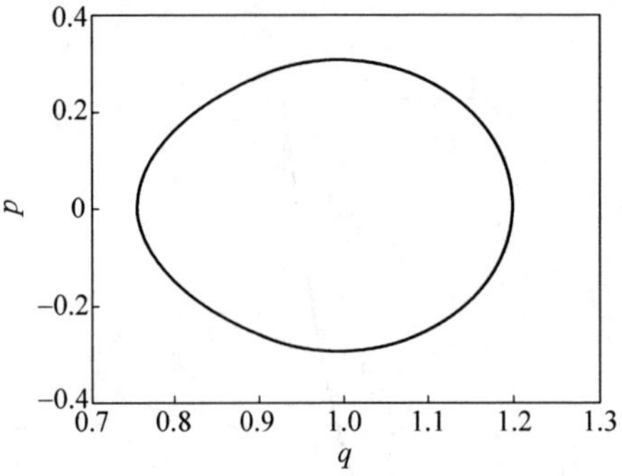

图 8.2 中心在(1,0)不对称相轨迹

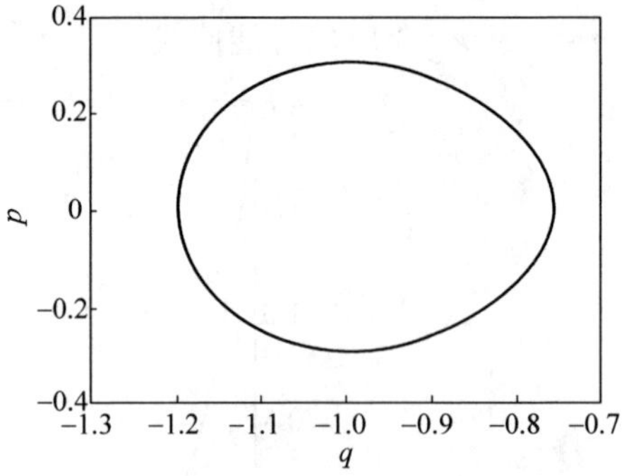

图 8.3 中心在(−1,0)不对称相轨迹

8.1.2 对称性破缺

方程(8.1.1)式具有对称性。假如作变换 $q\to -q$，$p\to -p$，$t\to t+\dfrac{\pi}{\omega}$，这几个操作同时进行，方程不变，乍一看似乎暗示解本身也应该在以上变换下不变。由于吸引子是经历了长时间后的相轨迹，是方程的稳定解，因此作变换后时间平移对变换没有影响，可以认为吸引子或者稳定解有反射对称性。意味着如果获知方程的一个解，利用这个对称性就可以预知另一个物理上合理的解的存在，但这两个解不必同时出现。事实上，F_0 比较小的情形，因为形

如图 8.1 的势函数有两个非零平衡点,取不同的初始值,可以得到两个不同的吸引子,如图 8.2 和图 8.3 所示。尽管这两个吸引子相互反射对称,但解应属于哪个吸引子完全取决于初始条件,也就是解的反射对称性破缺了。方程本身没有更优越的倾向性,但初始条件一旦使解属于某一吸引子,它就从此永远属于这个吸引子,不再改变,也许这是一个很有趣的启示。

现今物理定律对正反物质是对称的,但我们这个宇宙却是正物质世界,还没有观测到反物质星系。是宇宙开创初期偶然的初始条件决定了现在的格局吗?麦克斯韦方程对电场、磁场对称,但现实世界只有电荷而没有发现磁荷,物质是那些带电或不带电粒子组成的,磁性总是以磁矩的方式出现。氨基酸和糖这些与生命相关的物质,实验室里合成时左、右旋物质各半,而天然的却只有确定的某一种,生物食用这些物质时,也只是吸收天然存在的那一种。这是生命产生的初期偶然决定的吗?

8.1.3 庞加莱截面

为了理解混沌现象,庞加莱发明了简单的方法。在固定时间间隔(如一个周期)观察吸引子上相点位置,相当于频闪拍照,即在固定时间间隔拍照,照下相点位置,把这些相点画在相图内就是庞加莱截面(Poincaré sections)。图 8.4 展现了对应图 8.3 吸引子的 $2\pi/\omega=3\pi/2$ 为间隔的庞加莱截面。一个点对应系统是周期运动,周期为 $3\pi/2$。

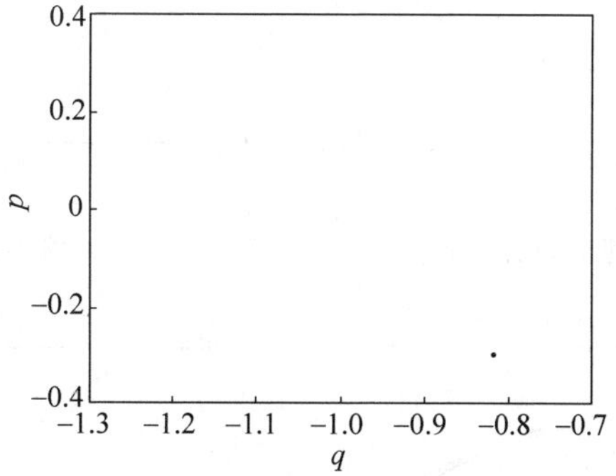

图 8.4 周期运动的庞加莱截面

8.1.4 周期倍分岔、费根勃姆数和混沌

当逐渐加强外来驱动力时,相空间里的吸引子开始分岔,比如,$F_0=0.36$ 时,细心选择初始值使吸引子仍在 $q=-1$ 附近,如图 8.5 所示。对应的庞加莱截面有 2 个点,如图 8.6 所示,也就是系统运动周期是原来的 2 倍,这种现

象只有当系统具有非线性力时才发生。实际上，$F_0 \geqslant F_{02} = 0.34863$ 是开始这个 2 倍周期分岔的界线。进一步，$F_0 \geqslant F_{04} = 0.38411$ 开始 4 倍周期分岔，如图 8.7 所示，而相应的庞加莱截面有 4 个点，也就是系统运动周期是原来的 4 倍，如图 8.8 所示。$F_0 \geqslant F_{08} = 0.39175$ 开始 8 倍周期分岔，如图 8.9 和图 8.10 所示。就这样一直分岔下去，直到无穷分岔，如图 8.11 所示。无穷分岔的始点 $F_{0\infty} = 0.39487$。这些分岔界线之间是有联系的，费根勃姆(Feigenbaum)发现，当 n 很大时，$F_{0n} = F_{0\infty} - \dfrac{c}{\delta^n}$，其中 c 是依赖于系统的常数，就如同 $F_{0\infty}$ 一样，但 $\delta = \lim\limits_{n \to \infty} \dfrac{F_{0n} - F_{0n+1}}{F_{0n+1} - F_{0n+2}} = 4.6692016\cdots$ 却是一个普适常数。无穷分岔意味着系统运动周期是无穷大，或非周期运动，从此系统进入混沌状态，由数值计算可以很容易看到这一点。图 8.12 显示，对于 $F_0 = 0.4 > F_{0\infty}$，系统进入混沌状态。当初始位置差别仅为 $\Delta q(0) = 0.0001$ 时，经过一段时间后，$q(t)$ 差别并不小，即结果初值敏感。

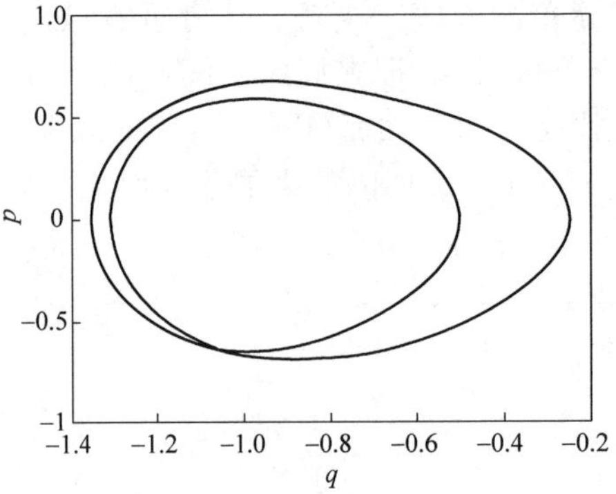

图 8.5　2 倍周期运动相轨迹

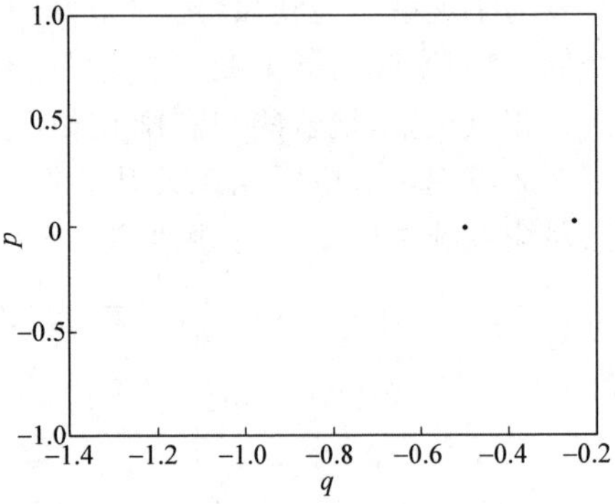

图 8.6　2 倍周期运动庞加莱截面

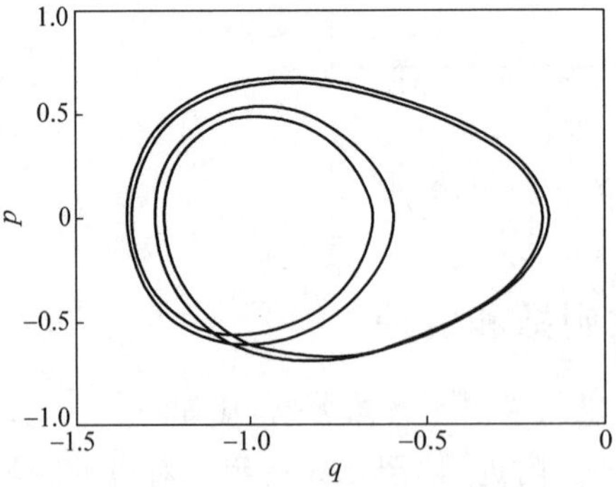

图 8.7　4 倍周期运动相轨迹

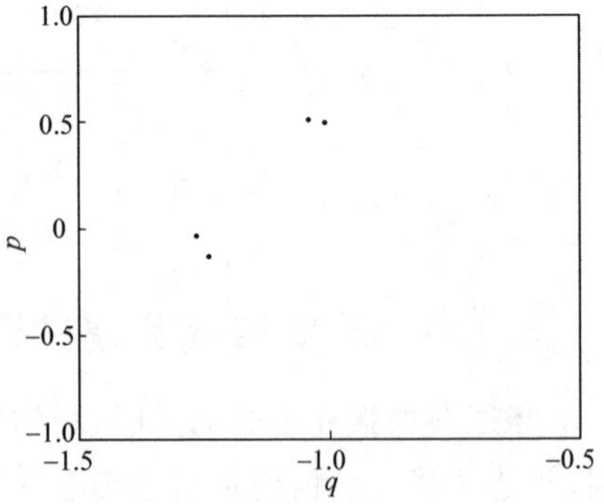

图 8.8　4 倍周期运动庞加莱截面

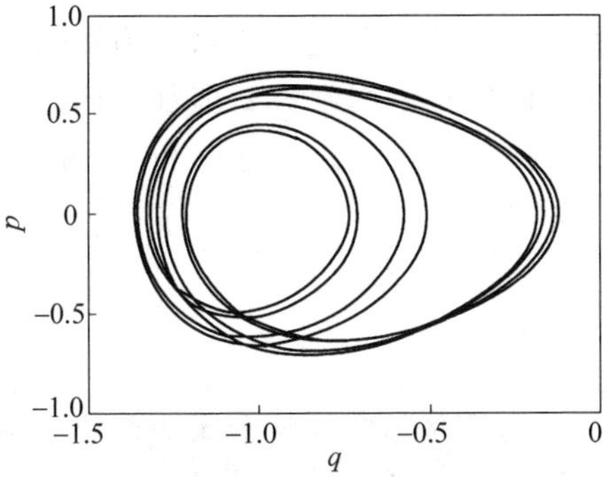

图 8.9　8 倍周期运动相轨迹

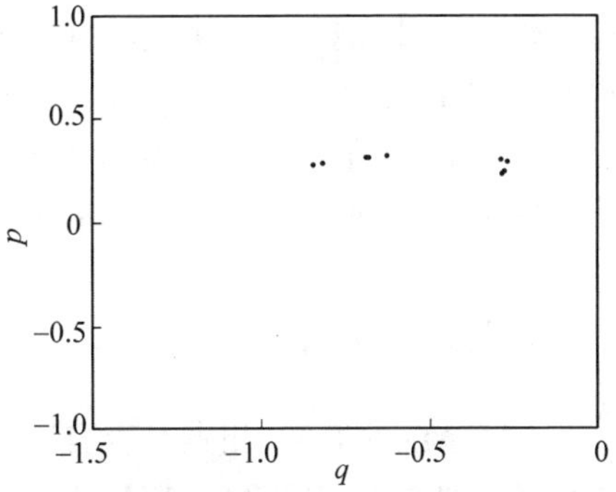

图 8.10　8 倍周期运动庞加莱截面

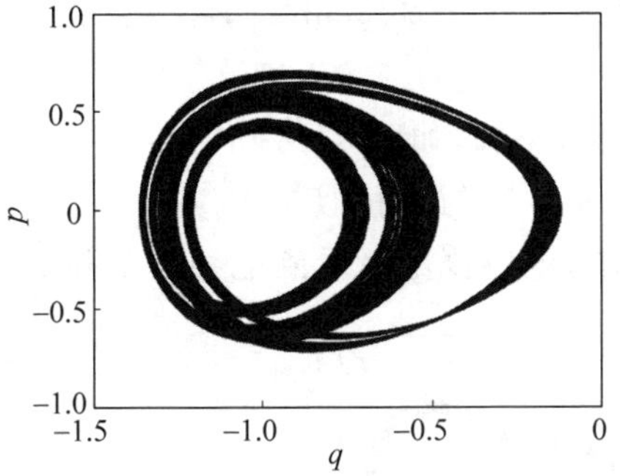

图 8.11　无穷倍周期运动相轨迹

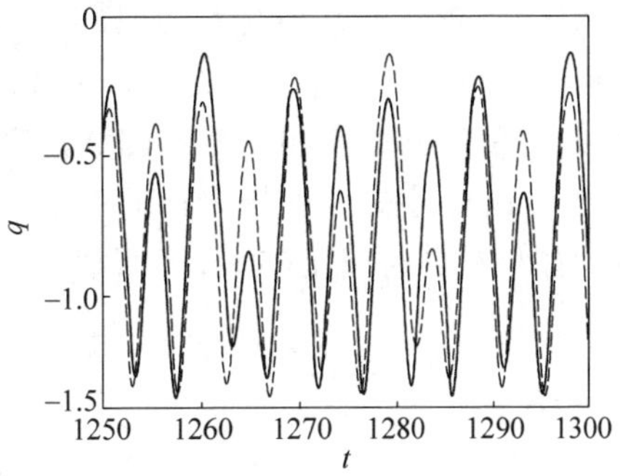

图 8.12　初值相差万分之一的结果

如果细心选择初始值使吸引子在 $q=1$ 附近，然后从小的 F_0 出发，逐渐增大 F_0，同样可以重复类似上述过程。当 $F_0 \geqslant 0.40944$ 开始，吸引子的范围横跨 $q=1$ 和 $q=-1$ 邻域的两个区域，两个区域不再孤立。图 8.13 显示 $F_0=0.41$ 时的吸引子，显然此时已经进入混沌。若把庞加莱截面的 q 点随 F_0 绘出来，就是著名的 2 倍分岔图(bifurcation diagram)，如图 8.14 所示。

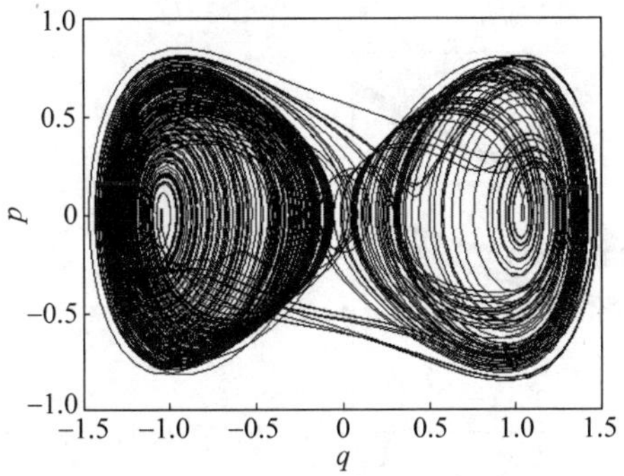

图 8.13　双吸引子相轨迹

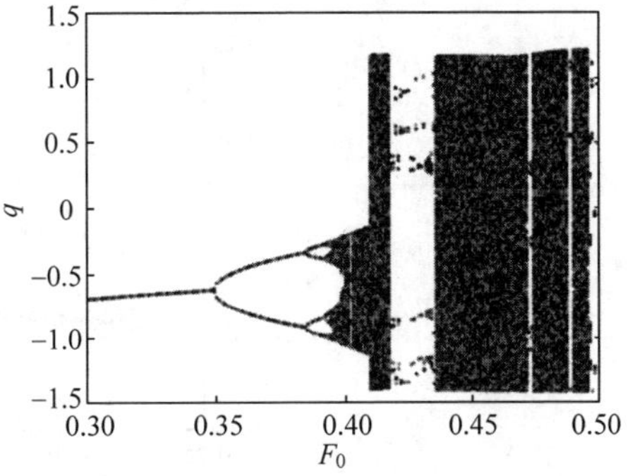

图 8.14　2 倍分叉图

对于截然不同的系统,发生混沌现象的共同特征之一就是产生这种周期倍分岔现象,它们可以有不同的 c,$F_{0\infty}$,但它们的费根勃姆常数 δ 值都相同。如水龙头上滴水、在上下振动的表面上反弹的弹性球、非线性电路和心脏的跳动,因此混沌是非线性系统具有的普遍现象。

8.1.5 奇怪吸引子

由于系统的混沌,相点是否会随着时间的推移弥散到整个庞加莱截面相空间呢?图 8.15 是 $F_0=0.41$ 时的庞加莱截面,如果继续增加积分时间,这个庞加莱截面没有可觉察的变化。仔细观察这些相点,发现它们实际是在狭小的区间,不断重叠到自身,这样就形成无穷自相似(endless self-similarity)结构的吸引子,称为奇怪吸引子(strange attractor)。放大图 8.15 中小方框区域,可以看到原来相点密集区域其实总有空隙,如图 8.16 所示。进一步放大图 8.16 中小方框区域,看到的仍然是有空隙的自相似结构,如图 8.17 所示。如果积分时间足够长,不断放大相图,就应该不断看到这种有空隙的自

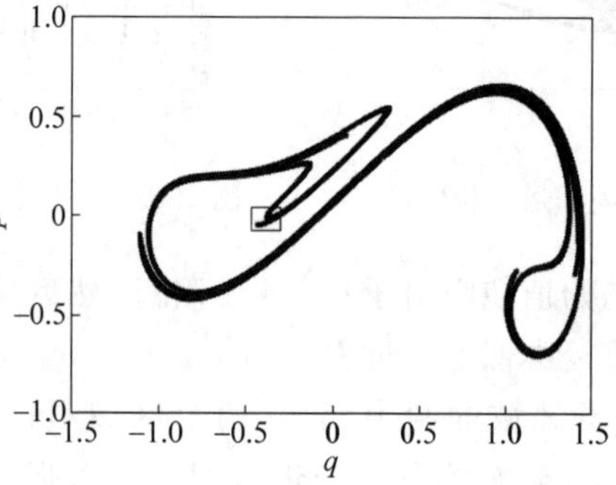

图 8.15 无穷自相似奇怪吸引子

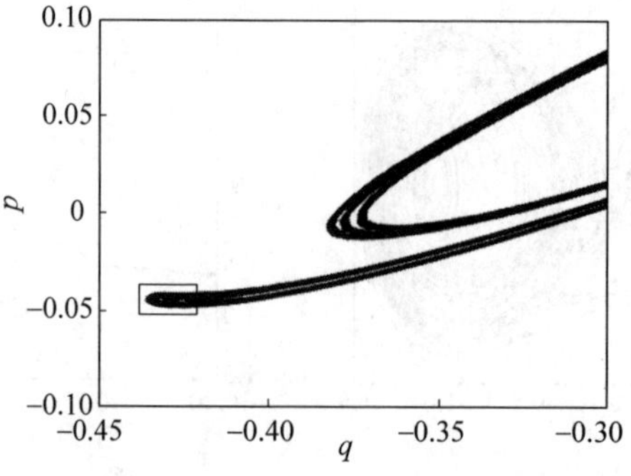

图 8.16 奇怪吸引子图 8.15 方块区域放大图

相似结构，即这些相点重叠到自身时不是填满，而是有空隙的无限自相似结构的图形。由于相点没有填满二维相空间，因此这种有空隙的无限自相似结构的图形具有分数维数，这就涉及分形数学。

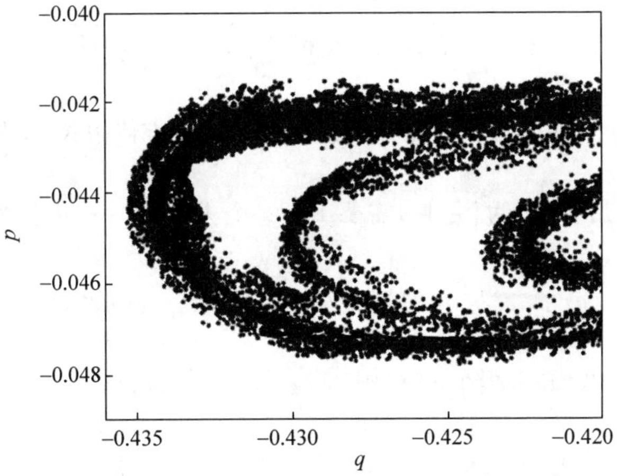

图 8.17　奇怪吸引子图 8.16 方块区域放大图

8.2　分形

分形(fractals)的概念来自一个命题，即英国海岸线的长度为何？实测的结果很怪，不同人测量结果不同，差距远远超过可以接受的范围。事实上，海岸线的实测长度取决于在哪里测量，是在月亮上，还是在地面上，结果都不会相同。之所以会有如此奇怪的结果，原因是海岸线非常复杂，它不是一维曲线，而是维数大于 1 但小于 2 的分形。

分形是分数维数的数学点集。过去熟知的维数，都是整数，而分形维数可以是分数。为了了解分数维数，我们先回顾整数维数的定义。

有一种“块儿”填充的定义办法：设有线段长度 l，可用 2 个长度 $\frac{l}{2}$ 的“块儿”(线段)填充，$\frac{l}{2}$ 的“块儿”可以用 2^2 个长度 $\frac{l}{2^2}$ 的“块儿”填充，…，$\frac{l}{2^{m-1}}$ 的“块儿”可以用 2^m 个长度 $\frac{l}{2^m}$ 的“块儿”填充。用 ε_m 表示“块儿”长度 $\frac{l}{2^m}$，$N(\varepsilon_m)$表示这些“块儿”的个数，则 $\varepsilon_m N(\varepsilon_m)=l$，或写成 $N(\varepsilon_m)=\left(\frac{l}{\varepsilon_m}\right)^1$，所

以线段是一维的。设正方形边长 l,则面积为 l^2,边长为$\frac{l}{2}$的“块儿”面积为$\left(\frac{l}{2}\right)^2$,需要 $4=2^2$ 个去填充,…,边长为$\frac{l}{2^m}$的“块儿”面积为$\left(\frac{l}{2^m}\right)^2$,需要 2^{2m} 个去填充。这时用 ε_m 表示“块儿”面积$\left(\frac{l}{2^m}\right)^2$,$N(\varepsilon_m)$表示这些“块儿”的个数,则 $N(\varepsilon_m)=\left(\frac{l}{\varepsilon_m}\right)^2$,所以正方形是二维。设立方体边长 l,则体积为 l^3,边长为$\frac{l}{2}$的“块儿”体积为$\left(\frac{l}{2}\right)^3$,需要 $8=2^3$ 个去填充,…,边长为$\frac{l}{2^m}$的“块儿”体积为$\left(\frac{l}{2^m}\right)^3$,需要 2^{3m} 个去填充。这时用 ε_m 表示“块儿”体积$\left(\frac{l}{2^m}\right)^3$,$N(\varepsilon_m)$表示这些“块儿”的个数,则 $N(\varepsilon_m)=\left(\frac{l}{\varepsilon_m}\right)^3$,所以立方体是三维。更高维的整数维数 D 可以推广为 $N(\varepsilon_m)=\left(\frac{l}{\varepsilon_m}\right)^D$,或者

$$D=\lim_{m\to\infty}\frac{\ln N(\varepsilon_m)}{\ln l+\ln\left(\frac{1}{\varepsilon_m}\right)}=\lim_{m\to\infty}\frac{\ln N(\varepsilon_m)}{\ln\left(\frac{1}{\varepsilon_m}\right)} \tag{8.2.1}$$

这也叫豪斯道夫(Hausdorff)维数。

另一种等价的定义方法:如果放大测量长度 M 倍,对于线段则得到 $N=M^1$ 个拷贝,对于正方形得到 $N=M^2$ 个拷贝,而立方体得到 $N=M^3$ 个拷贝。所以对于维数 D,我们有 $N=M^D$,即

$$D=\frac{\ln N}{\ln M} \tag{8.2.2}$$

(8.2.1)式或(8.2.2)式定义方法可以推广到分数维数的分形情形。以康托(Cantor)集为例,长度 1 的线段,每次移去中间 1/3,留下两端各 1/3 线段,再对留下的每个 1/3 线段,重复以上操作,这样一直进行下去,重复无穷次,就是无限自相似结构的点集(不可数)。由图 8.18 可知,$\varepsilon_m=\left(\frac{1}{3}\right)^m$,$N(\varepsilon_m)=2^m$,所以由定义(8.2.1)式得这个康托集的维数 $D=\frac{\ln 2^m}{\ln 3^m}=0.6309$。用另外一种等价方法,如果对康托集测度放大 3 倍,则下一个操作得到两个长度为 1 的线段,即,得到两个拷贝,由定义(8.2.2)式同样得这个康托集的维数 $D=\frac{\ln 2}{\ln 3}=0.6309$。一般由有限个点组成的长度为零,康托集包括无限个点,

但其长度为

$$l=\lim_{m\to\infty}\varepsilon_m N(\varepsilon_m)=\lim_{m\to\infty}\left(\frac{2}{3}\right)^m=0。$$

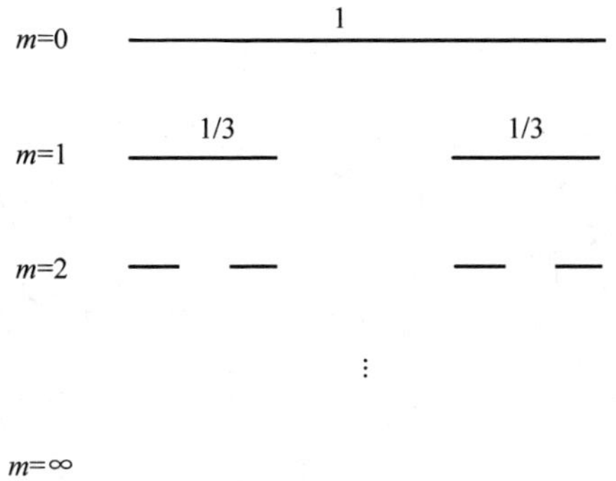

图 8.18　康托集示意图

海岸线的例子，先考虑类海岸线的折线，如图 8.19 所示，将长度为 1 的线段用 3 个 1/2 原长的折线代替，经过 m 次每段折线长度为 $\varepsilon_m=\left(\frac{1}{2}\right)^m$，折线数 $N(\varepsilon_m)=3^m$，当过程进行无限次以后，得到具有无穷自相似结构的折线，与海岸线相似。这个折线维数 $D=\frac{\ln 3^m}{\ln 2^m}=1.585$，长度为 $l=\lim_{m\to\infty}\varepsilon_m N(\varepsilon_m)=\lim_{m\to\infty}\left(\frac{3}{2}\right)^m\to\infty$。

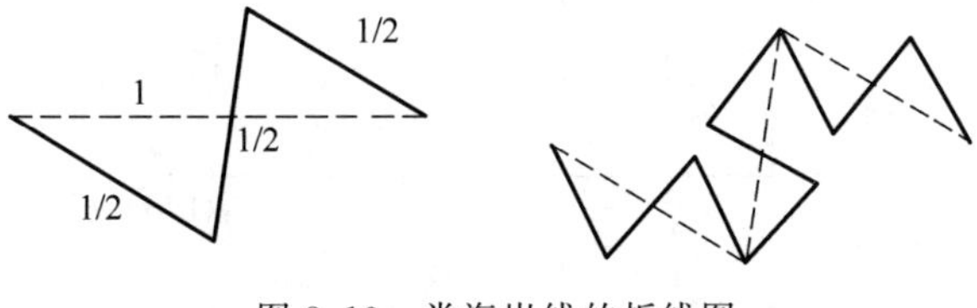

图 8.19　类海岸线的折线图

对于任意曲线，如海岸线，怎么得到它的维数呢？我们可以用某个给定长度单位 L_D 的分数倍数 a 的线段测量海岸线长度，算出折线的个数 N，不断减小 a，得到更加准确的长度 aNL_D，如图 8.20 所示。当 a 趋于零时，该海岸线的维数为 $D=\lim_{a\to 0}\frac{\ln N}{\ln\left(\frac{1}{a}\right)}$。极限 $\lim_{a\to 0}\frac{\ln N}{\ln\left(\frac{1}{a}\right)}$ 等于分子分母导数的比值，把每步得到的测量值画在 $\ln(1/a)$-$\ln N$ 坐标内，如图 8.21 所示，则维数就是图

中这些点构成的直线斜率。如果这是普通曲线，那么 $D=1$，对于海岸线这样的复杂曲线，一般 $D>1$。海岸线总长

$$\lim_{a\to 0} NaL_D=\lim_{a\to 0}\left(\frac{1}{a}\right)^D aL_D=\lim_{a\to 0}\frac{L_D}{a^{D-1}}\to\infty$$

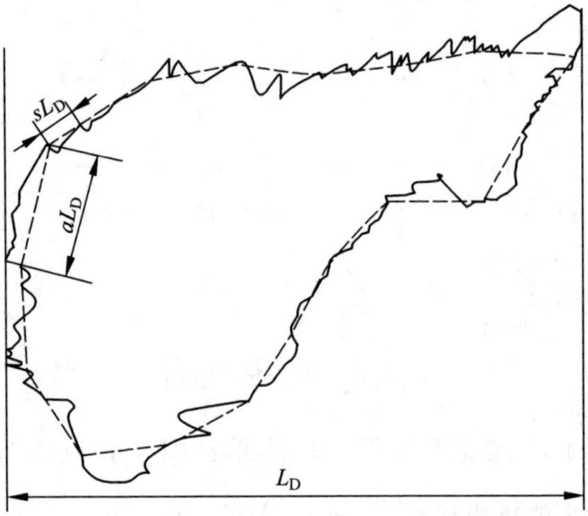

图 8.20　海岸线图

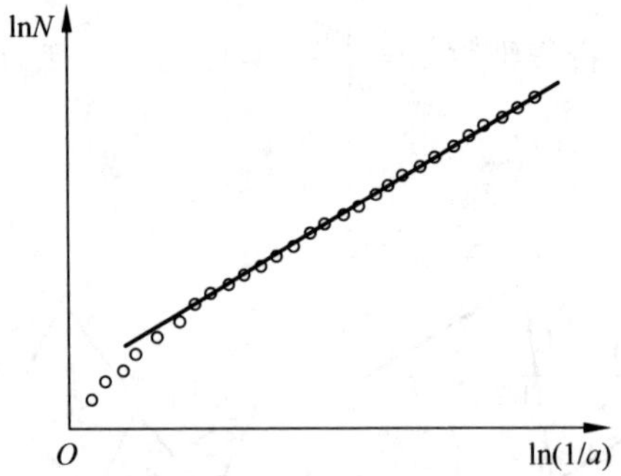

图 8.21　斜率为海岸线维数

布朗运动粒子。设平均自由程 a，碰撞次数 N，粒子弥散距离 R，则

$$R^2=\overline{\left(\sum_i x_i\right)^2+\left(\sum_i y_i\right)^2+\left(\sum_i z_i\right)^2}=\overline{\sum_i (x_i^2+y_i^2+z_i^2)}=Na^2$$

$$N=\left(\frac{R}{a}\right)^2 \tag{8.2.3}$$

由定义知，粒子轨迹的维数为 2，不分粒子是三维还是二维布朗运动。另一方面，这也意味着二维布朗运动中，粒子将遍历整个面积。

回到 8.1.5 小节奇怪吸引子的维数问题。图 8.15 庞加莱截面的 q 坐标

范围 3 而 p 坐标范围 2，通过标度变换使图 8.15 成为边长 1 的正方形。用边长为 ε_m 小格子分块儿，每次这个 ε_m 是上次的一半，格子内至少有一个相点的格子数目为 $N(\varepsilon_m)$。作图 $\ln N(\varepsilon_m)\text{-}\ln \frac{1}{\varepsilon_m}$，对于大的 m，这些点的斜率为常量且为维数 D，如图 8.22 所示，由此计算出来的维数为 $D \approx 1.389$，即具有无限自相似结构的奇怪吸引子是分形。

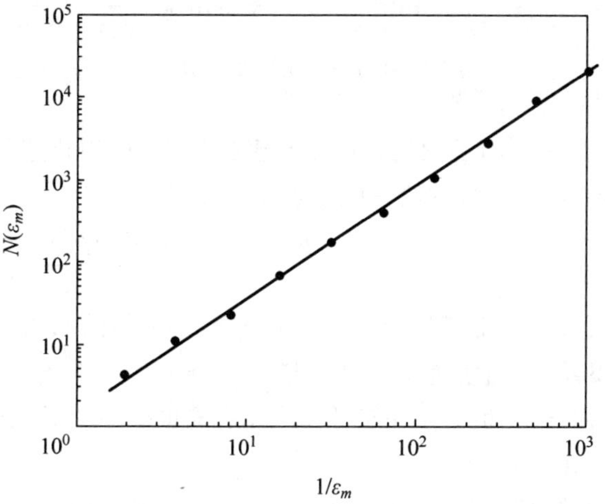

图 8.22 斜率为图 8.15 奇怪吸引子的维数

以上简单介绍了耗散系统的混沌特性，它是非线性导致的。不可积的哈密顿非线性系统，同样可以产生混沌，这里不再作进一步的讨论。混沌动力学的产生，宣告长期以来认为凡满足牛顿力学的系统可以长期预测的想法是错误的。

练习题

8.1 受迫阻尼单摆的运动方程为

$$\ddot{\theta} + \frac{\dot{\theta}}{Q} + \omega_0^2 \sin\theta = f \sin \omega t$$

仿照本章的方法，利用任何熟悉的语言编程，数值模拟单摆从受迫简谐振动到混沌的过程，并给出倍分叉图。

8.2 当双摆（1.16 题）摆幅大时，同样可以观察到混沌。与 8.1 题不同，这是哈密顿系统，没有外驱动力。利用正则方程容易得到系统运动方程

$$\begin{cases}\dot{\theta}_1=\dfrac{\partial H}{\partial p_1}=2\,\dfrac{p_1-(1+\cos\theta_2)p_2}{3-\cos2\theta_2}\\ \dot{p}_1=-\dfrac{\partial H}{\partial\theta_1}=-2\sin\theta_1-\sin(\theta_1+\theta_2)\\ \dot{\theta}_2=\dfrac{\partial H}{\partial p_2}=2\,\dfrac{-(1+\cos\theta_2)p_1+(3+2\cos\theta_2)p_2}{3-\cos2\theta_2}\\ \dot{p}_2=-\dfrac{\partial H}{\partial\theta_2}=-\sin(\theta_1+\theta_2)-2\sin\theta_2\,\dfrac{(p_1-p_2)p_2}{3-\cos2\theta_2}+\\ \qquad 2\sin2\theta_2\,\dfrac{p_1^2-2(1+\cos\theta_2)p_1p_2+(3+2\cos\theta_2)p_2^2}{(3-\cos2\theta_2)^2}\end{cases}$$

系统自由度是 2,相空间是四维。由于哈密顿量守恒,相轨迹是在四维相空间的三维“能量面”内。守恒的哈密顿量就是能量：

$$E=H=-2\cos\theta_1-\cos(\theta_1+\theta_2)+\frac{p_1^2-2(1+\cos\theta_2)p_1p_2+(3+2\cos\theta_2)p_2^2}{3-\cos2\theta_2}$$

当小角度振动时,双摆实际是两个独立的谐振动(例 4.1),有两个独立的守恒量,因此是可积系统,相轨迹实际是在拓扑二维环面上。当摆幅变大时,不再是线性谐振动,两个守恒量不再分别守恒,系统也就不再是可积系统,运动不再约束在拓扑二维环面上。

为了观察四维相空间中的相轨迹,庞加莱建议用频闪观察方法。例如,在 $\theta_1=0$ 的截面记录 $\dot{\theta}_1>0$ 的相轨迹穿过该截面时的 θ_2,p_2 值,这实际是二维坐标下的相点,即庞加莱截面,它可以形象反映出四维相空间中的相轨迹形貌。利用任何熟悉的语言编程,数值模拟双摆运动。逐渐增加系统能量,通过观察庞加莱截面,直观了解相轨迹从一开始限制在拓扑二维环面到二维环面破裂,再过渡到三维“能量面”的过程,这其实是可积系统向非可积系统的过渡过程,并了解哈密顿系统的混沌现象。

参考文献

[1] LANDAU L D, LIFSHITZ E M. Mechanics[M]. 3rd ed. Oxford: Butterworth-Heinemann, 1982.

[2] GOLDSTEIN H, PLOOLE C, SAFKO J. Classical Mechanics[M]. 3rd ed. Boston: Addison Wesley, 2002.

[3] HAND L N, FINCH J D. Analytical Mechanics[M]. Cambridge: Cambridge University press, 1998.

[4] JOSE J V, SALETAN E J. Classical dynamics: a contemporary approach[M]. Cambridge: Cambridge University press, 1998.

[5] CALKIN M G. Lagrangian and Hamiltonian Mechanics[M]. Singapore: World Scientific Publishing Company, 1996.

[6] GREENWOOD D T. 经典动力学[M]. 孙国锟, 译. 北京: 科学出版社, 1977.

[7] 金尚年. 理论力学[M]. 2版. 北京: 高等教育出版社, 2002.

[8] 张启仁. 经典力学[M]. 北京: 科学出版社, 2002.

[9] 秦敢, 向守平. 力学与理论力学(下册)[M]. 北京: 科学出版社, 2008.

[10] 梁昆淼. 数学物理方法[M]. 2版. 北京: 人民教育出版社, 1978.

参考文献

[illegible]